计算机在材料工程中的应用

汤爱涛　胡红军　杨明波　主　编

重庆大学出版社

内 容 提 要

本书采用较多的实例介绍了计算机在材料科学与工程中的应用以及相关软件的使用。主要内容有材料科学与工程中的数据处理方法、数值模拟基础及典型物理场的模拟方法,计算机辅助计算与设计,人工神经网络在材料科学与工程中的应用,材料数据库与专家系统,材料成型过程的计算机模拟等。

本书内容丰富、实践性强,可作为高等学校材料科学与工程专业的本科生、硕士研究生的教材和教学参考资料,也可供相关科技人员或工程管理人员阅读参考。

图书在版编目(CIP)数据

计算机在材料工程中的应用/汤爱涛,胡红军,杨明波主编.—重庆:重庆大学出版社,2008.6(2023.1重印)
(材料科学工程专业本科系列教材)
ISBN 978-7-5624-4577-7

Ⅰ.计⋯ Ⅱ.①汤⋯②胡⋯③杨⋯ Ⅲ.计算机应用—材料科学—高等学校—教材 Ⅳ.TB3-39

中国版本图书馆 CIP 数据核字(2008)第 097517 号

计算机在材料工程中的应用

汤爱涛 胡红军 杨明波 主 编
责任编辑:彭 宁 谢 芳 版式设计:彭 宁
责任校对:夏 宇 责任印制:张 策

*

重庆大学出版社出版发行
出版人:饶帮华
社址:重庆市沙坪坝区大学城西路 21 号
邮编:401331
电话:(023) 88617190 88617185(中小学)
传真:(023) 88617186 88617166
网址:http://www.cqup.com.cn
邮箱:fxk@ cqup.com.cn(营销中心)
全国新华书店经销
POD:重庆新生代彩印技术有限公司

*

开本:787mm×1092mm 1/16 印张:16 字数:399 千
2008 年 6 月第 1 版 2023 年 1 月第 6 次印刷
ISBN 978-7-5624-4577-7 定价:45.00 元

前言

材料科学与工程是多学科交叉的新兴的发展不成熟的学科,目前对它的研究很大程度上还依赖于事实和经验的积累,系统地研究还需一个很长的过程。计算机作为一种现代工具,在当今世界的各个领域日益发挥巨大的作用,它已渗透到各门学科领域以及日常生活中成为现代化的标志。在材料科学与工程领域,计算机也正在逐渐成为极其重要的工具,计算机在材料科学与工程中的应用正是材料研究和开发飞速发展的重要原因之一。本书立足"材料科学与工程"一级学科,系统地介绍了计算机在材料科学与工程中的应用,使读者初步掌握如何在材料科学与工程的学习及研究中更好地利用计算机这一工具。本书的最大特点在于注重理论知识讲解的同时,结合计算机在材料科学与工程中的应用实例讲解来培养学生的实际动手能力和创新意识,同时介绍了较多的应用软件的使用方法,力求使读者尤其是初学者能较快地掌握应用的方法,并能迅速实践。

本书由重庆大学汤爱涛、重庆工学院胡红军和杨明波三位共同编写,博士生石宝东、刘彬同学参与了第5章和第6章部分编写工作,全书由汤爱涛统稿。

由于计算机技术发展日新月异,其在材料科学与工程中的应用发展也非常迅速,加之我们理论水平和实践经验都很不足,书中难免有出现错误和不妥的地方,恳请广大读者批评指正。

编　者
2007 年 11 月

目录

第 1 章
绪 论

随着计算机技术的发展和材料科学的进步,二者之间的渗透和交叉已成为材料科学和计算机技术的重要研究领域之一。材料科学的发展是计算机技术更新和突破的基础,而计算机技术的发展以及在材料科学与工程中应用的不断扩展和完善,已为材料科学与工程提供了非常重要的不可缺少的工具。

1.1 计算机技术的发展

计算机自 20 世纪 40 年代诞生到目前虽只有短短的 60 多年,但发展迅速,不仅组成计算机元器件的硬件技术发展变化大,其软件技术和网络技术发展变化也非常惊人。计算机技术的迅速发展使其应用范围越来越广,越来越深入,极大地推动了材料科学与工程学科领域的发展。

1.1.1 计算机硬件技术的发展

在 20 世纪 40 年代中期开始的第一代计算机元器件主要由电子管构成,这一时期的计算机体积庞大,运算速度只有每秒几千次。进入 20 世纪 50 年代以后,随着科学技术、电子技术的发展,晶体管代替电子管,成为计算机的主要元件,且用快速磁芯存储器,每秒能完成 15 万次加法运算或 5 万次乘法运算,这个时期的电子计算机称为第二代计算机(晶体管)。20 世纪 60 年代以来,各自独立的电子器件(如电阻、电容、晶体管等)被组合起来,封装在一个元件里,称为中小规模集成电路,从此,计算机发展到了第三代。第三代计算机的特点是以集成电路取代了晶体管,其可靠性更高、功耗更少、体积微小、造价大幅下降、性能更强,每秒能运算 200 万次。随着集成电路技术的迅猛发展,到 20 世纪 70 年代初,众多的部件可集成在一块很小的硅晶片上,构成所谓的大规模集成电路和超大规模集成电路。计算机向"两极"分化:一极是微型机向微型化、网络化、高性能、多作用方向发展;另一极则是巨型机向更巨型化方向发展,巨型机每秒能运算一亿次以上。这个时期的电子计算机称为第四代计算机。20 世纪 80 年代以来,由于人工智能机的发展,它具有视觉、听觉、嗅觉等功能,同时能模仿人脑的思维、判断和推理,每秒能运算 5 亿次以上,计算机进入了第五代。上个世纪末到目前,世界上发达国家如美国、日本、德国、俄罗斯等国都争先恐后地进行研究,开发第六代计算机——生物计算机。生物计算机的主要原材料是生物工程技术产生的蛋白质分子,并以此作为生物芯片。在这种芯片中,信息以波的形式传播并具有并行处理的功能,可以大大提高计算机的速度。

1.1.2　计算机软件技术的发展

软件是计算机应用的灵魂。从功能上讲,计算机软件大致可分为基础软件和应用软件。操作系统、编程语言属基础软件;而数据库、人工智能、计算机图形学、数据压缩等应用软件技术的发展则直接推动了计算机在不同领域的更加广泛深入的应用。

(1)操作系统的发展

操作系统由早期的命令方式到现在的图形方式。界面越来越友好,用户操作越来越方便。

(2)编程语言的发展

编程语言由最初的机器语言、汇编语言、算法语言到面向对象的程序设计语言。功能越来越强大,通用性越来越好。

(3)数据库技术的发展

数据库技术是计算机科学技术中发展最快的领域之一,它是计算机信息系统与应用系统的核心技术和重要基础。数据库技术从 20 世纪 60 年代中期产生到今天仅仅有 30 多年的历史,却已经历了三代演变,第一代的网状、层次数据库系统,第二代的关系数据库系统,发展到第三代以面向对象模型为主要特征的数据库系统。

(4)人工智能的发展

人工智能(AI)自 1956 年诞生至今已走过了 40 多个年头,就研究解释和模拟人类智能、智能行为及其规律这一总目标来说,某些领域已取得了相当的进展。20 世纪 70 年代前后,人工智能进入飞速发展时期。这一阶段,人们通过计算机的启发式编程方法,按心理学和人类认知的过程来建立人类求解问题的过程模型。同时,人们成功地在计算机上建造了专家系统。与此同时,为实现和建造智能系统,人工智能学者给出了一系列方法如知识表示方法(一阶谓词逻辑、语义网络、框架表示方法等),人工智能进入了兴旺时期。80 年代中期,人工智能开始面临重重困难,这些困难涉及人工智能研究的根本性问题,如交互(Interaction)问题和扩展(Scalingup)问题。至此,人工智能的发展进入了困境。人们开始寻找其他途径,并曾寄希望于 80 年代初的人工神经元网络的连接方法以及 80 年代末面向现实环境的、无需表示和推理的“行为 AI”。已有的人工智能方法仅限于在模拟人类智能活动中使用成功的经验知识所能处理的简单问题,人工智能学术界正从符号机理与神经网机理的结合及引入 Agent 系统等方面进一步开展研究工作。90 年代,所谓的符号主义、连接主义和行为主义 3 种方法并存。对此,中国学者提出了综合集成的方法,即不同的问题用不同的方法或用联合的方法来解决,再加上人工智能系统引入交互机制,系统的智能水平将会大为提高。

(5)计算机图形学的发展历史

20 世纪 50 年代,最初的计算机图形生成技术就出现了,但用户不能对图形进行交互操作;60 年代,尽管有了交互图形技术,但计算机图形学的应用进展不快;70 年代,尽管出现了小型计算机和存储管式显示器,但图形学的应用仍局限在某些专门领域,属于计算机图形学初创阶段;70 年代末至 80 年代,计算机图形学技术高速发展时期,出现了图形处理功能很强的工作站,推动了计算机图形学在计算机辅助设计和绘图、办公自动化、电子出版、地理信息系统领域的广泛应用；进入 20 世纪末到本世纪初，计算机图形学技术开始走向成熟，其重要标志是在许多图形学领域出现了一批商品化软件。

（6）多媒体数据压缩技术的发展

对于多媒体数据压缩技术的发展，有两方面因素影响较大：一是技术使用目的，二是数据模型。就使用目的而言，可以有面向存储的技术和面向传输的技术。面向存储的技术对压缩能力非常看重；面向传输的技术则对编、解码算法实现的实时性和成本非常敏感。在实际应用中，经常需要我们在压缩算法方面的压缩能力、实现复杂性与成本等方面进行平衡与折中。数据模型的选择和参数优化对于压缩算法的进步也十分关键。如果从数据来源的不同对数据进行分类，可以把多媒体数据分为三类：数字化数据、文本数据和计算机生成数据。多媒体数据压缩技术按照数据来源的不同，可以通过使用不同的数据模型和算法组合得到最有效的压缩效果。

1.1.3　计算机网络技术的发展

第一代网络主要是美国军方为了处理防空信息。它主要是把收集到的信息处理后再送到终端设备，这种以单机为中心、面向终端设备的网络结构成为第一代计算机网络。第二代网络的成功典型就是美国国防部高级研究计划署（Advand Research Project Agency）建成的 ARPA 网。第二代网络是以分组交换网为中心的计算机网络，各用户必须经过交换机。分组交换是一种存储—交换模式，它将到达交换机的数据送到交换机存储器内暂时存储和处理，等到相应的输出电路有空时再输出。20 世纪 70 年代，第二代网络结构大量出现，但是彼此之间却很难进行设备的联通，为此国际标准化组织 ISO 提出了著名的开放系统参考模型 OSI（Open System Standard Organization），这种体系结构标准化的计算机网络成为第三代计算机网络。20 世纪 90 年代，Inter 的建立即出现了万维网（WWW），它把分散在各地的网络连接起来，形成了一个跨国界，覆盖全球的网络。它已经成为人类最重要最大的知识宝库。网络互联和高速计算机网络的发展，使计算机网络进入了第四代。21 世纪初，更奇妙的网络技术闪亮登场，将互联网技术的发展推向了新的高峰，网络将所有的计算机资源连接起来，实现真正意义上的计算机资源共享，消除信息孤岛，让人们像用电和水一样方便，更加快捷地获取和使用计算机信息资源。

1.2　材料科学与工程的基本概念与发展

材料科学与工程是研究有关材料的成分、结构和制造工艺与其性能和使用性能间相互关系的知识及这些知识的应用，是一门应用基础科学。发展至今已形成了自己的知识体系，涉及许多概念。这门学科在进入 20 世纪以后，由于各学科的交叉，尤其是计算机技术的应用使其发展迅速。

1.2.1　材料科学与工程的基本概念

（1）涵盖的基本内容

材料科学是一门科学，它着重于材料本质的发现、分析方面的研究，它的目的在于提供材料结构的统一描绘，或给出模型，并解释这种结构与材料性能之间的关系。材料科学为发展新型材料,充分发挥材料的作用奠定了理论基础。

材料工程属于技术的范畴,目的在于采用经济而又能为社会所接受的生产工艺、加工工艺控制材料的结构、性能和形状以达到使用要求。所谓"为社会所接受"指的是材料制备过程中要考虑到与生态环境的协调共存,简言之,就是要控制环境污染。材料工程水平的提高可以大大促进材料的发展。

(2)材料的分类

材料分类方法很多。根据其组成与结构可以分为金属材料、无机非金属材料、有机高分子材料和复合材料等;根据其性能特征和作用分为结构材料和功能材料;根据用途还可以分为建筑材料和能源材料、电子材料、耐火材料、医用材料和耐腐蚀材料等。

(3)材料的性能

材料的性能是材料对电、磁、光、热、机械载荷的反应,而这些性能主要取决于材料的组成与结构。

材料使用性能是材料在使用状态下表现出来的行为,它与设计和工程环境密切相关,还包括可靠性、耐用性、寿命预测和延寿措施。

(4)基本要素

材料的成分和结构、制造工艺、性能以及使用性能被认为是材料科学与工程的4个基本要素。其相互关系如图1.1所示。

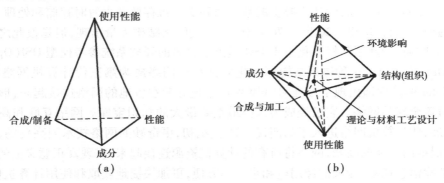

图1.1 材料科学基本要素之间的关系

1.2.2 材料科学与工程的发展

随着科学技术的发展和人类社会的进步,材料科学与工程这门学科也在不断地发展,尤其是近几十年来,其发展更为迅速,主要表现在以下几个方面。

(1)传统材料的发展

传统材料的发展一方面主要体现在性能不断提高、生产成本不断下降、生产工艺注重与环境的协调。另一方面主要体现在不断开发传统材料的新用途,充分发掘其应用潜力,例如近两年镁合金材料的大力发展。

(2)新材料不断出现

进入20世纪后,各类新型材料的出现大大地促进了材料科学与工程的发展,主要有超导材料、纳米材料、生物医用材料和能源材料等。

1）超导材料

超导材料是 20 世纪人类最伟大的发现之一。超导体具有零电阻和完全抗磁性的特点,对电流传输无能量损耗,是一种理想的导电材料。超导材料有低温超导材料和高温超导材料之分。低温超导材料要在液氦温度(4.2 K)才能显示超导性,目前已发现有近 70 种单质元素和 5 千多种合金、化合物具有超导性,其中 NbTi 合金和 Nb_3Sn 化合物的超导性能最好,已经用于大型工程项目。高温超导材料是 1986 年才发现的一种新型超导体,在液氮温度（77 K）就显现超导特性。液氮比液氦资源丰富,容易制取,因此高温超导材料比低温超导材料更易被工程使用接受。高温超导材料多数是含铜的氧化物陶瓷,以 TiBa-CaCuO 系的转变温度最高(160 K,但有毒性)。在已发现的数十种高温超导材料中,$YBa_2Cu_3O_7$ 和 $Bi_2Sr_2Ca_2CuO$ 具有最好的综合超导性能,已经在工程项目中开始试用。

2）纳米材料

纳米材料几何尺寸达到纳米级,并且具有特殊性能的材料。自 20 世纪 70 年代纳米颗粒材料问世以来,20 世纪 80 年代中期在实验室合成了纳米块体材料,至今已有 30 多年的历史,但真正成为材料科学和凝聚态物理研究的前沿热点是在 20 世纪 80 年代中期以后。从发展的内涵和特点大致可划分为 3 个阶段。

第一阶段(1990 年以前):主要是在实验室探索用各种手段制各种材料的纳米颗粒粉体,合成块体(包括薄膜),研究评估表征的方法,探索纳米材料不同于传统常规材料的特殊性能。

第二阶段(1994 年前):人们关注的热点是如何利用纳米材料已挖掘出来的奇特物理、化学和力学性能,设计纳米复合材料,通常采用纳米微粒与纳米微粒复合,纳米微粒与常规块体复合。发展复合材料的合成及物性的探索一度成为纳米材料研究的主导方向。

第三阶段(从 1994 年到现在):纳米组装体系、人工组装合成的纳米结构的材料体系越来越受到人们的关注,正在成为纳米材料研究的新的热点。

3）生物医用材料

生物医用材料(Biomedical Materials)又称为生物材料(Biomedical Materials),是指以医疗为目的,用于诊断、治疗、修复或替换人体组织器官或增进其功能的材料。生物医用材料由高分子、金属、陶瓷、天然材料、复合材料等材料组成。从 20 世纪 60 年代开始经历了三代。

第一代:20 世纪 60—80 年代,在对工业化的材料进行生物相容性研究基础上,开发了第一代生物医用材料及其产品,例如体内固定用骨钉和骨板、人工关节、人工心脏瓣膜、人工血管、人工晶体和人工肾等,被应用于临床。这一代生物材料具有一个普遍的共性:生物惰性,即生物医用材料发展所遵循的原则是尽量将受体对植入器械的异物反应降到最低。

第二代:20 世纪 80—90 年代,生物医用材料领域的重点逐渐由生物惰性转向生物活性,开发了第二代生物医用材料及产品。这种具有活性的材料能够在生理条件下发生可控的反应,并作用于人体。以生物活性玻璃(由 Na_2O-CaO-P_2O_5-SiO_2 组成)为例,它与组织的作用机制包含了一系列共 11 个反应步骤。其中,最初的 5 个反应发生于材料表面,后 6 个反应包含了成骨细胞的增殖与分化,并最终在新生骨上形成一个具有足够机械强度的表面。在 20 世纪 80 年代中期,生物活性玻璃、生物陶瓷、玻璃-陶瓷及其复合物等多种生物活性材料开始应用于整形外科和牙科。除具有活性外,第二代生物医用材料的另一个优势在于材料具有可控的降解性。随着机体组织的逐渐生长,植入的材料不断被降解,并最终被新生组织所取代,在植入位置和宿主组织间将不再有明显的界面区分。

第三代：20 世纪 90 年代后期，开始研究能在分子水平上刺激细胞产生特殊应答反应的第三代生物医用材料。这类生物医用材料将生物活性材料与可降解材料这两个独立的概念结合起来，在可降解材料上进行分子修饰，引起细胞整合素的相互作用，诱导细胞增殖、分化，以及细胞外基质的合成与组装，从而启动机体的再生系统，也属于再生医学的范畴。

4）能源材料

能源材料是近 10 年来发展起来的一类新型材料，它是各类能源中的关键组成部分，包括储能材料、节能材料、能量转换材料和核能材料等，主要有以下几大类。

①相变储热材料　能通过控制相变可逆的吸放热过程达到储热的目的的材料。目前所用的相变储热材料主要有固—液（s—l）相变储热材料。固—固（s—s）相变储热材料。固—固相变储热材料主要是通过晶体有序—无序结构转变进行可逆地吸、放热。它主要有有机和无机两大类。如能将金属固—固相变温度降低到 20 ℃左右，并使相变热达到 100 kJ/kg，将会使其在空调节能中得到广泛的应用。固—液相变储热材料主要是通过固—液相变进行可逆的吸、放热。它主要有熔盐结晶水合盐、石蜡、共晶 Al-Si 合金。其中共晶 Al-Si 合金为高温相变储热材料，其相变温度可达到 500 ℃以上，可用于高温储热。

②高效节能电热膜材料　电加热在工业及民用中占有很大的比例。传统的电阻丝发热加热技术，由于采用对流换热加热技术，加热速度慢，电热转换效率低、能耗大。而电热膜材料用热传导式加热技术，电热转换效率可达到 95%，加热速度快，因此在大面积加热中发挥了较大的作用。主要的电热膜材料有半导体膜、有机和无机复合电热膜（主要有以金属粉或石墨粉为导体，以树脂和硅酸盐及磷酸盐为黏接剂所组成的复合半导体膜）。前者工艺复杂，成本较高；后者工艺简单，成本低，可采用涂刷喷涂等工艺附着在基体上，应用前景较好，目前已有专利。

③吸附材料及贮氢材料　在太阳能空调中，需要通过吸附效应产生能量交换，或通过贮氢材料的吸、放氢过程实现能量转换。目前使用和研究的吸附材料主要有活性炭用于吸附甲醇，$CaCl_2$ 和 $SrCl_2$ 用于吸附 NH_3，其中 $CaCl_2$ 和 $SrCl_2$ 吸附量大，制冷量达 1000 kJ/kg 以上，但使用寿命不高。贮氢材料主要有金属基贮氢材料（如 Pd-Ag、$LaNi_5$、La_2Mg_{17}、TiMn 等）、纳米贮氢合金和纳米复合贮氢合金等类型。

④燃料电池材料　氢能发电是通过燃料电池进行的电化学过程，能量转换效率可高达90% 以上。目前所用的一类质子交换膜燃料电池是由阴极和阳极以及阳极与阴极之间的一层固体离子电解质所组成。其中阳极和阴极是由铂和碳组成的复杂多孔电极。对此类材料的研究还处于初期阶段，下一步会得到较大的开发和研究，并投入应用。

1.3　计算机技术在材料科学与工程中的应用

如今，在材料的冶炼、铸造、冷热加工、热处理、焊接等各个环节的科学研究和工业应用中都离不开计算机的成功应用，计算机技术在材料科学与工程中的应用也相当广泛，这里主要介绍以下几个方面。

1.3.1　计算机模拟在材料科学与工程中的应用

（1）材料固相冷却过程中的计算机模拟

该方面的工作重点国内外主要集中在淬火冷却过程中的计算机模拟,模拟计算和分析的重点是温度场和应力场,其表现形式还包括冷却转变曲线（CCT 曲线和 TTT 曲线）的预测和绘制。

1）淬火过程的计算机模拟概况

淬火冷却的计算机模拟在世界各国备受关注,近年来涌现大量文献,其特点是研究淬火过程中工件内瞬态温度场、相变、机械效应以及它们之间的交互作用,预测淬火后工件内部的组织分布、性能分布、内应力和淬火畸变。为了较好地反映实际生产中诸多复杂因素,不同作者建立了相当复杂的数学模型。其中,三维有限元模型可以模拟形态复杂的零件（如带孔的凸缘、轮毂、螺旋齿轮等）的淬火过程,并给出直观的温度场、组织分布、应力场合畸变的三维图像;界面条件突变非线性化模型可用于模拟预冷淬火和间歇淬火等实际操作。

在应力和应变的模拟方面广泛应用热弹塑性理论和增量模型。Tinoue 等人在整体加热淬火和感应加热淬火计算机模拟研究中,比较全面地考虑了热膨胀、相变的体积效应、塑性变形、硬化因子、蠕变和相变塑性等复杂因素,用循环迭代算法研究热—相变—应力应变之间的耦合,其模拟结果与实测值基本吻合,计算机模拟技术已在淬火和畸变的研究中发挥重要作用。

2）组织转变的动力学模拟

一般情况下,工件淬冷时既不是等温又不是等速连续冷却。解决实际热处理问题时,70 年代初多用等速连续冷却 CCT 曲线作为依据,70 年代末 Hidenwall 运用 Scheil 叠加法则成功地解决了以等温 TTT 曲线模拟的难题后,TTT 曲线在组织模拟中迅速得到推广。

实践表明,计算中若不考虑应力对相变动力学的影响,计算值一般要比实测值偏小,不能准确反映出工件残余应力急剧变化的特征。

近年来对应力影响淬冷相变提出的各种数学模型都是在原有相变公式的基础上加以修改。珠光体、贝氏体转变用 Avrami 公式,马氏体转变用 Koisitinen-Marburger 公式:

$$\zeta = 1 - \exp(-bt^n)$$

$$\zeta = 1 - \exp[-c(Ms - T)]$$

修正时或将式中常数 b、n、c、Ms 修正为应力的函数,或增加含应力的附加项。虽然有的作者就某种具体材料给出了具体数值,但通用性差,对不同材料要通过实验得到,积累必要的数据得出规律是当务之急。而且在区分平均应力与偏应力的影响方面尚不成熟。

淬火模拟计算表明,只有考虑相变塑性时,计算值才与实测值符合较好,否则偏差很大。目前对相变塑性的看法不同,一般多采用 Greenwood-Johnson 模型:

$$\varepsilon^{tp} = k\sigma\zeta(2 - \zeta)$$

式中　ε——相变塑性;

　　　ζ——相变过程新相的体积分数;

　　　σ——外加载荷;

　　　k——材料常数。

（2）材料原子层次的计算机模拟

1）相变过程中的原子层次的计算机模拟

在原子层次模拟相变过程主要有分子动力学法(简称 MD 法)和蒙特—卡罗法(Monte-Carlo)(简称 M-C 法)。

在 MD 法中,将 n 个粒子组成的体系抽象成 n 个互相作用的质点。给出 n 个质点间的相互作用势。然后对运动方程求数值解,求得各粒子的轨迹。可以给出系统随时间的动态变化过程。MC 法的关键是给出势函数。其中镶嵌原子法(Embedded Atom Method)在考虑粒子间偶势能的同时引入反映粒子多体互作用的镶嵌能。相关文献用 EAM 法进行马氏体相变的计算机模拟,取得很多有意义的结果,相关文献模拟金属的熔化、玻璃转化和一级相变,得到的热力学参数可以同实验结果比较,求得对应于结晶和玻璃转化的冷却速度。由于分子动力学模拟能跟踪真实时间和空间中原子运动的轨迹,得到不同状态(固态、液态、非晶态)的原子组态,从而对金属相变的微观机制研究提供了必不可少的数据。分子动力学法已经应用于模拟原子的扩散、级联碰撞、离子注入、熔化、薄膜生长、相变、晶体缺陷及材料的力学行为等过程。

M-C 法是计算机对大自由度系统性质模拟的一种普遍方法。可用 M-C 法进行马氏体相变动力学模拟。采用二维模型,假设固体的弹性模量各相同性,马氏体相变可用 Bain 切变描述,则可计算由于形成马氏体而引起的应变自由能和界面能,得出马氏体绝热转变曲线。模拟的结果与马氏体相变的实验规律相符。此外,M-C 法在合金的有序—无序、一级相变、晶粒生长和晶界偏析、薄膜生长等材料科学研究中已得到许多应用。

2)晶体点缺陷的计算机模拟

高温淬火、辐照损伤以及塑性变形是给金属中引入大量非平衡缺陷的主要方式,特别是中子辐照损伤的模拟研究受到人们的关注。计算内容涉及材料中原子的位移阈能(Displacement Threshold Energy,E_d)、位移级联(Displacement Cascade,DC)的过程的研究。

目前,绝大多数有关辐照损伤的模拟研究是针对纯金属进行的,其中,Cu 的位移阈能和级联过程备受人们的注目。Gibson 早在 1960 年就采用 Born-Mayer 势计算了 Cu 的阈能和 DC 过程,Foreman 等采用 F-S 模型计算了〈100〉和〈110〉方向 Cu 的却能。Gao 等详细讨论了 Al 和 Ni 原子的 E_d。

然而,从技术和实际应用的角度讲,对合金的模拟要计算更复杂的结构和缺陷构型。利用计算机模拟方法,可以大大减少以往在合金设计以及性能改进方面存在的盲目性。

点缺陷的稳定构型及其形成是点缺陷计算的一个重要内容。一般而言,空位的构型比较简单,而间歇原子通常有 3 种构型:①间歇构型,如八面体间隙等;②哑铃构型(Dumbbell);③挤列子构型(Crowdion)。通常情况下,间歇原子的形成能大于空位的形成能,在热平衡状态下,间歇原子的浓度远小于空位的浓度。另外,对于 fcc 金属,间歇原子的哑铃构型和挤列子构型的形成能相对较小。

早期的有关研究工作主要是针对 fcc 和 bcc 结构的纯金属,计算空位和间歇原子的形成能。hcp 结构的金属点缺陷计算相对困难,Bacon 就对势模型计算 hcp 金属点缺陷性质的研究工作进行了综述。

有关点缺陷相互机制作用的计算机模拟研究目前也有大量的报道,Kuramoto 利用计算机模拟的方法研究了间歇原子与刃位错的相互作用,Nakamura 等计算了间歇原子与螺位错的相互作用,Kuramoto 等模拟了辐照缺陷与位错间的动力学相互作用。

关于点缺陷的复合机制,人们最希望能够通过计算机模拟观察到空位和间歇原子由于热涨落而自发地迁移、相遇并复合的全过程。然而,目前只能通过计算缺陷的迁移激活能、缺陷之间的相互作用来考察缺陷复合的可能性。

（3）金属凝固过程的计算机模拟

1）微观模拟

早在 1966 年，研发者 Oldfield 就尝试着对铸件凝固组织进行模拟。之后近几十年里，由于铸件凝固过程宏观模拟尚在发展之中，微观模拟一直未能取得很大进展。进入 80 年代，随着铸件凝固过程宏观模拟范畴计算机模拟的逐渐完善，在微观模拟方面也发展了等轴枝晶和共晶合金的生长模型。综观各方面的研究者的工作，形核和长大模型大致可分为两类：①确定模型；②概率模型。确定模型是指在给定时刻，一定体积熔体内晶粒的形核密度和生长速率是确定的函数（例如，是过冷度的函数）。概率模型则主要采用概率方法来研究晶粒的形核和长大，包括形核位置的随机分布和晶粒晶向的随机选择。

最初的形核和长大模型大都采用确定模型。如 Oldfield 提出的连续形核模型，Hunt 的瞬时形核模型等。夏威夷大学的 Wang 和爱荷华大学的 Beckermann 采用体积元模型，为建立晶粒生长的确定模型提供了崭新的思想。20 世纪 80 年代末，晶粒生长的概率模型逐渐兴起。有代表性的如英国 Swansea 大学的 Brown 和 Spittle，以及加拿大皇后大学的 Zhu 和 Smith 等人采用的蒙特卡罗方法。进入 90 年代，瑞士联邦洛桑理工学院 Rappz 和 Gandin 综合确定模型和概率模型，提出单元自动控制（Cellular Automaton（CA））模型。之后，Gandin 和 Rappz 又结合宏观有限元（FE）热流计算和微观单元自动控制（CA）晶粒生长模型，提出了 FE-CA 耦合算法模型，开创了宏观和微观结合计算的先河。

经过多年的研究，随着铸件凝固过程宏观模拟的日臻成熟，以及许多合金的凝固热动力学规律被揭示，再加上计算机技术的发展，微观模拟在晶粒形核和长大、碰撞、液体中溶质再分配等各方面都有了很大的进展。但为了进一步完善铸件凝固过程的微观模拟技术，将其用于生产，还急需解决以下两个问题：①建立实际合金的晶粒生长模型，包括多元合金，模型中要考虑对流、偏析等因素对微观组织形成的影响；②要完善模型，优化算法，尽量减少计算量，以能够计算形状复杂的实际铸件。可以说，减少凝固过程微观模拟计算量是使微观模拟能够应由于实践的关键。

2）宏观模拟

相对于微观模拟而言，国内外对宏观模拟的研究已做了大量的工作。宏观模拟是从传热学观点研究金属或合金的固态的状态变化过程，研究铸件与铸型热交换规律所确定的温度场，在存在相变的情况下求得连续性方程的解析解或数值解并预测宏观缺陷。凝固过程中不仅有显热释放，还涉及结晶潜热的释放问题，对潜热的处理通常有等价比热法、热焓法和温度回复法 3 种。

以导热偏微分方程为基础的铸件凝固温度场数值模拟始于 20 世纪 60 年代。1962 年，丹麦学者 Forsund 第一次把有限差分法用于铸件凝固过程的传热计算。1965 年，美国通用电器公司应用瞬态传热通用程序对 9 t 重的汽轮机缸体铸件进行了数值模拟，获得了与实测结果相近的计算温度场。1966 年，美国铸造学会与传热学会委员会制定了一项研究铸件凝固数值模拟技术的长期规划，并以 Michigan 大学的 Pehlke 教授为首展开研究。70 年代以来，继美国之后，日本在铸造过程数值模拟技术研究方面很活跃。日本关于铸件缩孔、缩松的形成与铸件温度场间关系的研究，对数值模拟技术走向使用化起到了重要的推动作用。随着对数值模拟技术认识的加深，瑞典、丹麦、德国、加拿大等国也相继开展了这方面的研究。

国内对这方面的研究始于 20 世纪 70 年代末。1978 年,大连理工大学金俊泽教授在大型船用螺旋桨铸件的研究中采用了数值模拟技术;20 世纪 80 年代后期,清华大学在铸造过程数值模拟技术的实用化研究方面取得较大进展;1994 年和 1995 年,北京航空航天大学和北京航空材料研究所又分别获得航空基金的资助,以解决熔模精铸过程和单晶铸造叶片的数值模拟中存在的一些特殊问题。

宏观—微观耦合的模拟计算是凝固过程计算机模拟的核心工作,但目前进展并不理想。所谓宏观—微观耦合,就是把形核与生长的微观过程与描述宏观过程的连续性方程一并考虑的模拟方法,在温度场数值模拟的基础上,计算出铸件凝固期的各种热参数与凝固组织参数联系起来建立定量的表达式,从而预测铸件的凝固组织和性能参数。

Thevoz 等率先提出于枝晶和共晶等轴凝固宏观—微观耦合的通用模型,并计算了 Al-7wt%Si 合金的凝固冷却曲线、晶粒尺寸和二次枝晶臂间距,计算值同实测值吻合很好。

随后,Rappaz 等人提出了 CA-FE 模拟和 CET 转变模拟,但模拟结果和实际情况在一些参数上仍有较大的差距。

1.3.2　材料与工艺过程的优化及自动控制

材料加工技术的发展主要体现在控制技术的飞速发展,微机和可编程控制器(PLC)在材料加工过程中的应用正体现了这种发展和趋势。在材料加工过程中利用计算机技术不仅能减轻劳动强度,更能改善产品的质量和精度,提高产量。

用计算机可以对材料加工工艺过程进行优化控制。例如在计算机对工艺过程的数学模型进行模拟的基础上,可以用计算机对渗碳渗氮全过程进行控制。在材料的制备中,可以对过程进行精确的控制,例如材料表面处理(热处理)中的炉温控制等。计算机技术和微电子技术、自动控制技术相结合,使工艺设备、检测手段的准确性和精确度等大大提高。控制技术也由最初的简单顺序控制发展到数学模型在线控制和统计过程控制,由分散的个别控制发展到计算机综合管理与控制,控制水平提高,可靠性得到充分保证。

1.3.3　材料数据库和材料设计

以材料数据库为依托,建立知识系统和专家系统,实现材料设计计算机化,是材料科学研究的新思维、新方法。长期以来,新材料设计采用传统的"炒菜"方式,这种耗资大、周期长、带有主观意向的研究方法已显示其不适应性。随着计算机技术和材料数据库的兴起,在材料研究中采用 CAD 技术,用计算机识别各种显微组织和性能间关系模型,推导预测最佳性能合金元素,从而避免了人工"炒菜"造成的时间、资金上的浪费。为此需要建立大量数据支持的材料数据库和一系列模型支持的知识系统、推理系统和数据处理系统。美国空军材料试验室、日本东京大学、英国 Shefield 城市高等技术学院、瑞典 Linkoping 大学为此都做了不少工作。原美国空军材料试验室主任、著名复合材料专家蔡维伦博士提出的复合材料设计要求是:①最简明的理论和分析模型;②综合的微观—宏观力学分析;③引入可重复的子迭层简化设计;④不对称结构薄壁理论;⑤二次破坏准则和使用强度/设计强度;⑥与湿热有关的特性;⑦迭层板固化应力;⑧广义迭层板排序设计。该方法简单易行,有理论依据,新设计人员经过短时间训练能达到熟练程度。

近几年来,我国材料设计研究已取得可喜进展,相关部门不仅建立了新材料数据库,还专门列出了材料微观设计课题。目前已有一大批材料设计专家系统和数据库应用于材料科研。北京航空材料研究所在完善复合材料数据库的同时建立了复合材料性能计算分析与设计系统（CAADCP），采用迭层理论建立了包括层合板的刚度、柔度、工程常数、强度、湿热影响等参数计算、铺层设计、曲线绘制软件包。用户可利用软件包计算出单向或迭层板复合材料工程常数、力学性能等多种参数。中国科学院化学冶金研究所与航空航天工业部低温物性测试中心合作，采用神经网络方法预报材料性质。研究表明，神经网络方法在材料研究中具有很大的潜力。

另外，利用人工智能技术的材料加工等专家系统也得到了很大的发展。包括预测专家系统、诊断专家系统、设计专家系统、规划专家系统、监视专家系统、控制专家系统等。

1.3.4　计算机辅助设计技术（CAD）在材料科学与工程中的应用

（1）计算机辅助材料加工设计

材料加工 CAD 技术是传统材料加工技术与计算机技术、控制技术、信息处理技术等相结合的产物，是材料加工和技术进步的标志，可实现加工工艺快速、准确、合理的设计，提高生产效率。材料加工 CAD 又可分为铸造成型 CAD、塑性成型 CAD、焊接成型 CAD、注射成型 CAD 以及模具 CAD 等几个方面，均已研制出商品化 CAD 软件，如我国华中科技大学推出的商品化三维模拟软件华铸 CAD，在铸造生产中取得了显著的效益。美国的 Diecomp 公司开发的计算机辅助级进模设计系统 PDDC，可以完成冷冲模设计的全过程，包括从输入产品和技术条件开始设计出最佳样图，确定操作顺序、步距、空位、总工位数，绘制带料排样图，输出模具装配图和零件图等，比传统设计提高功效 8 倍以上。目前基于网络的 CAD/CAE/CAM 集成化系统开始使用，如英国 Deleam 公司在原有软件 DUCT5 的基础上，为适应最新软件发展及实际需求，向模具行业推出了可用于注射模 CAD/CAE/CAM 的集成化系统。该系统覆盖了几何建模、注射模结构设计、反求工程、快速原型、数控编程及测量分析等领域。系统的每一个功能既可独立运行，又可通过数据接口作集成分析，大大地提高了其使用效率。

（2）计算机辅助材料检测

计算机在材料检测中的应用目前主要集中于材料的成分、组织结构与物相、物理性能的检测，以及机械零件的无损检测等方面。其基本方法是借助于某种探测器，将探测到的信号转化为数字信号传输到计算机里，然后通过程序员编制的相关软件对这些数字信号判断、处理后得到相应结果。例如，能谱分析仪、X 射线仪、超声波无损检测仪及万能材料实验机等的计算机处理系统等就是这方面应用的成功事例。

思考题与上机操作实验题

1.1　计算机在材料科学与工程中的应用主要涉及哪几个方面？

1.2　通过互联网搜集计算机在材料科学与工程应用的相关专业商品软件，试述其发展现状、功能和应用领域范围。

第 **2** 章

材料科学与工程研究中的数据处理

一般而言,在材料科学与工程研究中会涉及大量的实验数据,但如果不对这些实验数据进行整理和归纳分析,材料科学与工程研究中的许多规律性的结果将不可能得到,从而无法为材料科学与工程研究提供指导。而计算机在处理材料科学与工程研究中的数据处理方面显示出独特的优势。因为计算机的飞速发展使得不但可以利用计算机大量保存并方便快速地查找实验数据,而且可以对数据进行进一步的后续加工处理(如计算、绘图、拟合分析等),从而提高数据处理的效率和精度。

本章在论述数据处理基本理论的基础上(包括正交实验设计和最小二乘法),对数据处理功能强大的 Origin 7.0 软件和 Excel 2003 软件进行了介绍,并结合大量的应用实例,介绍了这些软件在材料科学与工程中的应用方法和步骤。

2.1 数据处理的基本理论

2.1.1 曲线拟合与最小二乘法

曲线拟合(fitting a curve),根据一组数据,即若干点,要求确定一个函数,即曲线,使这些点与曲线总体来说尽量接近。曲线拟合的目的:根据实验获得的数据去建立因变量与自变量之间有效的经验函数关系,为进一步的深入研究提供线索。

已知数据对 (x_j,y_j) $(i,j=1,2,\cdots,n)$ 见图 2.1,求多项式

$$y=f(x) \tag{2.1}$$

使得

$$Q = \sum_{i=1}^{n}(y_i - \overset{\wedge}{y_i})^2 = \sum_{i=1}^{n}[y_i - f(x)]^2 \tag{2.2}$$

求解(2.2)为最小,这就是一个最小二乘问题。

2.1.2 一元线性拟合

一元线性回归分析是处理两个变量之间关系的最简单模型,它所研究的对象是两个变量

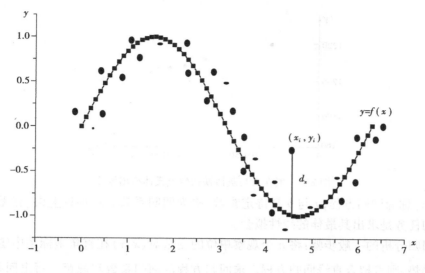

图 2.1　最小二乘法原理图

之间的线性相关关系。一元线性拟合是用直线回归方程表示两个变量间依存关系的统计分析方法,属双变量分析的范畴。如果某一个变量随着另一个变量的变化而变化,并且它们的变化在直角坐标系中呈直线趋势,就可以用一个直线方程来定量地描述它们之间的数量依存关系,这就是直线回归分析。直线回归分析中两个变量的地位不同,其中一个变量是依赖另一个变量而变化的,因此分别称为因变量(dependent variable)和自变量(independent variable),习惯上分别用 y 和 x 来表示。

例 2.1　为了研究氮含量对铁合金溶液初生奥氏体析出温度的影响,测定了不同氮含量时铁合金溶液初生奥氏体析出温度,得到表 2.1 给出的 5 组数据。

表 2.1　氮含量与灰铸铁初生奥氏体析出温度测试数据

序号	氮含量 X/%	初生奥氏体析出温度 Y/℃
1	0.004 3	1 220
2	0.007 7	1 217
3	0.008 7	1 215
4	0.010 0	1 208
5	0.011 0	1 205

如果把氮含量作为横坐标,把初生奥氏体析出温度作为纵坐标,将这些数据标在平面直角坐标上,则得图 2.2,这个图称为散点图。

从图 2.2 可以看出,数据点基本落在一条直线附近。这告诉我们,变量 X 与 Y 的关系大致可看作是线性关系,即它们之间的相互关系可以用线性关系来描述。但由于并非所有的数据点完全落在一条直线上,因此 X 与 Y 的关系并没有确切到可以唯一地由一个 X 值确定一个 Y 值的程度。其他因素,诸如其他微量元素的含量以及测试误差等都会影响 Y 的测试结果。如果我们要研究 X 与 Y 的关系,可以作线性拟合:

$$\hat{y} = a + bx \tag{2.3}$$

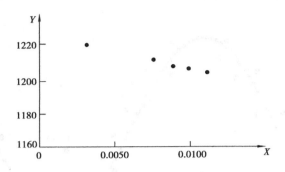

图 2.2　氮含量与灰铸铁初生奥氏体析出温度

式(2.3)称为回归方程,a 与 b 是待定常数,称为回归系数。从理论上讲,有无穷多组解,回归分析的任务是求出其最佳的线性拟合。

直线回归分析的一般步骤:将 n 个观察单位的变量对 (x,y) 在直角坐标系中绘制散点图,若呈直线趋势,则可拟合直线回归方程。求回归方程的回归系数和截距。写出回归方程,$\hat{y} = a + bx$,画出回归直线。对回归方程进行假设检验。

$$Q = \sum_{i=1}^{n} (y_i - \hat{y}_i)^2 = \sum_{i=1}^{n} [y_i - (a + bx_i)]^2 = \min \tag{2.4}$$

$$\begin{cases} \dfrac{\partial Q}{\partial a} = -2 \sum_{i=1}^{n} (y_i - a - bx_i) = 0 \\[2mm] \dfrac{\partial Q}{\partial b} = -2 \sum_{i=1}^{n} x_i(y_i - a - bx_i) = 0 \end{cases} \tag{2.5}$$

其中

$$\bar{x} = \frac{1}{n} \sum_{i=1}^{n} x_i, \quad \bar{y} = \frac{1}{n} \sum_{i=1}^{n} y_i \tag{2.6}$$

$$l_{xy} = \sum_{i=1}^{n} (x_i - \bar{x})(y_i - \bar{y}) \tag{2.7}$$

$$l_{xx} = \sum_{i=1}^{n} (x_i - \bar{x})^2 \tag{2.8}$$

$$a = \bar{y} - b\bar{x}, \qquad b = \frac{l_{xy}}{l_{xx}} \tag{2.9}$$

一元线性拟合精度:相关系数 γ

$$\gamma = \frac{l_{xy}}{\sqrt{l_{xx}l_{yy}}} \tag{2.10}$$

$$l_{yy} = \sum_{i=1}^{n} (y_i - \bar{y})^2 \tag{2.11}$$

当 $\gamma = 1$ 时,存在线性关系,无实验误差;

当 $\gamma = 0$ 时,毫无线性关系;

剩余平方和:　　　$$Q = \sum_{i=1}^{n} (y_i - \hat{y}_i)^2 = \sum_{i=1}^{n} [y_i - (a + bx_i)]^2 \tag{2.12}$$

回归平方和:　　　$$U = \sum_{i=1}^{n} (\hat{y}_i - \bar{y})^2 = \sum_{i=1}^{n} [(a + bx_i) - \bar{y}]^2 \tag{2.13}$$

离差平方和：
$$S = \sum_{i=1}^{n} (y_i - \bar{y})^2 = \sum_{i=1}^{n} (y_i - \hat{y}_i)^2 + \sum_{i=1}^{n} (\hat{y}_i - \bar{y})^2 = Q + U \quad (2.14)$$

应用直线回归的注意事项：

①作回归分析要有实际意义，不能把毫无关联的两种现象随意进行回归分析，忽视事物现象间的内在联系和规律，如对儿童身高与小树的生长数据进行回归分析既无道理，也无用途。另外，即使两个变量间存在回归关系，也不一定是因果关系，必须结合专业知识作出合理解释和结论。

②直线回归分析的资料，一般要求因变量 Y 是来自正态总体的随机变量，自变量 X 可以是正态随机变量，也可以是精确测量和严密控制的值。若稍偏离要求，一般对回归方程中参数的估计影响不大，但可能影响标准差的估计，也会影响假设检验时 P 值的真实性。

③进行回归分析时，应先绘制散点图（scatter plot）。若提示有直线趋势存在时，可作直线回归分析；若提示无明显线性趋势，则应根据散点分布类型，选择合适的曲线模型（curvilinear modal），经数据变换后，化为线性回归来解决。一般说来，不满足线性条件的情形下去计算回归方程会毫无意义，最好采用非线性回归方程的方法进行分析。

④绘制散点图后，若出现一些特大特小的离群值（异常点），则应及时复核检查，对由于测定、记录或计算机录入的错误数据，应予以修正和剔除。否则，异常点的存在会对回归方程中的系数 a,b 的估计产生较大影响。

⑤回归直线不要外延。直线回归的适用范围一般以自变量取值范围为限，在此范围内求出的估计值 $\hat{Y}$ 称为内插（interpolation）；超过自变量取值范围所计算的 $\hat{Y}$ 称为外延（extrapolation）。若无充足理由证明，超出自变量取值范围后直线回归关系仍成立时，应该避免随意外延。

2.1.3　多元线性回归

我们讨论了因变量 y 只与一个自变量 x 有关的一元线性回归问题。但在实际中我们常常会遇到因变量 y 与多个自变量 $x_1, x_2, \cdots, x_p$ 有关的情况，这就向我们提出了多元回归分析的问题。直线回归研究的是一个因变量与一个自变量之间的回归问题。但在畜禽、水产科学领域的许多实际问题中，影响因变量的自变量往往不止一个，而是多个。比如绵羊的产毛量这一变量同时受到绵羊体重、胸围、体长等多个变量的影响，因此需要进行一个因变量与多个自变量间的回归分析。即多元回归分析，而其中最为简单、常用并且具有基础性质的是多元线性回归分析。许多非线性回归和多项式回归都可以化为多元线性回归来解决，因而多元线性回归分析有着广泛的应用。研究多元线性回归分析的思想、方法和原理与直线回归分析基本相同，但其中要涉及一些新的概念，以及要进行更细致的分析，特别是在计算上要比直线回归分析复杂得多。当自变量较多时，需要应用电子计算机进行计算。

$$\hat{y} = a + b_1 x_1 + b_2 x_2 + \cdots + b_m x_m \quad (2.15)$$

假设随机变量 y 与 p 个自变量 $x_1, x_2, \cdots, x_p$ 之间存在着线性相关关系，实际样本量为 n，其第 i 次观测值为

$$x_{i1}, x_{i2}, x_{i3}, \cdots, x_{ip}; y_i (i = 1, 2, \cdots, n) \quad (2.16)$$

则其 n 次观测值可写为如下形式：

$$\begin{cases} y_1 = \beta_0 + \beta_1 x_{11} + \beta_2 \beta_{12} + \cdots + \beta_p x_{1p} + \varepsilon_1 \\ y_2 = \beta_0 + \beta_1 x_{21} + \beta_2 x_{22} + \cdots + \beta_p x_{2p} + \varepsilon_2 \\ \qquad\qquad\qquad \vdots \\ y_n = \beta_0 + \beta_1 x_{n1} + \beta_2 x_{n2} + \cdots + \beta_p x_{np} + \varepsilon_n \end{cases} \tag{2.17}$$

其中 $\beta_0, \beta_1, \cdots, \beta_p$ 是未知参数，$x_1, x_2, \cdots, x_p$ 是 p 个可以精确测量并可控制的一般变量，$\varepsilon_1, \varepsilon_2, \cdots, \varepsilon_n$ 是随机误差。和一元线性回归分析一样，我们假定 ε_i 是相互独立且服从同一正态分布 $N(0, \sigma)$ 的随机变量。

若将方程组(2.17)用矩阵表示，则有

$$Y = X\beta + \varepsilon \tag{2.18}$$

式中

$$Y = \begin{pmatrix} y_1 \\ y_2 \\ \vdots \\ y_n \end{pmatrix} \qquad X = \begin{pmatrix} 1 & x_{11} & x_{12} & \cdots & x_{1p} \\ 1 & x_{21} & x_{22} & \cdots & x_{2p} \\ \vdots & \vdots & \vdots & & \vdots \\ 1 & x_{n1} & x_{n2} & \cdots & x_{np} \end{pmatrix}$$

$$\beta = \begin{pmatrix} \beta_0 \\ \beta_1 \\ \vdots \\ \beta_p \end{pmatrix} \qquad \varepsilon = \begin{pmatrix} \varepsilon_1 \\ \varepsilon_2 \\ \vdots \\ \varepsilon_n \end{pmatrix}$$

多元线性回归分析的首要任务就是通过寻求 β 的估计值 b，建立多元线性回归方程

$$\hat{y} = b_0 + b_1 x_1 + b_2 x_2 + \cdots + b_p x_p \tag{2.19}$$

来描述多元线性模型

$$y = \beta_0 + \beta_1 x_1 + \beta_2 x_2 + \cdots + \beta_p x_p \tag{2.20}$$

$$Q = \sum_{i=1}^{n} (y_i - \hat{y}_i)^2 = \sum_{i=1}^{n} [y_i - (a + b_1 x_{1i} + b_2 x_{2i} + \cdots + b_m x_{mi})]^2 = \min \tag{2.21}$$

$$\frac{\partial Q}{\partial a} = -2 \sum_{i=1}^{n} (y_i - a - b_1 x_{1i} - b_2 x_{2i} - \cdots - b_m x_{mi}) = 0 \tag{2.22}$$

$$\frac{\partial Q}{\partial b_1} = -2 \sum_{i=1}^{n} x_{1i} (y_i - a - b_1 x_{1i} - b_2 x_{2i} - \cdots - b_m x_{mi}) = 0 \tag{2.23}$$

$$\frac{\partial Q}{\partial b_2} = -2 \sum_{i=1}^{n} x_{2i} (y_i - a - b_1 x_{1i} - b_2 x_{2i} - \cdots - b_m x_{mi}) = 0 \tag{2.24}$$

$$\frac{\partial Q}{\partial b_m} = -2 \sum_{i=1}^{n} x_{mi} (y_i - a - b_1 x_{1i} - b_2 x_{2i} - \cdots - b_m x_{mi}) = 0 \tag{2.25}$$

与一元线性回归分析相同，其基本思想是根据最小二乘原理，求解 $b_0, b_1, \cdots, b_p$ 使全部观测值 y_i 与回归值 $\hat{y}_i$ 的残差平方和达到最小值。由于残差平方和

$$Q = \sum_{i=1}^{n} (y_i - \hat{y}_i)^2 = \sum_{i=1}^{n} [y_i - (b_0 + b_1 x_{i1} + b_2 x_{i2} + \cdots + b_p x_{ip})]^2 \tag{2.26}$$

是 $b_0, b_1, \cdots, b_p$ 的非负二次式，所以它的最小值一定存在。

根据极值原理，当 Q 取得极值时，$b_0, b_1, \cdots, b_p$ 应满足

$$\frac{\partial Q}{\partial b_j} = 0 \quad (j = 0, 1, 2, \cdots, p) \tag{2.27}$$

由式(2.26),即满足

$$\begin{cases} \displaystyle\sum_{i=1}^{n} \left[y_i - (b_0 + b_1 x_{i1} + b_2 x_{i2} + \cdots + b_p x_{ip}) \right] = 0 \\ \displaystyle\sum_{i=1}^{n} \left[y_i - (b_0 + b_1 x_{i1} + b_2 x_{i2} + \cdots + b_p x_{ip}) \right] x_{i1} = 0 \\ \displaystyle\sum_{i=1}^{n} \left[y_i - (b_0 + b_1 x_{i1} + b_2 x_{i2} + \cdots + b_p x_{ip}) \right] x_{ij} = 0 \\ \displaystyle\sum_{i=1}^{n} \left[y_i - (b_0 + b_1 x_{i1} + b_2 x_{i2} + \cdots + b_p x_{ip}) \right] x_{ip} = 0 \end{cases} \tag{2.28}$$

式(2.28)称为正规方程组。它可以化为以下形式

$$\begin{cases} n b_0 + \left(\sum_{i=1}^{n} x_{i1}\right) b_1 + \left(\sum_{i=1}^{n} x_{i2}\right) b_2 + \cdots + \left(\sum_{i=1}^{n} x_{ip}\right) b_p = \sum_{i=1}^{n} y_i \\ \left(\sum_{i=1}^{n} x_{i1}\right) b_0 + \left(\sum_{i=1}^{n} x_{i1}^2\right) b_1 + \left(\sum_{i=1}^{n} x_{i1} x_{i2}\right) b_2 + \cdots + \left(\sum_{i=1}^{n} x_{i1} x_{ip}\right) b_p = \sum_{i=1}^{n} x_{i1} y_i \\ \quad\vdots \\ \left(\sum_{i=1}^{n} x_{ip}\right) b_0 + \left(\sum_{i=1}^{n} x_{ip} x_{i1}\right) b_1 + \left(\sum_{i=1}^{n} x_{ip} x_{i2}\right) b_2 + \cdots + \left(\sum_{i=1}^{n} x_{ip}^2\right) = \sum_{i=1}^{n} x_{ip} y_i \end{cases} \tag{2.29}$$

如果用 A 表示上述方程组的系数矩阵,可以看出 A 是对称矩阵,则有

$$A = \begin{pmatrix} n & \sum\limits_{i=1}^{n} x_{i1} & \sum\limits_{i=1}^{n} x_{i2} & \cdots & \sum\limits_{i=1}^{n} x_{ip} \\ \sum\limits_{i=1}^{n} x_{i1} & \sum\limits_{i=1}^{n} x_{i1}^2 & \sum\limits_{i=1}^{n} x_{i1} x_{i2} & \cdots & \sum\limits_{i=1}^{n} x_{i1} x_{ip} \\ \vdots & \vdots & \vdots & & \vdots \\ \sum\limits_{i=1}^{n} x_{ip} & \sum\limits_{i=1}^{n} x_{ip} x_{i1} & \sum\limits_{i=1}^{n} x_{ip} x_{i2} & \cdots & \sum\limits_{i=1}^{n} x_{ip}^2 \end{pmatrix} = \begin{pmatrix} 1 & 1 & 1 & \cdots & 1 \\ x_{11} & x_{21} & x_{31} & \cdots & x_{n1} \\ x_{12} & x_{22} & x_{32} & \cdots & x_{n2} \\ \vdots & \vdots & \vdots & & \vdots \\ x_{1p} & x_{2p} & x_{3p} & \cdots & x_{np} \end{pmatrix}$$

$$= \begin{pmatrix} 1 & x_{11} & x_{12} & \cdots & x_{1p} \\ 1 & x_{21} & x_{22} & \cdots & x_{2p} \\ 1 & x_{31} & x_{32} & \cdots & x_{3p} \\ \vdots & \vdots & \vdots & & \vdots \\ 1 & x_{n1} & x_{n2} & \cdots & x_{np} \end{pmatrix} = X'X \tag{2.30}$$

式中 X 是多元线性回归模型中数据的结构矩阵,X' 是结构矩阵 X 的转置矩阵。式(2.30)右端常数项也可用矩阵 D 来表示 即

$$Ab = D \tag{2.31}$$

或

$$(XX')b = XY \tag{2.32}$$

如果 A 满秩(即 A 的行列式 $|A| \neq 0$)那么 A 的逆矩阵 A^{-1} 存在,则由式(2.30)和式(2.31)得 β 的最小二乘估计为

$$b = A^{-1}D = (X'X)^{-1}X'Y \tag{2.33}$$

b 就是多元线性回归方程的回归系数。

为了计算方便,往往并不先求 $(X'X)^{-1}$,再求 b,而是通过解线性方程组来求 b。式(2.31)是一个有 $p+1$ 个未知量的线性方程组,它的第一个方程可化为

$$b_0 = \bar{y} - b_1\bar{x}_1 - b_2\bar{x}_2 - \cdots - b_p\bar{x}_p \tag{2.34}$$

式中

$$\begin{cases} \bar{x}_j = \dfrac{1}{n}\sum_{i=1}^{n} x_{ij} \quad j = 1,2,\cdots,p \\ \bar{y} = \dfrac{1}{n}\sum_{i=1}^{n} y_i \end{cases} \tag{2.35}$$

将式(2.34)代入式(2.29)中的其余各方程,得

$$\begin{cases} L_{11}b_1 + L_{12}b_2 + \cdots + L_{1p}b_p = L_{1y} \\ L_{21}b_1 + L_{22}b_2 + \cdots + L_{2p}b_p = L_{2y} \\ \quad\vdots \\ L_{p1}b_1 + L_{p2}b_2 + \cdots + L_{pp}b_p = L_{py} \end{cases} \tag{2.36}$$

其中

$$\begin{cases} L_{jk} = \sum_{i=1}^{n}(x_{ji}-\bar{x}_j)(x_{ki}-\bar{x}_k) = \sum_{i=1}^{n}x_{ji}x_{ki} - \dfrac{1}{n}\left(\sum_{i=1}^{n}x_{ji}\right)\left(\sum_{i=1}^{n}x_{ki}\right) \\ L_{jy} = \sum_{i=1}^{n}(x_{ji}-\bar{x}_j)(y_i-\bar{y}) = \sum_{i=1}^{n}x_{ji}y_i - \dfrac{1}{n}\left(\sum_{i=1}^{n}x_{ij}\right)\left(\sum_{i=1}^{n}y_i\right) \end{cases} \tag{2.37}$$

将方程组式(2.36)用矩阵表示,则有

$$Lb = F \tag{2.38}$$

其中

$$L = \begin{pmatrix} L_{11} & L_{12} & \cdots & L_{1p} \\ L_{21} & L_{22} & \cdots & L_{2p} \\ \vdots & \vdots & & \vdots \\ L_{p1} & L_{p2} & \cdots & L_{pp} \end{pmatrix} \quad b = \begin{pmatrix} b_1 \\ b_2 \\ \vdots \\ b_p \end{pmatrix} \quad F = \begin{pmatrix} L_{1y} \\ L_{2y} \\ \vdots \\ L_{py} \end{pmatrix}$$

于是

$$b = L^{-1}F \tag{2.39}$$

因此求解多元线性回归方程的系数可由式(2.38)先求出 L,然后将其代回式(2.39)中求解。求 b 时,可用克莱姆法则求解,也可通过高斯变换求解。

2.1.4 可转化为一元线性回归的其他一元线性拟合

实际工作中,变量间未必都有线性关系,如服药后血药浓度与时间的关系、疾病疗效与疗程长短的关系、毒物剂量与致死率的关系等常呈曲线关系。曲线拟合(curve fitting)是指选择适当的曲线类型来拟合观测数据,并用拟合的曲线方程分析两变量间的关系。曲线直线化是曲线拟合的重要手段之一。对于某些非线性的资料可以通过简单的变量变换使之直线化,这样就可以按最小二乘法原理求出变换后变量的直线方程。在实际工作中常利用此直线方程绘制资料的标准工作曲线,同时根据需要可将此直线方程还原为曲线方程,实现对资料的曲线拟

合。常用的非线性函数有：

幂函数　　　　　　　　　　$y = ax^b$，　$(a > 0)$

指数函数 1　　　　　　　　$y = ae^{bx}$，　$(a > 0)$

指数函数 2　　　　　　　　$y = ae^{\frac{b}{x}}$，　$(x > 0, a > 0)$

对数函数　　　　　　　　　$y = a + b \ln x$

双曲线函数　　　　　　　　$\dfrac{1}{y} = a + b \dfrac{1}{x}$，　$(a > 0)$

S 形曲线函数　　　　　　　$y = \dfrac{1}{a + be^{-x}}$，　$(a > 0)$

1）指数函数（exponential function）

$$y = ae^{bx}，　(a > 0)$$

对上式两边取对数，得 $\ln Y = \ln a + bX$，当 $b > 0$ 时，Y 随 X 增大而增大；当 $b < 0$ 时，Y 随 X 增大而减小，见图 2.3（a）、（b）。当以 $\ln Y$ 和 X 绘制的散点图呈直线趋势时，可考虑采用指数函数来描述 Y 与 X 间的非线性关系，$\ln a$ 和 b 分别为截距和斜率。更一般的指数函数：$Y = ae^{bX} + k$，k 为一常量，往往未知，应用时可试用不同的值。

2）对数函数（lograrithmic function）

$$y = a + b \ln x \tag{2.40}$$

当 $b > 0$ 时，Y 随 X 增大而增大，先快后慢；当 $b < 0$ 时，Y 随 X 增大而减小，先快后慢，见图 2.3（c）、（d）。当以 Y 和 $\ln X$ 绘制的散点图呈直线趋势时，可考虑采用对数函数描述 Y 与 X 之间的非线性关系，式中的 b 和 a 分别为斜率和截距。更一般的对数函数：$Y = a + b \ln(X + k)$，式中 k 为一常量，往往未知。

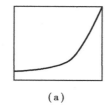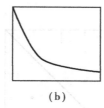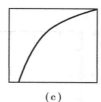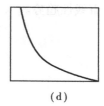

（a）　　　　　　（b）　　　　　　（c）　　　　　　（d）

图 2.3　曲线示意图

（a）$\ln Y = \ln a + bX$　（b）$\ln Y = \ln a - bX$　（c）$Y = a + b \ln X$　（d）$Y = a - b \ln X$

3）幂函数（power function）

$$y = ax^b，　(a > 0) \tag{2.41}$$

当 $b > 0$ 时，Y 随 X 增大而增大；当 $b < 0$ 时，Y 随 X 增大而减小。对式两边取对数，得 $\ln Y = \ln a + b \ln X$，所以，当以 $\ln Y$ 和 $\ln X$ 绘制的散点图呈直线趋势时，可考虑采用幂函数来描述 Y 和 X 间的非线性关系，$\ln a$ 和 b 分别是截距和斜率。更一般的幂函数：

$$Y = aX^b + k \tag{2.42}$$

k 为一常量，往往未知。

利用线性回归拟合曲线的一般步骤：①绘制散点图，选择合适的曲线类型，一般根据资料性质结合专业知识便可确定资料的曲线类型，不能确定时，可在方格坐标纸上绘制散点图，根据散点的分布，选择接近的、合适的曲线类型。②进行变量变换 $Y' = f(Y)$，$X' = g(X)$，使变换后的两个变量呈直线关系。③按最小二乘法原理求线性方程和方差分析。④将直线化方程转

换为关于原变量 X,Y 的函数表达式。

为了使读者更好地掌握和运用一元线性回归分析方法,通过一个实例比较完整地介绍一元线性回归方程的建立过程和分析方法。

例 2.2 表 2.2 是轴承钢经过真空处理前后钢液中锰的含量。现在来研究真空处理后成品轴承钢中锰含量(y)与真空处理前钢液中锰含量(x)的相关关系。

表 2.2 轴承钢真空处理前与成品锰含量比较

炉号	处理前 x	成品 y	炉号	处理前 x	成品 y	炉号	处理前 x	成品 y
1	0.38	0.36	12	0.38	0.35	23	0.32	0.31
2	0.36	0.33	13	0.32	0.31	24	0.37	0.35
3	0.30	0.30	14	0.33	0.32	25	0.35	0.32
4	0.35	0.33	15	0.37	0.35	26	0.36	0.35
5	0.33	0.33	16	0.37	0.35	27	0.34	0.33
6	0.35	0.32	17	0.33	0.31	28	0.33	0.34
7	0.35	0.34	18	0.35	0.32	29	0.35	0.35
8	0.33	0.32	19	0.32	0.32	30	0.39	0.38
9	0.35	0.31	20	0.34	0.33	31	0.36	0.34
10	0.35	0.33	21	0.32	0.33	32	0.37	0.36
11	0.39	0.36	22	0.33	0.32	33	0.35	0.32

绘制实验数据散点图,初步判断有关线性关系。首先将表 2.2 给出的实验数据标于直角坐标系中,作出有关 x 与 y 的散点图(见图 2.4)。通过对散点图的观察,可以初步判断 x 与 y 之间存在着线性趋势。

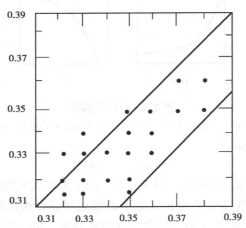

图 2.4 处理前与成品中锰含量的比较

计算回归系数 a 和 b,建立初步回归方程:

$$\bar{x} = \frac{1}{n} \sum_{i=1}^{n} x_i = 0.348\,2$$

$$\bar{y} = \frac{1}{n} \sum_{i=1}^{n} y_i = 0.332\,7$$

$$L_{xx} = \sum_{i=1}^{n} (x_i - \bar{x})^2 = 0.015\ 489$$

$$L_{yy} = \sum_{i=1}^{n} (y_i - \bar{y})^2 = 0.011\ 504\ 39$$

$$L_{xy} = \sum_{i=1}^{n} x_i y_i - \frac{1}{n} \left(\sum_{i=1}^{n} x_i \right) \left(\sum_{i=1}^{n} y_i \right) = 0.010\ 977$$

$$b = \frac{L_{xy}}{L_{xx}} = 0.708\ 69$$

$$a = \bar{y} - b\bar{x} = 0.085\ 934$$

由此得回归方程：$\qquad y = 0.085\ 934 + 0.708\ 69x$

2.2　Origin 软件在材料科学与工程中的数据处理应用

计算机结合专用软件包为主体的方法不仅可以进行原始数据采集,更为重要的是它可以对所采集的数据进行更符合现实要求的处理,并以较为直观的可视化图形来表示。但在实际过程中这一操作往往会遇到数据多、处理步骤繁杂、人为作图误差较大等困难。

目前,可用于数据管理、计算、绘图、解析或拟合分析的软件很多,有些功能非常强大,有的则相对简单、专业化。经实践证明 Origin 软件包是一种较为理想的选择,尤其是在图形绘制过程中可以避免手工操作所产生的较大的误差,而采用软件包进行复杂实验数据的处理,也能够在很大程度上降低人为因素所引起的误差。Origin 为我们提供了强大的数学计算功能,可以进行非常复杂的数学计算,以满足我们在材料研究中的计算需要。本节以 Microcal Software 公司的 Origin(V7.0)软件为对象,结合材料科学研究中的一些具体实例,介绍其在数据处理方面的应用。

数据信息的处理与图形表示在材料科学与技术领域有重要地位,Origin 软件可以对科学数据进行一般处理与绘图。其主要功能和用途为:对实验数据进行常规处理和一般的统计分析,如记数、排序、求均值和标准差、t—检验、快速傅里叶变换、比较两列均值的差异、回归分析;用数据作图(用图形显示数据之间的关系);用多种函数拟合曲线等。

Origin 是在 Windows 平台下用于数据分析、项目绘图的软件,目前最高版本为 7.5。它功能强大,在学术研究界有很广的应用范围。其特点是:使用简单,采用直观的、图形化的、面向对象的窗口菜单和工具栏操作,全面支持鼠标右键、支持拖方式绘图等。其两大类功能为:数据分析和绘图。数据分析包括数据的排序、调整、计算、统计、频谱变换、曲线拟合等各种完善的数学分析功能。准备好数据后进行数据分析时,只需选择所要分析的数据,然后再选择相应的菜单命令即可。Origin 的绘图是基于模板的,其本身提供了几十种二维和三维绘图模板,而且允许用户自己定制模板。绘图时,只要选择所需要的模板就行。用户可以自定义数学函数、图形样式和绘图模板,可以和各种数据库软件、办公软件、图像处理软件等方便地连接,可以用 C 等高级语言编写数据分析程序,还可以用内置的 Lab Talk 语言编程等。

2.2.1　Origin 软件参数介绍及基本操作

(1)曲线拟合

为了准确表示出实验数据所蕴藏的变化规律性,需要对实验数据进行拟合。究竟选用哪种拟合,一般要经过逐一试验,选择既要符合美观要求,更重要的是符合实验结果的科学规律性的拟合方式。Origin 软件提供了很强的拟合功能,如线性拟合(二元线性回归(图 2.5)、多元线性回归(图 2.6))、多项式拟合、对数拟合、指数拟合等。在 Analysis 菜单下,当图谱有多个峰时,可以用多个峰的 Gaussian 函数和 Lorentzian 函数拟合,从 Fit Multi-peaks 下找到这项功能。对于非线性拟合,选 Non-linear curve fit,在弹出的对话框中可以自行选择 Origin 软件已提供的非线性拟合函数,也可根据需要自行新增自定义拟合函数、修改原拟合函数的参数等。非线性拟合(即用各种曲线拟合数据)在解析曲线时是必不可少的。在 Analysis 菜单里,常用的有线性拟合、多项式拟合等,还可以利用 Analysis→Non-Linear Curve Fit 里的两个选项做一些特殊的拟和。默认为整条曲线拟合,但可以设置为部分拟和,和 mask 配合使用会得到很好的效果。绘制多层图形,图层是 Origin 中的一个很重要的概念,一个窗口中可以有多个图层,从而可以方便的创建和管理多个曲线或图形对象。

①多元线性回归:$y = y_0 + a_1x_1 + a_2x_2 + a_3x_3 + \cdots$。在许多数据分析中常常需要求出这种定量的经验关系。在数据页中,选定两个或两个以上的 Y 数据列。打开"Analysis"下拉菜单,选择"Multiple Regression"命令后确认。分析结果将在一个新出现的 Results Log 窗口中显示于数据页上部(见图 2.5、图 2.6)。

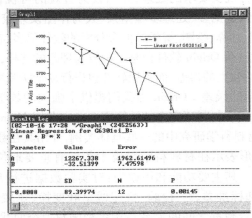

图 2.5　线性回归拟合及其结果记录

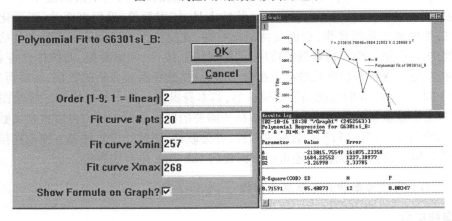

图 2.6　多项式回归拟合及其结果记录

②线性拟合工具　见图 2.7、图 2.8,图 2.9 为选择不同的复选框后出现的拟合结果。

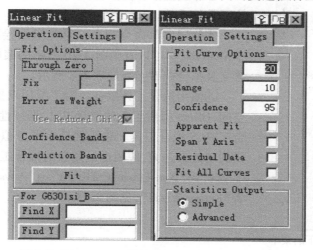

图 2.7　Linear Fit 工具的 Operation 和 Settings 选项卡

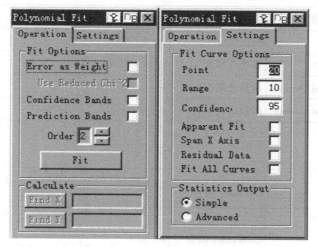

图 2.8　Polynomial Fit 工具的 Operation 和 Settings 选项卡

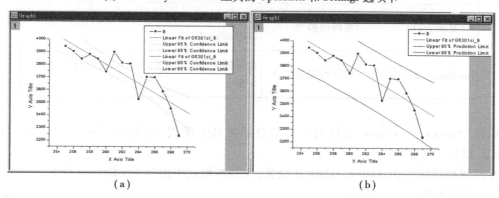

（a）　　　　　　　　　　　　　　　（b）

图 2.9

（a）选择 Confidence Bands 复选框后的拟合结果　（b）选择 Prediction Bands 复选框后的拟合结果

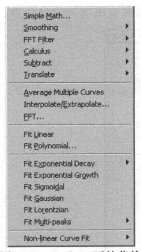

图 2.10 Analysis 下的菜单

③非线性拟合。拟合曲线的目的是根据已知数据找出响应函数的系数。

④使用菜单命令拟合。首先激活绘图窗口,选择菜单命令Analysis,则可以看到图 2.10 所示的菜单,其命令名、命令的含义及拟合模型函数如表 2.3 所示。

⑤使用拟合工具拟合。为了给用户提供更大的拟合控制空间,Origin 提供了 3 种拟合工具,即线性拟合工具、多项式拟合工具、S 拟合工具。非线性最小平方拟合 NLSF 是 Origin 提供的功能最强大、使用也最复杂的拟合工具。方法是单击"Analysis"→"Non-Linear Curve Fit"→"Advanced Fitting Tools"或者"Fitting Wizad",见图 2.11。

表 2.3　拟合函数与菜单

名　称	含　义	拟合模型函数
Fit Linear	线性拟合	$y = A + B \times x$
Fit Polynomial	多项式拟合	$y = A + B_1 \times x + B_2 \times x^2$
Fit Exponential Decay	指数衰减拟合	$y = y_0 + A_1 e^{-x/t_1}$
Fit Exponential Growth	指数增长拟合	$y = y_0 + A_1 e^{x/t_1}$
Fit Sigmoidal	S 拟合	$y = \dfrac{A_1 - A_2}{1 + e^{x - x_0/dx}} + A_2$
Fit Gaussion	Gaussion 拟合	$y = y_0 + \dfrac{A}{w \cdot \sqrt{\dfrac{\pi}{2}}} e^{-\dfrac{2(x-x_0)^2}{w^2}}$
Fit Lorentzian	Lorentzian 拟合	$y = y_0 + \dfrac{2 \cdot A}{\pi} \cdot \dfrac{w}{4(x-x_0)^2 + w^2}$
Fit Multipeaks	多峰值拟合	按照峰值分段拟合,每一段采用 Gaussion 或者 Lorentzian 方法
Nonlinear Curve Fit	非线性曲线拟合	内部提供了相当丰富的拟合函数,还支持用户定制

单击"Function"→"new"可以自定义拟合函数基本模式,利用 new 可以自定义拟合函数(见图 2.12)。

在高级模式中单击 Action→Dataset 设置,在基本模式中用 Select Dataset 设置。

(2)**数据分析**

数据分析主要包含以下功能:简单数学运算(Simple Math)、统计(Statistics)、快速傅里叶变换(FFT)、平滑和滤波(Smoothing and Filtering)、基线和峰值分析(Baseline and Peak Analysis)。

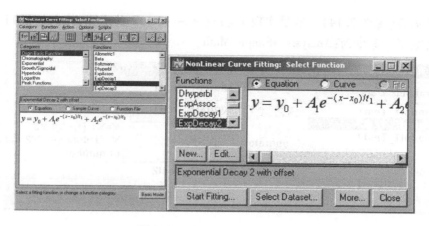

图 2.11　Non-Linear Curve Fit

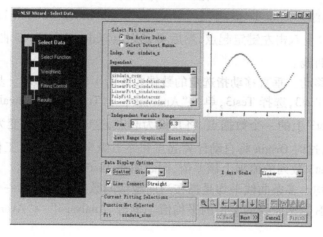

图 2.12　Wizad 模式拟合

①简单数学运算(见图 2.13)。它的背景是对同一物理量进行 3 次测量得到的结果。为清楚起见舍弃 3 个误差数列,并只绘制中间数据段的曲线。

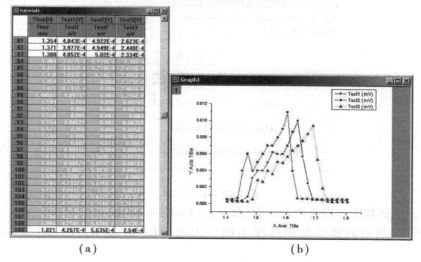

（a）　　　　　　　　　　　　　　　　　　（b）

图 2.13　简单数学运算

②算术运算(见图 2.14)。这是实现 $Y = Y1(+ - */) Y2$ 的运算,其中 Y 和 $Y1$ 为数列,$Y2$ 为数列或者数字。命令为:Analysis→Simple Math。

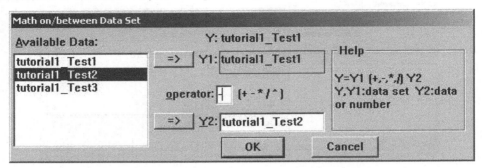

图 2.14　算术运算

减去参考直线,激活曲线 Test3,单击"Analysis"→"Subtrart:Straight Line",此时光标自动变为 ✛ ,然后在窗口上双击左键定起点,然后再在终点双击,此时 Test3 曲线变为原来的图形减去这条直线后的曲线。

③垂直和水平移动。垂直移动指选定的数据曲线沿 Y 轴垂直移动。步骤如下:

激活数据曲线 Test3,选择 Test3,单击"Analysis"→"Translate:Vertical",这时光标自动变为 ⊡ ;双击曲线 Test3 上的一个数据点,将其设为起点,这时光标形状变为 ✛ ;双击屏幕上任意点将其设为终点,这时 Origin 将自动计算起点和终点纵坐标的差值,工作表内 Test3 列的值也自动更新为原 Test3 数列的值加上该差值,同时曲线 Test3 也更新了。

④多条曲线平均。多条曲线平均是指在当前激活的数据曲线的每一个 X 坐标处,计算当前激活的图层内所有数据曲线的 Y 值的平均值。单击"Analysisi"→"Average Multiple Curves"即可。

⑤插值。插值是指在当前激活的数据曲线的数据点之间利用某种方法估计的数据点。单击"Analysis"→"Interpolate and Extrapolate"即可,界面见图 2.15。

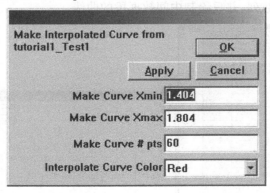

图 2.15　算术运算

⑥微分。也就是求当前曲线的导数,命令为:Analysis→Calculus:Differentiate。

⑦积分。对当前激活的数据曲线用梯形法进行积分,命令为:Analysis→Calculus:Integrate。

⑧统计。包括平均值（Mean）、标准差（Standard Deviation，Std 或 SD）、标准误差（Standard Error of the Mean）、最小值（Minimum）、最大值（Maximum）、百分位数（Percentiles）、直方图（Histogram）、T 检验（T-test for One or Two Populations）、方差分析（One-way ANOVA）、线性、多项式和多元回归分析（Linear，Polynomial and Multiple Regression Analysis）。

在数据表中完成数据输入之后，就可以进行计算，也就是通过函数表达式对整列数据或几个数据单元格（单击后拖动鼠标）进行赋值。选定一个数据列或其中的几个数据单元格，打开"Column"下拉菜单，选择"Set Column values"命令，通过对话框输入函数表达式进行赋值。在运算对话框中可以查到 Origin 软件所支持的全部计算函数。只要按照 Origin 的规定写入数学公式，就可以进行任何数学计算。单击对话框中 2 个下拉箭头分别显示函数表达式和列名称，选中某个函数和列，通过单击其右边的"添加"按钮，就可以方便地加到公式栏中，最后按"OK"按钮即完成运算。

2.2.2　Origin 在材料科学与工程中的应用实例

例 2.3　用火焰原子吸收（FAA）和石墨原子吸收（GAA）测定高纯材料中一种杂质金属离子的含量，测定结果见表 2.4。

表 2.4　测定数据（$\times 10^{-6}$）

| FAA/wt% | 4.99 | 4.99 | 5.00 | 5.01 | 5.00 | 5.00 |
| GAA/wt% | 5.01 | 4.95 | 5.03 | 4.96 | 4.99 | 5.03 |

在数据页中 A 列输入 FAA，B 列输入 GAA。选定一个数据列（A 列），打开"Analysis"下拉菜单，选择"t-Test（One Population，单样本）"命令，弹出对话框如图 2.16 所示。

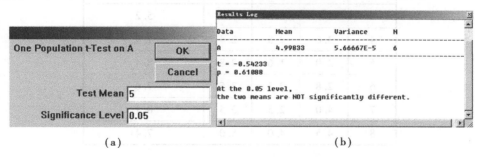

（a）　　　　　　　　　　　　　　（b）

图 2.16　进行一组数据的 t-检验

（a）参数设置对话框　（b）t-检验结果

在"Test Mean"一栏里填入检验均值 $\mu_0 = 5.00$，在"Significance Level"中填入显著性水平 $\alpha = 0.05$（也称为信度值），确认后，系统给出检验结果：均值 μ（mean）$= 5$、方差 s^2（variance）$= 5.67E-5$、数据量 $N = 6$，$t = -0.54$，p（概率）$= 0.61$，如图 2.16（b）所示。结论是对于显著性水平 $a = 0.05$，不能否定假设 $H_0: \mu = \mu_0$，即判定可以认为该金属离子的浓度是 5×10^{-6}。

两组（列）数据的 t-检验（比较 X 和 Y 两列数据的均值），在数据页中，选定两个数据列。打开"Analysis"下拉菜单，选择"t-Test（Two Populations）"命令，弹出对话框如图 2.17（a）所示。

"Test Type"（检验的类型）有两个选择："Independet"和"Paried"。如果两组数据的方差不相等，选用"Independent"，否则选用"Paried"。在"Signficance Level"中填入显著性水平 0.05。

确认后,分析结果如图2.17(b)所示。分析结论为:两种分析方法测得的均值没有明显的差异。

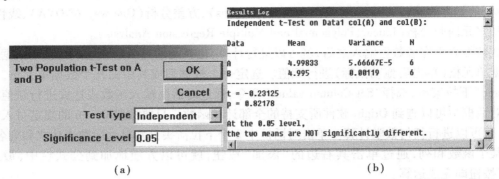

(a)　　　　　　　　　　　　　(b)

图2.17　进行两组数据的 t-检验

(a)参数设置对话框　(b) t-检验结果

例2.4　材料中含3种不同的正离子,每种离子都有一定的迁移率,对材料的离子电导率产生贡献,一般符合加和规则。现制备了不同配方的8种材料,检测了它们的组成并测定离子电导率,见表2.5,其中, x_1, x_2, x_3 为3种离子的质量分数, y 为电导率。求 y 对 x_1, x_2, x_3 的回归方程。

表2.5　材料中离子组成及电导率

编号	x_1	x_2	x_3	y (S · cm^{-1})
1	2.2	1.8	3.4	5.6
2	1.9	2.0	2.4	6.1
3	1.5	2.2	3.0	5.2
4	3.6	2.5	2.4	7.9
5	2.0	1.6	2.8	8.4
6	2.8	2.5	3.5	7.6
7	4.0	2.5	3.5	8.1
8	4.5	4.0	5.0	7.4

打开数据页,把 y 数据放入 A(X)数据列。把 x_1, x_2, x_3 分别放入 B(Y)、C(Y)和 D(Y)中。选定 B(Y)、C(Y)和 D(Y)数据列。执行"Analys"菜单中的"Multiple Regression"命令,出现提示对话框;数据列 B 到 D 为独立变量,数据列 A 为与 B,C 和 D 有关的量。确认后,立刻在 Results Log 中显示计算结果,如图2.18所示。

从上述结果可见,对于回归方程 $y = y_0 + a_1 x_1 + a_2 x_2 + a_3 x_3$, y_0, a_1, a_2 和 a_3 的值分别为6.42,1.31, -1.07 和 -0.16,它们的标准差为1.65,0.63,1.22,0.81; y 的标准差为1.09; y 与 x_1, x_2, x_3 的相关系数的平方为0.55(即相关系数为0.74)。

例2.5　反应结合氧化铝动力学机理研究

以陶瓷(Al_2O_3)及金属铝的复合粉末为原料,控制条件使铝氧化成为氧化铝,研究反应过

```
Parameter      Value          Error          t-Value        Prob>|t
----------------------------------------------------------------------
Y-Intercept    6.42467        1.64746        3.89973        0.01755
B              1.3063         0.62806        2.0799         0.10604
C             -1.07058        1.21885       -0.87835        0.42935
D             -0.15542        0.80893       -0.19213        0.857
----------------------------------------------------------------------


R-Square(COD) Adj. R-Square Root-MSE(SD)
----------------------------------------------------------------------
0.54716        0.20753        1.09021
----------------------------------------------------------------------
```

图 2.18　在 Results Log 中显示多元回归分析的结果(部分)

程中氧化的过程和机理。①采用热分析仪获得温度-失重数据、热失重曲线;②明确反应动力学机理数学模型。③进行数据分析。主要的数学模型如下:

$$\ln(Wt\ \mathrm{loss}) = -\frac{E}{k} \cdot \frac{1\ 000}{T} + k'$$

研究其过程与机理的一种方法就是通过综合热分析仪自动采集温度-失重数据,热失重实验结果见表 2.6。

表 2.6　热失重实验数据

Temperature/℃	Wt loss/%	Temperature/℃	Wt loss/%
360	− 6.42	800	6.652 34
380	− 6.21	840	6.880 52
400	− 5.86	880	6.993 39
440	− 5.371 15	920	7.411 28
480	− 4.554 34	960	7.617 29
520	− 2.408 55	1 000	8.983 89
560	− 0.706 71	1 040	9.511 38
600	3.790 28	1 080	9.725 76
640	5.059 41	1 120	9.782 6
680	5.154 59	1 160	10.482 78
720	5.710 55		
760	6.086 19		

温度-失重的连线图 2.19,再对数据和曲线进行进一步处理。

要得到数学模型中的待定系数,需要得到 $\ln(Wt\ \mathrm{loss})$(失重)$-1\ 000/T$ 的曲线,通过对该曲线的分析,就可以获得 $Al + O_2 = Al_2O_3$ 的过程和机理。将失重质量和温度分别换算结果为 $C(Y),D(Y),E(Y)$。在数据表 C 栏计算 $Col(C) = col(B) + 6.5$,D 栏计算 $Col(D) = \ln(col(C))$,E 栏计算 $Col(E) = 1\ 000/(col(A) + 273)$。以 F 栏数据(和 D 栏数据相等)对 E 栏数据画图,见图 2.20。

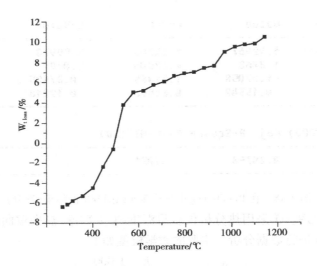

图 2.19　温度-失重的连线图

	A[X]	B[Y]	C[Y]	D[Y]	E[Y]	F[Y]	G[Y]	H[Y]
1	Temperatu	Wt loss[%]	wt loss%6.	ln[wt+6.5]	1000/T			
2	360	-6.42	0.08	-2.52573	1.57978			
3	380	-6.21	0.29	-1.23787	1.53139			
4	400	-5.86	0.64	-0.44629	1.48588			
5	440	-5.37115	1.12885	0.1212	1.40252			
6	480	-4.55434	1.94566	0.6656	1.32802			
7	520	-2.40855	4.09145	1.4089	1.26103			
8	560	-0.70671	5.79329	1.7567	1.20048			
9	600	3.79028	10.29028	2.3312	1.14548			
10	640	5.05941	11.55941	2.4475	1.09529			
11	680	5.15459	11.65459	2.4557	1.04932			
12	720	5.71055	12.21055	2.5023	1.00705			
13	760	6.08619	12.58619	2.5326	0.96805			
14	800	6.65234	13.15234	2.5766	0.93197			
15	840	6.88052	13.38052	2.5938	0.89847			
16	880	6.99339	13.49339	2.6022	0.8673			
17	920	7.41128	13.91128	2.6327	0.83822			
18	960	7.61729	14.11729	2.6474	0.81103			
19	1000	8.98389	15.48389	2.7398	0.78555			
20	1040	9.51138	16.01138	2.7733	0.76161			
21	1080	9.72576	16.22576	2.7866	0.7391			
22	1120	9.7826	16.2826	2.7901	0.71788			
23	1160	10.48278	16.98278	2.8322	0.69784			
24								

图 2.20　将失重质量和温度分别换算结果为 C(Y),D(Y),E(Y)

从图 2.21 明显可见,反应过程分为 3 个阶段,每个阶段的斜率变化显著不同,代表着氧化反应的活化能不同。通过对每个阶段作线性回归,得到斜率,就可以求出反应活化能。为了便于分段回归,对数据重作整理,将不同阶段的数据对相应的 C 栏数据作图,再对每组数据作线性回归,特别是要选中 Fit All Curves 才能使 3 条曲线同时得到回归直线(图 2.22 ~ 图 2.24),由斜率即可计算出每段反应的活化能,由此可以对机理进行深入讨论。

例 2.6　谱线处理

材料科学研究离不开各种谱图(图 2.25)。虽然谱线原始数据中包含了所有有价值的信息,但信息质量有时并不高。用数据作图后,无法借助人的眼和脑判断数据之间的内在逻辑联系,往往还需要进一步对数据图形进行处理,提取有用的信息。这就涉及谱线处理的内容。谱

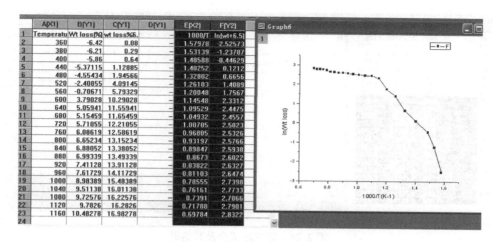

图 2.21　总体变化曲线

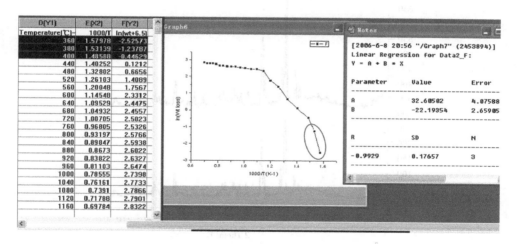

图 2.22　第一段拟合及其结果

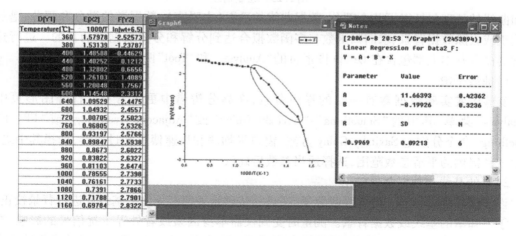

图 2.23　第二段拟合及其结果

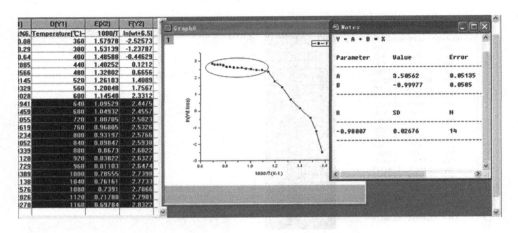

图 2.24　第三段拟合及其结果

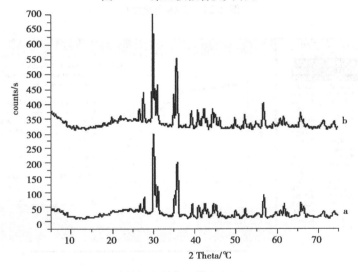

图 2.25　绘制谱线

线和曲线的处理包括以下几个部分:数据曲线的平滑(去噪声)、数据谱的微分和积分、谱的基线校正或去除数据背景、求回归函数与多函数拟合达到分解和分辨数据谱的目的。进行这些处理的命令基本上都包含在 Origin 图形页的"Analysis"和"Tool"两个菜单中。

1)曲线平滑

实验谱或实验数据常有一定的噪声背景,在高分辨谱中更为常见。打开图形页中的"Analysis"菜单,其中的"Smoothing"-"Savitzky-Golay"或"Adjacent Averaging"或"FFT Filter Smoothing"命令分别是 Savitzky-Golay 方法、窗口平均法和快速傅里叶过滤器,选择其中之一。根据软件提供的平滑参数范围,选择适当参数后确认。

2)谱的基线与数据背景校正

许多谱的测量都有一定的吸收背景,在进一步谱处理前必须先去基线或进行背景校正。

①已知谱的基线或数据背景。测量时受到仪器本身因素或者外界干扰信号的影响,图谱基线不总是在曲线图 $y = 0$ 位置,即基线出现漂移。那么 Baseline 功能可以自动产生基线或者按照人为定义产生基线,对这两种方式产生的基线还可以根据需要进行局部修改,Origin 软件

可以扣除基线漂移重新绘制一张基线在 $y=0$ 或人为定义位置的图谱。

把谱线的基线或数据背景安排在数据页的一个 Y 数据列中。在图形页的"Analysis"菜单中选择"Subtract"下的"Reference Data"命令。对话框显示了可用的数据列,扣除数据背景按照 $Y=Y_1-Y_2$,Y_1 为原始谐数据列,Y_2 为数据背景。因此,把左边可用数据列中的相应列选入 Y_1 和 Y_2,运算符号栏中选用"□—□",确认后,图形页自动进行背景扣除并更新。

②在当前显示图形中去基线(直线基线)。在当前图形页的"Analysis"菜单中选择"Subtract Straight Line"命令。当前鼠标为"十"字形,在双击谱的两端要去的基线处(基线的起始点与终点部位),图形页自动去除基线并更新。

3)谱的微分和积分

①作原谱的微分谱,选定作微分谱的数据列,在图形页的"Analysis"菜单下,选择"Calculus"-"Differentiate",微分谱显示在另一个"Deriv"窗口中。

②求谱的积分,在图形页的"Data"菜单中选定求积分的谱数据列,在图形页的"Analysis"菜单下,选择"Caculus"→"Intedrate"命令,曲线下方面积的积分结果显示在"Results Log"中。

4)曲线拟合与谱图分辨

在科学研究中,仪器记录一物理量(因变量)随另一物理量(自变量)的变化而得到谱图。谱图由若干谱带(峰)组成。每一谱带都有 3 个主要特征:①位置,如振动光谱中的波数(频率),可见—紫外光谱小的波长,X 射线衍射中的 2θ,示差扫描量热法(DSC)的温度等,位置主要反映样品中存在的物质种类;②峰的极大值(峰高),在光谱中表现为强度,与物质浓度直接相关;③峰宽(波形),通常用半高宽表示,即用峰高一半处峰的宽度表示,它与样品的物理状态有关。

谱线的解析拟合就是将谱图分解为各个谱带,给出它们的准确的位置、峰极大值和峰宽。对于不同种类的仪器,影响谱带形状的物理因素不同,谱图也很不一样。如 X 射线衍射和 Raman 光谱峰较多且较窄,可见紫外光谱峰较少且较宽。此外,Raman 光谱信号较弱,分辨率和信噪比都不如可见紫外光谱。现已有许多谱线拟合的解析式,综合考虑各种因素. 从而得到正确的谱带信息。

谱线解析拟合最常用的函数是 Gaussian 函数和 Lorentzian 函数,它们关联对称谱带的 3 个主要参数:峰极大值、峰极大的位置以及半高峰宽。在 3 参数均相同的情况下,半高峰宽以上部分 Gaussian 函数和 Lorentzian 函数拟合的谱形状基本重合,但在半高峰宽以下部分 Cassian 函数拟合的峰较窄、收缩较快。Caussian 函数的拟合过程:下拉 Analysis 菜单选 Fit Caussian,将立刻得到拟合结果。按同样过程可以得到 Lorentzian 函数拟合结果,二者的比较见图 2.26。

例 2.7　Origin 在腐蚀试验中的应用

在材料的腐蚀试验中,研究腐蚀的反应速度和动力学规律对了解反应机理及整个反应的速度控制步骤都是非常有用的。同时,反应速度的测定也是定量描述材料腐蚀程度的基础,与理论模型相结合对研究材料腐蚀行为将很有帮助。重量法是最直接、最方便的测定高温腐蚀速度的方法 。如果腐蚀后的腐蚀产物致密且牢固地附在试样表面,且质量增加时,可以用增重法来计算。表 2.7 中的 A 和 B 分别是锅炉用钢 20G 和喷涂有高镍铬涂层的 20G 在相同的高温氧化条件下的腐蚀增重的数据。

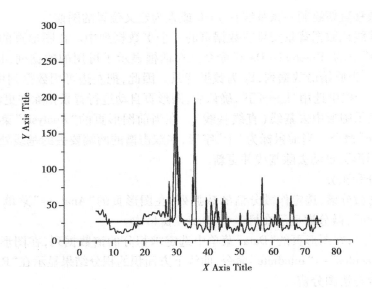

图 2.26　Graussian 拟合和 Lorenlzian 拟合比较

表 2.7　不同试样随时间变化的氧化增重量

氧化试验时间 t/h 试　样	0	5	10	20	30	50	70	90	110	130	150	175	200
A	0	2.2	13.4	22.3	30.8	41.8	48.8	59.6	66.6	71.97	78.84	85.66	92.20
B	0	1.7	2.18	2.19	2.23	6.09	2.34	2.42	2.53	2.64	2.75	2.84	2.96

　　为了得出不同材料在同一试验条件下腐蚀增重曲线的规律,用 Origin 软件中的 Plot 菜单下的 Scatter 得出散点图,并拟合方程。其结果如图 2.27、图 2.28 所示。

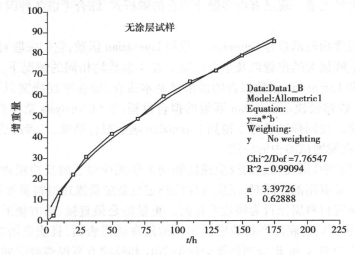

图 2.27　无涂层拟合

可以得出,有、无涂层 20G 氧化增重的动力学方程的拟合结果分别为:

$$y = 3.397 \, x \, 0.629$$

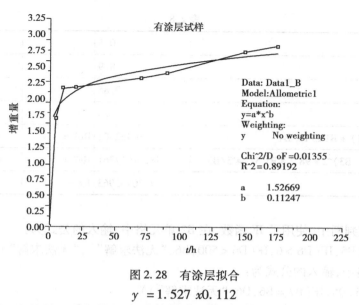

图 2.28　有涂层拟合

$$y = 1.527\, x0.112$$

可见,涂层具有很好的抗氧化性能。由此可以看出,使用 Origin 软件不仅可以很容易地作出漂亮的曲线,直观地看出其变化趋势,而且能得出其曲线方程的表达式,从而能准确地进行定量分析。

2.3　Excel 软件在材料科学与工程中的数据处理

2.3.1　计算功能

代数式的计算是电子表格软件的基本功能,主要包括分支计算和重复计算两种情况。利用电子表格的基本重复计算和单元格复制操作可以方便地完成一般代数计算。

例 2.8　沉降法测定液体黏度的计算。为求取某油的黏度 $\mu_f[c.p.]$,使直径 $D = 0.5$ mm 的铜球(密度 $\rho_s = 8.9$ g/cm^2)在该油中沉降,测得沉降速度 u_t 为 1.5 cm/s。测得密度 ρ_f 为 0.85 g/cm^3,求该油的黏度 $\mu_f[c.p.]$。

解:以沉降粒子直径为基准的雷诺数 $Re(= Du_t\rho_f/\mu_f)$ 的不同范围内,沉降速度 μ_t 有如下相应关系:

$$Re \leqslant 6 : \mu_t = g(\rho_s - \rho_f)D^2/18\mu_f \Rightarrow \mu_f = g(\rho_s - \rho_f)D^2/18\mu_t$$

$$6 < Re \leqslant 500 : \mu_t = \left[\frac{4}{225}\frac{(\rho_s - \rho_f)^2 g^2}{\mu_f\rho_f}\right]^{1/3} D \Rightarrow \mu_f = \frac{4}{225}\frac{(\rho_s - \rho_f)^2 g^2}{\mu_t^3 \rho_f}D^3$$

当 Re 过大时,无法直接计算,计算结果见表 2.8。

表2.8

D =		0.5		
RS =		8.9		
RF =		0.85		
UT =		1.5		
V1 = 98 * (B2 − B3) * B1^2/18/B4		7.30462963	Re1 =	0.087273419
V2 = 4/225 * (B2 − B3)^2 * 98^2 * B1^3/B4^3/B3		482.1017361	Re2 =	0.001322335
V =		7.30462963	Re =	0.087273419

说明:在分支判断中,使用了 IF 函数,在 B2 单元格中,输入的公式为:

= IF(D5 < 6, B5, IF(D6 > 6, IF(D6 < 500, B6, "无法求解"), "无法求解"))

在 D2 单元格中,输入的公式为:

= IF(B7 = B5, D5, IF(B7 = B6, D6, "无法求解"))

当改变单元格 B1 ~ B4 中的数值后,就可以计算相应的雷诺数和液体黏度了。

例 2.9 粉碎过程解析。把某粉碎原料的粒径范围分成 6 个等级,测定属于各个区间粒子的重量组成,以六元向量表示如下:

$$f^0 = \begin{bmatrix} 36.0 \\ 26.5 \\ 11.5 \\ 9.5 \\ 7.5 \\ 9.0 \end{bmatrix}$$

其中,最上面的为最粗粒度,最下面为最细粒度。

单程粉碎操作的选择矩阵和粉碎矩阵测定如下:

$$S = pI, \quad p = 0.6$$

$$B = \begin{bmatrix} 0.12 & 0 & 0 & 0 & 0 & 0 \\ 0.24 & 0.08 & 0 & 0 & 0 & 0 \\ 0.27 & 0.36 & 0.12 & 0 & 0 & 0 \\ 0.19 & 0.25 & 0.38 & 0.15 & 0 & 0 \\ 0.15 & 0.23 & 0.29 & 0.40 & 0.18 & 0 \\ 0.03 & 0.08 & 0.21 & 0.45 & 0.82 & 1 \end{bmatrix}$$

若要使全部原料的 90% 以上都成为最细的两级粒径,问需要反复粉碎几次?

分析表明,粉碎矩阵 $T = (1 − p)I + pB$,$f^{n+1} = Tf^n$。反复进行该矩阵的运算可以计算出每次粉碎后的粒径分布见表2.9。

说明:显然经过六次粉碎,达到题目要求。

线性参数估计可以直接利用 Excel 的分析工具库中的回归计算工具实现。对于非线性参数估计则可以通过适当的构造,将问题转化成一个使误差最小的规划问题进行解决。

表 2.9

0.12	0.00	0.00	0.00	0.00	0.00
0.24	0.08	0.00	0.00	0.00	0.00
0.27	0.36	0.12	0.00	0.00	0.00
0.19	0.25	0.38	0.15	0.00	0.00
0.15	0.23	0.29	0.40	0.18	0.00
0.03	0.08	0.21	0.45	0.82	1.00
36.00	16.99	8.02	3.79	1.79	0.84
26.50	17.06	10.09	5.67	3.09	1.64
11.50	16.98	14.45	10.30	6.70	4.12
9.50	15.36	15.89	13.51	10.25	7.22
7.50	14.99	18.14	17.66	15.13	11.90
9.00	18.62	33.41	49.07	63.05	74.28

2.3.2　规划求解

运用"规划求解"定义并解答问题的步骤为：

①在"工具"菜单中，单击"规划求解"命令。

如果"规划求解"命令没有出现在"工具"菜单中，则需要安装"规划求解"加载宏。

②在"目标单元格"编辑框中，键入单元格引用或目标单元格的名称。目标单元格必须包含公式。

③如果要使目标单元格中数值最大，请单击"最大值"选项。如果要使目标单元格中数值最小，请单击"最小值"选项。如果要使目标单元格中的数值为确定值，请单击"目标值"复选框，然后在右侧的编辑框中输入数值。

④在"可变单元格"编辑框中，键入每个可变单元格的名称或引用，用逗号分隔不相邻的引用。可变单元格必须直接或间接与目标单元格相联系。最多可以指定 200 个可变单元格。如果要使"规划求解"根据目标单元格自动设定可变单元格，请单击"推测"按钮。

⑤在"约束"列表框中，输入相应的约束条件。

⑥单击"求解"按钮。

⑦如果要在工作表中保存求解后的数值，请在"规划求解结果"对话框中单击"保存规划求解结果"。

例 2.10　已知有 3 种煤，其热值和灰、硫、价格都已经得到（见表 2.10）。欲求一个合适的配煤方案，使得在满足使用条件的前提下获得价格最低的配煤比。

这是一个非常典型的规划问题，可以利用软件的规划求解完成。具体构造如下：目标函数为配合煤的价格；限制条件分别为对配合煤的指标要求。具体情况见表 2.10。其中要求灰不大于 10，热值大于 6 000。

表 2.10

	价格	灰	硫	热值	配比
A 煤	350	10	1	6 600	25
B 煤	330	12	1	6 600	25
C 煤	260	9	1	5 500	50
配合煤	300	10	1	6 050	

设置配合煤价格对应的单元格为目标单元格,求解目标为最小值。设定限制条件,如配煤要求。计算得到的结果见表 2.11。

表 2.11

	价格	灰	硫	热值	配比
A 煤	350	10	1	6 600	18.181 82
B 煤	330	12	1	6 600	27.272 73
C 煤	260	9	1	5 500	54.545 45
配合煤	295.454 5	10	1	6 000	100

思考题与上机操作实验题

2.1 作出题表 2.1 的平衡蒸气压与温度关系的 p-T 直线(线性回归)图,同时利用样条(spline)、多项式、指数上升、高斯法拟合(Gaussian Fit)或平滑(Smooth)成曲线。

题表 2.1

T/K	320	330	342	356	368	373.2
P/kPa	10	16	26	43	87	101

2.2 画出题表 2.2 的醇-醇系统在 $p = 100$ kPa 时的沸点—组成(T-x 图)。

题表 2.2

T/K	472.2	461.8	453.5	439.2	420.4	404.7	374.2	350.7	341.2	338.7	337.3
x 甲醇/ml	0	0.010	0.015	0.032	0.075	0.100	0.185	0.360	0.590	0.754	1
y 甲醇/ml	0	0.152	0.368	0.610	0.845	0.922	0.985	0.995	0.998	0.999	1

2.3 画出某电池的放电电压和极化电流随时间的变化曲线,数据见题表 2.3。

题表 2.3

t/min	0	30	60	80	100	120	140	150
i/mA	10	9.51	9.11	8.45	7.80	6.00	4.50	3.00
V/V	1.711	1.290	1.256	1.201	1.141	1.101	1.030	1.000

2.4　某种水泥在凝固时放出的热量 y（单位 cal/g）与水泥中下列 4 种化学成分所占的百分数有关,如题表 2.4 所示,求放出的热量 y 与水泥中这 4 种化学成分之间的关系（多元回归分析）。

$x_1 : 3CaO \cdot Al_2O_3$　　　　　$x_2 : 3CaO \cdot SiO_2$

$x_3 : 4CaO \cdot Al_2O_3 \cdot Fe_2O_3$　　$x_4 : 2CaO \cdot SiO_2$

题表 2.4

序号	x_1	x_2	x_3	x_4	y
1	7	26	6	60	78.5
2	1	29	15	52	74.3
3	11	56	8	20	104.3
4	11	31	8	47	87.6
5	7	52	6	33	95.9
6	11	55	9	22	109.2
7	3	71	17	6	102.7
8	1	31	22	44	72.5
9	2	54	18	22	93.1
10	21	47	4	26	115.9
11	1	40	23	34	83.8
12	11	66	9	12	113.3
13	10	68	8	12	109.4

2.5　某种合金的抗拉强度 σ（N/mm^2）和延伸率 δ（%）与含碳量 x（%）关系的试验数据如题图 2.5 所示。根据生产需要,该合金有如下质量指标:在置信度为 99% 的条件下,抗拉强度 $\sigma > 330$（N/mm^2）,延伸率 $\delta > 34\%$,问该材料的含碳量应该控制在什么范围?

2.6　人们根据长期试验总结和金属材料理论,提出了断裂时间与温度、持久强度的回归模型:

$$\lg y = b_0 + b_1 \lg x + b_2 \lg^2 x + b_3 \lg^3 x + \frac{b_4}{2.3RT} + \varepsilon$$

其中　y——断裂时间,h;

　　　x——持久强度;

　　　T——试验温度,K;

　　　R——气体常数。

题表 2.6 列出 25Cr2Mo1V 耐热钢在高温下的 27 次试验结果。求在工作温度为 550 ℃ 和设计寿命为 10 万 h 的条件下,对此种耐热钢的持久强度 $x_{100\,000}^{550}$ 作出估计。

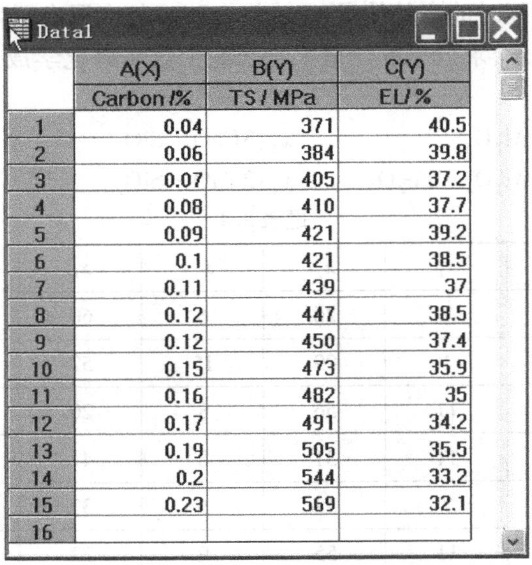

	A(X) Carbon /%	B(Y) TS / MPa	C(Y) EL/ %
1	0.04	371	40.5
2	0.06	384	39.8
3	0.07	405	37.2
4	0.08	410	37.7
5	0.09	421	39.2
6	0.1	421	38.5
7	0.11	439	37
8	0.12	447	38.5
9	0.12	450	37.4
10	0.15	473	35.9
11	0.16	482	35
12	0.17	491	34.2
13	0.19	505	35.5
14	0.2	544	33.2
15	0.23	569	32.1
16			

题图 2.5

题表 2.6

序号	温度/K	应力/(kg·mm^{-2})	断裂时间/h	序号	温度/K	应力/(kg·mm^{-2})	断裂时间/h
1	823	40	113.5	15	853	27	937
2	823	38	163.5	16	853	25	1 206.7
3	823	37	340.6	17	853	20	2 044.6
4	823	36	561	18	873	30	182.2
5	823	35	953.8	19	873	27	350.7
6	823	35	1 263.8	20	873	25	489.0
7	823	33	1 902.8	21	873	20	958.7
8	823	31	2 271.3	22	893	27	79.4
9	823	31	2 466.5	23	893	25	150.4
10	823	27	3 674.8	24	893	20	411.0
11	823	25	6 368.7	25	893	15	1 001.8
12	823	20	13 862.0	26	893	12	1 544.8
13	853	35	207.7	27	893	11	1 795.0
14	853	30	621.9				

提示：令 $y' = \lg y$，$x_1 = \lg x$，$x_2 = \lg^2 x$，$x_3 = \lg^3 x$，$x_4 = \dfrac{1}{2.3RT}$，

则上述问题转变为多元线性问题：$y' = b_0 + b_1 x_1 + b_2 x_2 + b_3 x_3 + b_4 x_4 + \varepsilon$。

2.7　用石英膨胀仪测定玻璃的膨胀系数时,其计算公式为:

$$\alpha = \alpha_{石} + (L_2 - L_1)/L(T_2 - T_1)$$

式中　α——待测玻璃的平均线膨胀系数,$℃^{-1}$;

　　　$\alpha_{石}$——石英玻璃的平均线膨胀系数,$℃^{-1}$;

　　　T_2,T_1——计算膨胀系数的开始温度和终止温度,$℃$;

　　　L_2,L_1——当温度为 T_2,T_1 时玻璃试样的相对伸长,mm。

这个公式是计算玻璃线膨胀系数的依据。题表 2.7 是用石英膨胀仪测定某玻璃试样的膨胀系数时的实验数据,其中试样长度 $L = 101.45$ mm。

题表 2.7

持续时间/min	炉内温度/℃	千分表读数/mm
10	30	0.209
17	50	0.216
25	75	0.233
34	100	0.256
42	125	0.283
51	150	0.303
59	175	0.333
68	200	0.360
76	225	0.392
84	250	0.420
92	275	0.451
101	300	0.485

2.8　某液相反应 A→R,实验测定的反应速率与反应物浓度关系如题表 2.8 所示。

题表 2.8

C_A/(kmol·m^{-3})	0.1	0.2	0.3	0.4	0.5
$(-r_A)$/(kmol·m^{-3}·min)	0.004 4	0.008 55	0.012 9	0.017 2	0.021 5
C_A/(kmol·m^{-3})	0.6	0.7	0.8	0.9	1.0
$(-r_A)$/(kmol·m^{-3}·min)	0.025 7	0.030 0	0.034 6	0.038 6	0.043 1

试求该反应的反应速率常数。提示:选择 Origin 中的菜单 New,出现 New 对话框,选择 Excel,将以上数据部分复制到 Excel 中并整理成两行,复制该两行后,在空白处右击,选择性粘贴,选中"转置",将数据变为 Origin 的两列,作散点图,C_A 部分数据为 x 轴,$(-r_A)$ 部分数据为 y 轴,然后选择 Tool 菜单下的 Linear Fit 工具进行线性拟合)

2.9　应用所学软件,结合材料科学与工程专业相关的实验(或阅读材料学科论文获得数据),对实验数据进行分析,并写出详细的操作过程和结果分析。

2.10　简要说明数据处理相关技术和应用软件。

第 **3** 章
材料科学与工程研究中的数学模型及数值计算

众所周知,数学对于科学技术的发展具有很大的推动作用。科学技术的发展历程表明:数学的应用不但可使科学技术日益精确化、定量化,而且科学的数学化已经成为当代科学发展的一个重要趋势。如数学建模是一种具有创新性的科学方法,通过数学建模可将现实问题简化,抽象为一个数学问题或数学模型,然后采用适当的数学方法进行求解,进而对现实问题进行定量分析和研究,最终达到解决实际问题的目的。而计算机技术的发展为数学模型的建立和求解提供了新的舞台,极大地推动数学向其他技术科学的渗透。材料科学与工程作为一门基础性的学科,其发展同样离不开数学。目前,通过建立适当的数学模型对材料科学与工程中的实际问题进行研究,已成为材料科学研究应用的重要手段之一。总体而言,从材料的合成、加工、性能表征到材料的应用都可以建立相应的数学模型。有关材料科学的许多研究都涉及数学模型的建立和求解,从而产生一门新的边缘学科——计算材料学。

本章讲解了数学模型的基本知识及材料科学与工程中的数学建模方法与实例,在此基础上介绍了数学模型的两种数值分析方法——有限差分法、有限元法及其相关软件,重点介绍了这两种方法的基本原理、特点以及在材料科学与工程领域的应用方法和步骤。

3.1 数学模型的基本知识

科学的发展离不开数学,数学模型在其中又起着非常重要的作用。无论是自然科学还是社会科学的研究都离不开数学模型。虽然我们还没有将数学模型作为一门课程来学习过,但实际上,在已经学习过的其他课程中已经多次接触到了数学模型。最典型的莫过于物理学中力学中的牛顿三定律、在物理化学中的热力学定律、在电子学中反映电路理论的基本规律的基尔霍夫定律,都是最精美的数学模型。此外,在社会科学领域也存在着大量的数学模型,如马尔萨斯的人口模型、马克思的描述再生产基本规律的数学模型。这些反应某一类现象客观规律的数学式子就是这些现象的数学模型。数学模型的定义就是利用数学语言对某种事务系统的特征和数量关系建立起来的符号系统。

3.1.1　数学模型的分类

数学模型可以按照不同的方式分类,下面介绍常用的几种。

(1)按照模型的应用领域(或所属学科)分

如人口模型、交通模型、环境模型、生态模型、城镇规划模型、水资源模型、再生资源利用模型、污染模型等。范畴更大一些则形成许多边缘学科如生物数学、医学数学、地质数学、数量经济学、数学社会学等。

(2)按照建立模型的数学方法(或所属数学分支)分

如初等数学模型、几何模型、微分方程模型、图论模型、马氏链模型、规划论模型等。

按第一种方法分类的数学模型书中,着重于某一专门领域中用不同方法建立模型,而按第二种方法分类的书里,是用属于不同领域的现成的数学模型来解释某种数学技巧的应用。在本书中重点放在如何应用读者已具备的基本数学知识在各个不同领域中建模。

(3)按照模型的表现特性有以下几种分法

1)确定性模型和随机性模型

取决于是否考虑随机因素的影响。近年来,随着数学的发展,又有所谓突变性模型和模糊性模型。

2)静态模型和动态模型

取决于是否考虑时间因素引起的变化。

3)线性模型和非线性模型

取决于模型的基本关系,如微分方程是否是线性的。

4)离散模型和连续模型

指模型中的变量(主要是时间变量)取为离散的还是连续的。

虽然从本质上讲大多数实际问题是随机性的、动态的、非线性的,但是由于确定性、静态、线性模型容易处理,并且往往可以作为初步的近似来解决问题,所以建模时常先考虑确定性、静态、线性模型。连续模型便于利用微积分方法求解,作理论分析,而离散模型便于在计算机上作数值计算,所以用哪种模型要看具体问题而定。在具体的建模过程中将连续模型离散化,或将离散变量视作连续,也是常采用的方法。

(4)按照建模目的分

按照建模目的分有描述模型、分析模型、预报模型、优化模型、决策模型、控制模型等。

(5)按照对模型结构的了解程度分

按照对模型结构的了解程度分有所谓白箱模型、灰箱模型、黑箱模型。这是把研究对象比喻成一只箱子里的机关,要通过建模来揭示它的奥妙。白箱主要包括用力学、热学、电学等一些机理相当清楚的学科描述的现象以及相应的工程技术问题,这方面的模型大多已经基本确定,还需深入研究的主要是优化设计和控制等问题了。灰箱主要指生态、气象、经济、交通等领域中机理尚不十分清楚的现象,在建立和改善模型方面都还不同程度地有许多工作要做。至于黑箱则主要指生命科学和社会科学等领域中一些机理(数量关系方面)很不清楚的现象。有些工程技术问题虽然主要基于物理、化学原理,但由于因素众多、关系复杂和观测困难等原因也常作为灰箱或黑箱模型处理。当然,白、灰、黑之间并没有明显的界限,而且随着科学技术的发展,箱子的"颜色"必然是逐渐由暗变亮的。

一般说来,建立数学模型的方法大体上可分为两大类、一类是机理分析方法,一类是测试分析方法。机理分析是根据对现实对象特性的认识、分析其因果关系,找出反映内部机理的规律,建立的模型常有明确的物理或现实意义。测试分析将研究对象视为一个"黑箱"系统,内部机理无法直接寻求,可以测量系统的输入输出数据,并以此为基础运用统计分析方法,按照事先确定的准则在某一类模型中选出一个与数据拟合得最好的模型。这种方法称为系统辨识(System Identification)。将这两种方法结合起来也是常用的建模方法,即用机理分析建立模型的结构,用系统辨识确定模型的参数。

可以看出,用上面的哪一类方法建模主要是根据我们对研究对象的了解程度和建模目的。如果掌握了机理方面的一定知识,模型也要求具有反映内部特性的物理意义。那么应该以机理分析方法为主。当然,若需要模型参数的具体数值,还可以用系统辨识或其他统计方法得到。如果对象的内部机理基本上没掌握,模型也不用于分析内部特性,譬如仅用来做输出预报,则可以系统辨识方法为主。系统辨识是一门专门学科,需要一定的控制理论和随机过程方面的知识。

3.1.2 数学建模的过程

数学模型的过程包括建模准备、建模假设、构造模型、模型求解、模型分析、模型检验、模型应用。数学模型的建立,要求研究者不仅对材料科学有关专业知识有非常深入的了解,而且要求其对工程数学、计算机编程以及算法等方面也有全面的了解。可以这么说,它对研究者的综合素质要求是非常高的。具体的建模过程并不单纯是上面几个步骤的顺序实现,往往需要循环多次才能确保建模工作的正确性,能够真正为实际生产提供指导。这是一个艰苦的研究过程。对于建模过程的理解是重点内容,为便于理解,利用图3.1说明。

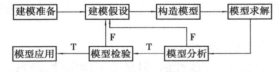

图 3.1 数学建模的过程

确立建模课题的过程,就是要了解问题的实际背景,明确建模的目的。作为课题的原型往往都是十分复杂、具体的。对原型进行适当的抽象、简化,把那些反映问题本质属性的形态、量及其关系抽象出来,简化掉那些非本质的因素,使之摆脱原来的具体复杂形态,形成对建模有用的信息资源和前提条件以确立建模课题的过程。

在建模假设的基础上,进一步分析其内容,区分各物理量的意义,明确各物理量之间的关系,选择恰当的数学工具和构建模型的方法对其进行表征,构造数学模型。根据已知条件和数据,分析模型的特征和结构,设计或选择求解模型的数学方法和算法,随后编写计算机程序或运用与算法相适应的软件包,借助计算机对模型进行求解。对模型求解的数字结果进行分析,例如稳定性分析,灵敏度分析或误差分析。如果不符合要求,就修改假设条件重新建模,直到符合要求;如果符合,还可以进行评价、预测或者优化等方面的工作。模型分析符合要求之后,还需要回到客观实际中进行检验,若不符合,仍需对模型进行修复,重新建模,直到获得满意的结果。模型应用是数学建模的宗旨,也是对模型最客观、最公正的检验。

1)模型准备

首先要了解问题的实际背景,明确建模的目的,搜集建模必需的各种信息,如现象、数据等,尽量弄清对象的特征,由此初步确定用哪一类模型,总之是做好建模的准备工作。情况明才能方法对,要尽量掌握第一手资料。

2)模型假设

根据对象的特征和建模的目的,对问题进行必要的、合理的简化,用精确的语言作出假设,可以说是建模的关键一步。一般地说,一个实际问题不经过简化假设就很难翻译成数学问题,即使可能,也很难求解。不同的简化假设会得到不同的模型。假设作得不合理或过分简单,会导致模型失败或部分失败,于是应该修改和补充假设;假设作得过分详细,试图把复杂对象的各方面因素都考虑进去,可能使你很难甚至无法继续下一步工作。通常,作假设的依据,一是出于对问题内在规律的认识,二是来自对数据或现象的分析,也可以是二者的综合。作假设时既要运用与问题相关的物理、化学、生物、经济等方面的知识,又要充分发挥想象力、洞察力和判断力,善于辨别问题的主次,果断地抓住主要因素,舍弃次要因素,尽量将问题线性化、均匀化。经验在这里也常起重要作用。写出假设时,语言要精确,就像做习题时写出已知条件那样。

3)模型构成

根据所作的假设分析对象的因果关系,利用对象的内在规律和适当的数学工具,构造各个量(常量和变量)之间的等式(或不等式)关系或其他数学结构。这里除需要一些相关学科的专门知识外,还常常需要较广阔的应用数学方面的知识,以开拓思路。当然不能要求对数学学科门门精通,而是要知道这些学科能解决哪一类问题以及大体上怎样解决。相似类比法(即根据不同对象的某些相似性,借用已知领域的数学模型)也是构造模型的一种方法。建模时还应遵循的一个原则是,尽量采用简单的数学工具,因为建立的模型总是希望能有更多的人了解和使用,而不是只供少数专家欣赏。

4)模型求解

可以采用解方程、画图形、证明定理、逻辑运算、数值计算等各种传统的和近代的数学方法,特别是计算机技术。

5)模型分析

对模型解答进行数学上的分析,有时要根据问题的性质分析变量间的依赖关系或稳定状况,有时是根据所得结果给出数学上的预报,有时则可能要给出数学上的最优决策或控制。不论哪种情况都经常需要进行误差分析、模型对数据的稳定性或灵敏性分析等。

6)模型检验

把数学上分析的结果翻译回到实际问题,并用实际的现象、数据与之比较,检验模型的合理性和适用性。这一步对于建模的成败是非常重要的。当然,有些模型,如核战争模型就不可能要求接受实际的检验了。模型检验的结果如果不符合或者部分不符合实际,问题通常出在模型假设上,应该修改、补充假设,重新建模。有些模型要经过几次反复,不断完善,直到检验结果获得某种程度上的满意。

7)模型应用

应用的方式自然取决于问题的性质和建模的目的,这方面的内容请参照其他相关书籍,本书在此不作讨论。

应当指出,并不是所有建模过程都要经过这些步骤,有时各步骤之间的界限也不那么分明。建模时不应拘泥于形式上的按部就班,本书的建模实例就采取了灵活的表述方式。

3.1.3 数学模型的特点

我们已经看到建模是利用数学工具解决实际问题的重要手段。数学模型有许多优点,也有弱点。建模需要相当丰富的知识、经验和各方面的能力,同时应注意掌握分寸。下面归纳出数学模型的若干特点,以期在学习过程中逐步领会。

1)模型的逼真性和可行性

一般说来,总是希望模型尽可能逼近研究对象,但是一个非常逼真的模型在数学上常常是难于处理的,因而不容易达到通过建模对现实对象进行分析、预报、决策或者控制的目的,即实用上不可行。另一方面,越逼真的模型常常越复杂,即使数学上能处理,这样的模型应用时所需要的"费用"也相当高,而高"费用"不一定与复杂模型取得的"效益"相匹配。所以建模时往往需要在模型的逼真性与可行性,"费用"与"效益"之间作出折中和抉择。

2)模型的渐进性

稍微复杂的实际问题的建模通常不可能一次成功,要经过上一节描述的建模过程的反复迭代,包括由简到繁,也包括删繁就简,以获得越来越满意的模型。在科学发展过程中随着人们认识和实践能力的提高,各门学科中的数学模型也存在着一个不断完善或者推陈出新的过程。从 19 世纪力学、热学、电学等许多学科由牛顿力学的模型主宰,到 20 世纪爱因斯坦相对论模型的建立,是模型渐进性的明显例证。

3)模型的强健性

模型的结构和参数常常是由对象的信息如观测数据确定的,而观测数据是允许有误差的。一个好的模型应该具有下述意义的强健性:当观测数据(或其他信息)有微小改变时,模型结构和参数只有微小变化,并且一般也应导致模型求解的结果有微小变化。

4)模型的可转移性

模型是现实对象抽象化、理想化的产物,它不为对象的所属领域所独有,可以转移到另外的领域。在生态、经济、社会等领域内建模就常常借用物理领域中的模型。模型的这种性质显示了它的应用的极端广泛性。

5)模型的非预制性

虽然已经发展了许多应用广泛的模型,但是实际问题是各种各样、变化万千的,不可能要求把各种模型做成预制品供建模时使用。模型的这种非预制性使得建模本身常常是事先没有答案的问题(Open-end problem)。在建立新的模型的过程中甚至会伴随着新的数学方法或数学概念的产生。

6)模型的条理性

从建模的角度考虑问题可以促使人们对现实对象的分析更全面、更深入、更具条理性,这样即使建立的模型由于种种原因尚未达到实用的程度,对问题的研究也是有利的。

7)模型的技艺性

建模的方法与其他一些数学方法,如方程解法、规划解法等是根本不同的,无法归纳出若干条普遍适用的建模准则和技巧。有人说,建模目前与其说是一门技术,不如说是一种艺术,是技艺性很强的技巧。经验、想象力、洞察力、判断力以及直觉、灵感等在建模过程中起的作用往往比一些具体的数学知识更大。

8)模型的局限性

　　这里有几方面的含义:第一,由数学模型得到的结论虽然具有通用性和精确性,但是因为模型是现实对象简化、理想化的产物,所以一旦将模型的结论应用于实际问题,就回到了现实世界,那些被忽视、简化的因素必须考虑,于是结论的通用性和精确性只是相对的和近似的。第二,由于人们的认识能力和科学技术,包括数学本身发展水平的限制,还有不少实际问题很难得到有实用价值的数学模型,如一些内部机理复杂、影响因素众多、测量手段不够完善、技艺性较强的生产过程,像生铁冶炼过程,需要开发专家系统与建立数学模型相结合才能获得较满意的应用效果。专家系统是一种计算机软件系统,它总结专家的知识和经验,模拟人类的逻辑思维过程,建立若干规则和推理途径,主要是定性地分析各种实际现象并作出判断。专家系统可以看成计算机模拟的新发展。第三,还有些领域中的问题今天尚未发展到能用建模方法寻求数量规律的阶段,如中医诊断过程,目前所谓计算机辅助诊断也是属于总结著名中医的丰富临床经验的专家系统。

　　建模过程是一种创造性思维过程,除了想象、洞察、判断这些属于形象思维、逻辑思维范畴的能力之外,直觉和灵感往往也起着不可忽视的作用。当由于各种限制利用已有知识难以对研究对象作出有效的推理和判断时,凭借相似、类比、猜测、外推等思维方式及不完整、不连续、不严密的,带启发性的直觉和灵感,去"战略性"地认识对象,是人类创造性思维的特点之一,也是人脑比按程序逻辑工作的计算机、机器人高明之处。历史上不乏在科学家的直觉和灵感的火花中诞生的假说、论证和定律。当然,直觉和灵感不是凭空产生的,它要求人们具有丰富的背景知识,对问题进行反复思考和艰苦探索,对各种思维方法运用娴熟。相互讨论和思想交锋,特别是不同专业成员间的探讨,是激发直觉和灵感的重要因素。所以由各种专门人才组成的所谓团队工作方式(Team work)越来越受到重视。

　　前面说过,建模可以看成一门艺术,艺术在某种意义下是无法归纳出几条准则或方法的。一名出色的艺术家需要大量的观摩和前辈的指教,更需要亲身的实践。类似地,掌握建模这门艺术,培养想象力和洞察力,一要大量阅读、思考别人做过的模型,二要亲自动手,认真做几个实际题目。

3.1.4　数学模型的建立方法

1)理论分析法

　　应用自然科学中的定理和定律,对被研究系统的有关因素进行分析、演绎、归纳,从而建立系统的数学模型。理论分析法是人们在一切科学研究中广泛使用的方法。

2)模拟方法

　　如果已经了解了模型的结构及性质,但是数量描述及求解却相当麻烦。如果有另一种系统,结构和性质与其相同,而且构造出的模型也是类似的,就可以把后一种模型看作是原来模型的模拟,对后一种模型进行分析或实验,并求得其结果。

3)类比分析法

　　如果有两个系统,可以用同一形式的数学模型来描述,则此两个系统就可以互相类比。类比分析法是根据两个(或两类)系统某些属性或关系的相似,去猜想两者的其他属性或关系也可能相似的一种方法。

4)数据分析法

　　当有若干能表征系统规律、描述系统状态的数据可以利用时,就可以通过描述系统功能的数据分析来连接系统的结构模型。建立数学模型的几种方法中,特别是第二和第三种,其定义难以理解,且差别不是很明显。

3.2 材料科学与工程研究中的数学模型

3.2.1 理论分析法

理论分析是人们在一切科学研究中广泛使用的方法。在工艺比较成熟、对机理比较了解时可采用此法。根据问题的性质可直接建立模型。

例3.1 在渗碳工艺过程中通过平衡理论找出控制参量与炉气碳势之间的理论关系式。模型假设钢在炉气中发生如下反应:

$$C_{Fe} + CO_2 \Longrightarrow 2CO \tag{3.1}$$

式中 C_{Fe}——钢中的碳。

可求出平衡常数 K_2 为

$$K_2 = \frac{p_{CO}^2}{P_{CO_2}\alpha_C} \tag{3.2}$$

式中 α_C——碳在奥氏体中的活度;

$\alpha_C = \omega_C/\omega_C(A)$,$\omega_C(A)$ 为奥氏体饱和碳含量,ω_C 为奥氏体中的实际碳含量;

P_{CO} 和 P_{CO_2}——平衡时 CO 和 CO_2 的分压。

$$\lg \alpha_C = \lg \frac{p_{CO}^2}{P_{CO_2}} - \lg K_2 \tag{3.3}$$

$$\lg(\omega_C/\omega_{C(A)}) = \lg \frac{p_{CO}^2}{P_{CO_2}} - \lg K_2 \tag{3.4}$$

$$\lg \omega_C = \lg \frac{p_{CO}^2}{P_{CO_2}} - \lg K_2 \tag{3.5}$$

将 $\omega_C(A)$ 和平衡常数 K_2 的计算式代入式(3.5),可求得碳势与炉气 CO,CO_2 含量及温度之间的关系式。在理论分析的基础上,根据实验数据进行修正,可得出实用的碳势控制数学模型。下面介绍单参数碳势控制的数学模型的建立:甲醇加煤油气氛渗碳中,炉气碳势与 CO_2 含量的关系,实际数据见表3.1。

表 3.1 甲配加煤油渗碳气氛(930 ℃)

序号	ϕ_{CO_2}/%	炉气碳势 C_C/%
1	0.81	0.63
2	0.62	0.72
3	0.51	0.78
4	0.38	0.85
5	0.31	0.95
6	0.21	1.11

由前面炉气的化学反应得知:

$$K_2 = \frac{p_{CO}^2}{P_{CO_2}\alpha_C} = P\frac{\phi_{CO}^2}{\phi_{CO_2}\alpha_C} \tag{3.6}$$

式中　P——总压,设 $P = 1\,atm(1\,atm = 101.325\ kPa)$;

　　　P_{CO} 和 P_{CO_2}——CO,CO_2 气体的分压;

　　　ϕ_{CO},ϕ_{CO_2}——CO,CO_2 的体积分数。

$$\alpha_C = \frac{1}{k^2}\frac{\phi_{CO}^2}{\phi_{CO_2}} \tag{3.7}$$

又

$$\alpha_C = \frac{C_C}{C_{C(A)}} \tag{3.8}$$

式中　C_C——平衡碳浓度,即炉气碳势;

　　　$C_{C(A)}$——加热温度 T 时奥氏体中的饱和碳浓度。

同样,可得

$$C_C = \frac{C_{C(A)}\phi_{CO}^2}{K_2\phi_{CO_2}} \tag{3.9}$$

在温度一定时,$C_C(A)$ 和 K_2 均为常数。如不考虑 CO 及其他因素的影响,将 ϕ_{CO} 等视为常数,可得

$$C_C = A\frac{1}{\phi_{CO_2}} \tag{3.10}$$

式中　A——常数。

对式(3.10)两边取对数,得

$$\lg C_C = \lg A - b\lg\phi_{CO_2} \tag{3.11}$$

设 $\lg C_C = Y$,$\lg A = a$,$\lg\phi_{CO_2} = x$,系数为 b,可得

$$Y = a - bx \tag{3.12}$$

利用表 3.1 中的实验数据进行回归,求出回归方程为

$$Y = -0.022\,78 - 0.387\,4x$$

即

$$C_C = \frac{0.591\,8}{0.387\,4\phi_{CO_2}} \tag{3.13}$$

式(3.13)即为碳势控制的单参数数学模型。

3.2.2　模拟方法

模型的结构及性质已经了解,但其数量描述及求解却相当麻烦。如果有另一种系统,结构和性质与其相同,而且构造出的模型也类似,就可以把后一种模型看成是原来模型的模拟,而对后一个模型去分析或实验并求得其结果。

例如,研究钢铁材料小裂纹在外载荷作用下尖端的应力、应变分布,可以通过弹塑性力学及断裂力学知识进行分析计算,但求解非常麻烦。此时可以借助实验光测力学的手段来完成分析。首先,根据一定比例,采用模具将环氧树脂制备成具有同样结构的模型,并根据钢铁材料小裂纹形式在环氧树脂模型上加工出裂纹;随后,将环氧树脂模型放入恒温箱内,对环氧树

脂模型在冻结温度下加载,并在载荷不变的条件下缓慢冷却到室温卸载;将已冻结应力的环氧树脂模型在平面偏振光场或圆偏振光场下观察,环氧树脂模型中将出现一定分布的条纹,这些条纹反应了模型在受载时的应力、应变情况,用照相法将条纹记录下来并确定条纹级数,再根据条纹级数计算应力;最后,根据相似原理、材料等因素确定一定的比例系数,将计算出的应力换算成钢铁材料中的应力,从而获得了裂纹尖端的应力、应变分布。

例 3.2 经实验获得低碳钢的屈服点 σ_s 与晶粒直径 d 的对应关系见表 3.2,用最小二乘法建立起 d 与 σ_s 之间关系的数学模型(霍尔—配奇公式)。

表 3.2 低碳钢屈服点与晶粒直径的对应关系

$d/\mu m$	400	50	10	5	2
$\sigma_s(kN \cdot m^{-2})$	86	121	180	242	345

以 $d^{-\frac{1}{2}}$ 作为 x,σ_s 作为 y,取 $y = a + bx$,为一直线。设实验数据点为 (X_1, Y_1),一般来说,直线并不通过其中任一实验数据点,因为每点均有偶然误差 e_i,有

$$e_i = a + bX_i - Y_i \tag{3.14}$$

所有实验数据点误差的平方和为

$$\sum_{i=1}^{5} e_i^2 = (a + bX_1 - Y_1)^2 + (a + bX_2 - Y_2)^2 + (a + bX_3 - Y_3)^2 +$$
$$(a + bX_4 - Y_4)^2 + (a + bX_5 - Y_5)^2 \tag{3.15}$$

按照最小二乘法原理,误差平方和为最小的直线是最佳直线。求 $\sum_{i=1}^{5} e_i^2$ 最小值的条件是:

$$\frac{\partial \sum\limits_{i=1}^{5} e_i^2}{\partial a} = 0$$

$$\frac{\partial \sum\limits_{i=1}^{5} e_i^2}{\partial b} = 0 \tag{3.16}$$

得

$$\begin{cases} \sum\limits_{i=1}^{5} Y_i = \sum\limits_{i=1}^{5} a + b \sum\limits_{i=1}^{5} X_i \\ \sum\limits_{i=1}^{5} X_i Y_i = a \sum\limits_{i=1}^{5} X_i + b \sum\limits_{i=1}^{5} X_i^2 \end{cases} \tag{3.17}$$

将计算结果代入式(3.17)联立解得:

$$\begin{cases} a = \frac{1}{5}\left(\sum\limits_{i=1}^{5} Y_i - b \sum\limits_{i=1}^{5} X_i \right) = \frac{1}{5}(974 - 393.69 \times 1.66) = 64.09 \\ b = \dfrac{\sum\limits_{i=1}^{5} X_i Y_i - \frac{1}{5} \sum\limits_{i=1}^{5} X_i \sum\limits_{i=1}^{5} Y_i}{\sum\limits_{i=1}^{5} X_i^2 - \frac{1}{5}\left(\sum\limits_{i=1}^{5} X_i \right)^2} = \dfrac{430.209 - \frac{1}{5} \times 1.66 \times 974}{0.822\,5 - \frac{1}{5} \times 1.66^2} = 393.69 \end{cases}$$

取 $a = \sigma_0, b = K$,得到公式

$$\sigma = \sigma_0 = Kd^{-\frac{1}{2}} = 64.09 + 393.69d^{-\frac{1}{2}} \tag{3.18}$$

这是典型的霍尔—配奇公式。

以上是用实验模型来模拟理论模型,分析时也可用相对简单的理论模型来模拟、分析较复杂的理论模型,或用可求解的理论模型来分析尚不可求解的理论模型。

例 3.3　在研究材料相变的微观理论中,统计理论是发展最早且最为成熟的一个领域。20 世纪 20 年代 W. Len 与 E. Ising 提出了一种用以解释铁磁相变的简化统计模型,称为 Ising 模型。多年来 Ising 模型的研究一直是相变统计理论的核心问题。下面介绍这种模型。

设有一晶体点阵,它的第 i 个格点上的粒子的状态可以用一自旋 σ_i 完全表征出来。为了最简单地研究这一问题,作如下假设:自旋仅可能采取两种状态——向上和向下,可分别以 $\sigma_i = +1$ 及 $\sigma_i = -1$ 表示之;仅在最近邻间存在相互作用,在任何状态下系统的势能可以由最近邻的相互作用能相加而得到。

显然,由于自旋相互互作用能的存在将使自旋倾向于在点阵中规则排列。而在一定温度下,所存在的热运动又使自旋处于混乱状态。因而在某一温度以下,点阵中的自旋将有可能按一定方式规则排列,从而具有铁磁性或反铁磁性,也发生了自旋取向的有序化。这取决于自旋平行和反平行中哪一种排列的能量比较低;如果能求出该模型的配分函数,则该模型的一切热力学函数都能获得。

①一维 Ising 模型是最简单的情况,自旋在已线性性链上分布。其配分函数为

$$Q_c = \left[e^K \cos G + (e^{2K} \sin^2 G + e^{-2K})^{1/2} \right]^N \tag{3.19}$$

其中

$$K = \frac{J}{k_B T} \qquad G = G\frac{\mu}{k_B T} \tag{3.20}$$

式中　μ——单个自旋的磁矩;

k_B——玻尔兹曼常数;

N——自旋个数;

J——同一列内两相邻自旋间的相互作用能;

T——温度。

②对于自旋在二维空间中排列的二维 Ising 模型,计算很复杂,配分函数的严格解如下:

$$\lim_{N \to \infty} \frac{1}{N} \ln Q_c = \ln(2 \cos 2K) + \frac{1}{2\pi} \int_0^{\pi} \ln\left\{ \frac{1}{2}\left[1 + (1 - k_1^2 \sin^2 \phi)^{1/2} \right] \right\} d\phi \tag{3.21}$$

其中

$$k_1 = \frac{2 \tan 2K}{\cos 2K} \tag{3.22}$$

上述两种情况下,系统的磁化强度平均值 M 可根据严格的配分函数得出。

③对于自旋在三维空间中排列的三维 Ising 模型,计算极复杂,目前尚未求出其配分函数的严格解。系统的磁化强度平均值无法根据配分函数获得,但可采用别的模型来模拟求出,如采用 Bethe 近似模型。

Bethe 设计了一种近似方法以计算三维立方点阵有序—无序相变,称为 Bethe 近似。在该近似中,Bethe 以一种特殊方式排列成点阵的 Ising 模型,从而使其成为严格可解的。它的一种

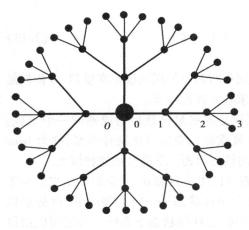

图 3.2　$q = 4$ 的 Cayley 树

特殊情形为 Bethe 近似的结果。过程如下：

构成一个点阵时，从一个中心点 O 开始，加 q 个等价的点作为它的第一壳层（第一近邻）。然后对第一壳层上每一个点作 $q - 1$ 个等价的新的点作为它的近邻，构成了 O 点的第二壳层。这样得到了如图 3.2 所示形状的结构，这种结构没有回路，它被称为 Cayley 树。第 r 壳层上的质点数为

$$N_r = q(q - 1)^r \tag{3.23}$$

而 n 个壳层上的总质点数为

$$N = N_0 + N_1 + \cdots + N_n = \frac{q[(q - 1)^m - 1]}{q - 2} \tag{3.24}$$

称最外层的第 n 壳层为边界壳层。若不考虑边界壳层，则可以视其为配位数为 q 的规则点阵。仅考虑此图形很深的内部的局部区域，这些位置可以认为是等价的，从而构成了 Bethe 点阵。考虑在此点阵上的 Ising 模型，如图 3.2 所示，$q = 4$ 的 Cayley 树忽略边界上的自旋对配分函数的贡献。

计算 Bethe 点阵上的 Ising 模型的配分函数：

$$Q_c = \sum_\sigma P(\sigma) = \sum_\sigma e^{k \sum_{ij} \sigma_i \sigma_j + G \sum_l \sigma_l} \tag{3.25}$$

其中，$P(\sigma)$ 为归一化的几率分布。显然，第一项是关于 Bethe 点阵中所有的"树干"求和，第二项是关于所有的位置求和。若中心位置 O 的自旋为 $\sigma 0$，则局域磁化强度 $M = M_1 \mu$，而

$$M_1 = \sum_0 \sigma_0 \frac{P(\sigma)}{Q_c} \tag{3.26}$$

从 Cayley 树的结构可以看出，若截断一根"树枝"，则 Cayley 树的结构除了它的第一近邻为 $q - 1$，因而其各级近邻数都减小了 $(q - 1)$ 倍外，仍与原 Cayley 树一样。可以利用这个特点来计算平均磁化强度 M_1。

设第一次在 O 处切断，则成为 q 段相同的树枝。而 $P(\sigma)$ 以写成

$$P(\sigma) = e^{G\sigma_0} \prod_{k=1}^q Z_n(\sigma_0 \mid s^{(k)}) \tag{3.27}$$

其中

$$Z_n(\sigma_0 \mid s^{(k)}) = e^{k \sum_{i,j} s_i^{(k)} s_j^{(k)} + K s_1^{(k)} \sigma_0 + G \sum_i s_i^{(k)}} \tag{3.28}$$

$s_i^{(k)}$ 是在第 k 枝位置 i 上的自旋，i 包括除了 σ_0 以外的所有壳层上的位置。$s_1^{(k)}$ 则为第一壳层上的自旋。等式左方的下标 n 表示每枝中仍包含有 q 个壳层。$Z_n(\sigma_0 \mid s^{(k)})$ 是第 k 枝上全部"成分"的贡献，包括了 0-1"树干"（但无 σ_0）。作第二次切断，把 $s_1^{(k)}$ 割下，则第 k 枝又分成 $q - 1$ 个分枝，每个分枝和作第一次切断后情形一样，只是现在只有 $n - 1$ 个壳层，于是有

$$Z_n(\sigma_0 \mid s^{(k)}) = e^{k \sigma_0 s_1^{(k)} + G s_1^{(k)}} \prod_{l=1}^{q-1} Z_{n-1}(s_1 \mid t^{(l)}) \tag{3.29}$$

t 是第 l 个分枝上除了 s_1 外的所有自旋。这样就得到了一个递推关系式。若记

$$Z_n(\sigma_0 \mid s^{(k)}) = g_n(\sigma_0) \tag{3.30}$$

则由式（3.27）得到

$$Q_c = \sum_{\sigma} P(\sigma) = \sum_{\sigma_0} e^{G\sigma_0} \prod_{k=1}^{q} Z_n(\sigma_0 \mid s^{(k)}) = \sum_{\sigma_0} e^{G\sigma_0} [g_n(\sigma_0)]^q \tag{3.31}$$

类似地,由式(3.26)得到

$$M_1 = <\sigma_0> = \sum_{0} \sigma_0 \frac{P(\sigma)}{Q_c} = \frac{1}{Q_c} \sum_{\sigma_0} \sigma_0 e^{G\sigma_0 [g_n(\sigma_0)]^q} \tag{3.32}$$

由于 σ_0 只取 $+1$ 和 -1 两个值,若记

$$x_n = \frac{g_n(-1)}{g_n(+1)} \tag{3.33}$$

则有

$$M_1 = \frac{e^G - e^{-G} x_n^q}{e^G + e^{-G} x_n^q} \tag{3.34}$$

如果能求得 x_n,则 M_1 获得解。仍由 Cayley 树出发,由式(3.29)和式(3.30)得到

$$g_n(\sigma_0) = \sum_{s_1} e^{K\sigma_0 s_1 + G s_1} [g_{n-1}(s_1)]^{q-1} \tag{3.35}$$

此处由于各枝没有差别,省略了 s 的上标 k。由式(3.35)将式(3.33)化成

$$x_n = \frac{\sum_{s_1} e^{-K s_1 + G s_1} [g_{n-1}(s_1)]^{q-1}}{\sum_{s_1} e^{K s_1 + G s_1} [g_{n-1}(s_1)]^{q-1}} \tag{3.36}$$

上式可以写成

$$x_n = y(x_{n-1}) \tag{3.37}$$

由式(3.37)迭代可以求得 $x_n(x_0 = 1)$。

当 $n \rightarrow \infty$,$K > 0$(对应铁磁体)时,最后求得

$$M_1 = \frac{1 - \omega_1^2}{1 + \omega_1^2 + 2\omega_1 z} \tag{3.38}$$

由式(3.38)结合式(3.36)迭代获得

$$\frac{\omega_1}{\omega} = \left(\frac{z + \omega_1}{1 + \omega_1 z} \right)^{q-1} \tag{3.39}$$

式中

$$z = e^{-2K}$$
$$\omega = e^{-2G}$$
$$\omega_1 = e^{-2G} x^{q-1} \tag{3.40}$$

这个由 Bethe 近似模拟获得的结果和准化学近似获得的结果相同。这个模型的建立和分析过程也体现了图解法建模的优点。

3.2.3　类比分析法

若两个不同的系统可以用同一形式的数学模型来描述,则此两个系统就可以互相类比。类比分析法是根据两个(或两类)系统某些属性或关系的相似,去猜想两者的其他属性或关系也可能相似的一种方法。

例 3.4　在聚合物的结晶过程中,结晶度随时间的延续不断增加,最后趋于该结晶条件下

的极限结晶度。现期望在理论上描述这一动力学过程(即推导 Avrami 方程)。

采用类比分析法。聚合物的结晶过程包括成核和晶体生长两个阶段,这与下雨时雨滴落在水面上生成一个个圆形水波向外扩展的情形相类似,因此可通过水波扩散模型来推导聚合物结晶时的结晶度与时间的关系。

在水面上任选一参考点,根据概率分析,在时间 $0 \sim t$ 时刻范围内通过该点的水波数为 m 的概率 $P(m)$ 为 Poisson 分布(假设落下的雨滴数大于 m,t 时刻通过任意点 p 的水波数的平均值为 E)。

$$P(m) = \frac{E^m}{m!}\mathrm{e}^{-E} \quad (m = 0,1,2,3,\cdots) \tag{3.41}$$

显然有

$$\sum_{m=0}^{\infty} P(m) = 1 \tag{3.42}$$

$$<m> = \sum mP(m) = E \tag{3.43}$$

把水波扩散模型作为结晶前期的模拟来讨论薄层熔体形成"二维球晶"的情况。雨滴接触水面相当于形成晶核,水波相当于二维球晶的生长表面,当 $m = 0$ 时,意味着所有的球晶面都不经过 p 点,即 P 点仍处于非晶态。根据式(3.41)可知其概率为

$$P(0) = \mathrm{e}^{-E} \tag{3.44}$$

设此时球晶部分占有的体积分数为 φ_c,则有

$$1 - \varphi_c = P(0) = \mathrm{e}^{-E} \tag{3.45}$$

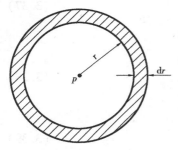

图 3.3　有效面积示意图

下面求平均值 E,它应为时间的函数。先考虑一次性同时成核的情况,对应所有雨滴同时落入水面,到 t 时刻,雨滴所产生的水波都将通过 p 点(见图 3.3),把这个面积称为有效面积,通过 p 点的水波数等于这个有效面积内落入的雨滴数。设单位面积内的平均雨滴数为 N,当时间由 t 增加到 $t + \mathrm{d}t$ 时,有效面积的增量即图中阴影部分的面积为 $2\pi r\mathrm{d}r$,平均值 E 的增量为

$$\mathrm{d}E = N2\pi r\mathrm{d}r \tag{3.46}$$

若水波前进速度即球晶径向生长速度为 v,则 $r = vt$,对式(3.46)作积分得平均值同 t 的关系为

$$E = \int_0^E \mathrm{d}E = \int_0^{vt} N2\pi r\mathrm{d}r = \pi Nv^2t^2 \tag{3.47}$$

代入式(3.45),得

$$1 - \varphi_c = \mathrm{e}^{-\pi Nv^2t^2} \tag{3.48}$$

式(3.48)表示晶核密度为 N,一次性成核时体系中的非晶部分与时间的关系。

如果晶核是不断形成的,相当于不断下雨的情况,设单位时间内单价面积上平均产生的晶核数即晶核生成速度为 I,到 t 时刻产生的晶核数(相当于生成的水波)则为 It。时间增加 $\mathrm{d}t$,有效面积的增量仍为 $2\pi r\mathrm{d}r$,其中,只有满足 $t > r/v$ 的条件下产生的水波才是有效的,因此有

$$\mathrm{d}E = I\left(t - \frac{r}{v}\right)2\pi r\mathrm{d}r \tag{3.49}$$

积分得

$$E = \int_0^{vt} I(t - \frac{r}{v})2\pi r dr = \frac{\pi}{3}Iv^2 t^3 \qquad (3.50)$$

代入可得

$$1 - \varphi_c = e^{-\frac{\pi}{3}Iv^2 t^3} \qquad (3.51)$$

同样的方法可以用来处理三维球晶,这时把圆环确定的有效面积增量用球壳确定的有效体积增量 $4\pi r^2 dr$ 来代替,对于同时成核体系(N 为单位体积的晶核数),则

$$E = \int_0^{vt} N4\pi r^2 dr = \frac{4}{3}\pi Nv^3 t^3 \qquad (3.52)$$

对于不断成核体系,定义 I 为单位时间、单位体积中产生的晶核数,则

$$E = \int_0^{vt} I(t - \frac{r}{v})4\pi r^2 dr = \frac{\pi}{3}Iv^3 t^4 \qquad (3.53)$$

将上述情况归纳起来,可用一个通式表示:

$$1 - \varphi_c = e^{-kt^n} \qquad (3.54)$$

式中,k 是同核密度及晶体一维生长速度有关的常数,称为结晶速度倍数;n 是与成核方式及核结晶生长方式有关的常数。该式称为 Avrami 方程。下面对所建模型进行检验。

图 3.4 为尼龙 1010 等温结晶体数据的 Avrami 处理结果,可见在结晶前期实验同理论相符,在结晶的最后部分同理论发生了偏离。

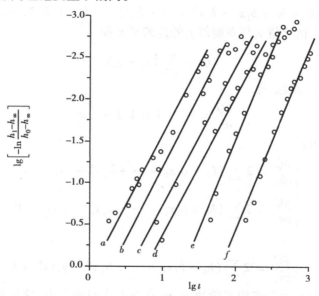

图 3.4　尼龙 1010 等温结晶的 Avrami 作图
a—189.5 ℃;b—190.3 ℃;c—191.5 ℃;
d—193.4 ℃;e—195.5 ℃;f—197.8 ℃

分析 Avrami 方程的推导过程,这种后期的偏离是可以理解的,因为生长着的球晶面相互接触后,接触区的增长即告停止。在结晶前期球晶尺寸较小,非晶部分很多,球晶之间不致发生接触,可以由式(3.49)来描述,随着时间的延长,球晶增长到满足相互接触的体积时,总体的结晶速度就要降低,Avrami 方程将出现偏差。

3.2.4　数据分析法

当系统的结构性质不大清楚,无法从理论分析中得到系统的规律,也不便于类比分析,但有若干能表征系统规律、描述系统状态的数据可利用时,就可以通过描述系统功能的数据分析来连接系统的结构模型。回归分析是处理这类问题的有力工具。

求一条通过或接近一组数据点的曲线,这一过程叫曲线拟合,而表示曲线的数学式称为回归方程。求系统回归方程的一般方法如下:

设有一未知系统,已测得该系统有 n 个输入、输出数据点,为

$$(x_i, y_i) \qquad i = 1, 2, 3, \cdots, n$$

现寻求其函数关系

$$Y = f(x)$$

或

$$F(x, y) = 0$$

无论 x, y 为什么函数关系,假设用一多项式

$$\hat{y} = b_0 + b_1 x + b_2 x^2 + \cdots + b_m x^m \tag{3.55}$$

作为对输出(观测值)y 的估计(用 $\hat{y}$ 表示)。若能确定其阶数及系数 $b_0, b_1, \cdots, b_m$,则所得到的就是回归方程—数学模型。各项系数即回归系数。

当输入为 x_i,输出为 y_i 时,多项式拟合曲线相应于 x_i 的估计值为

$$\hat{y}_i = b_0 + b_1 x_1 + b_2 x_2^2 + \cdots + b_m x_i^m \qquad i = 1, 2, 3, \cdots, n \tag{3.56}$$

现在要使多项式估计值 $\hat{y}_i$ 与观测值 y_i 的差的平方和

$$Q = \sum_{i=1}^{n} (\hat{y}_i - y_i)^2 \tag{3.57}$$

为最小,这就是最小二乘法,令

$$\frac{\partial Q}{\partial b_j} = 0 \qquad j = 1, 2, \cdots, m \tag{3.58}$$

得到下列正规方程组:

$$\begin{cases} \dfrac{\partial Q}{\partial b_0} = 2 \sum (b_0 + b_1 x_1 + \cdots + b_m x_i^m - y_i) = 0 \\[2mm] \dfrac{\partial Q}{\partial b_1} = 2 \sum (b_0 + b_1 x_1 + \cdots + b_m x_i^m - y_i) x_i = 0 \\ \vdots \\ \dfrac{\partial Q}{\partial b_m} = 2 \sum (b_0 + b_1 x_1 + \cdots + b_m x_i^m - y_i) x_i^m = 0 \end{cases} \tag{3.59}$$

一般数据点个数 n 大于多项式阶数 m,m 取决于残差的大小,这样从式(3.59)可求出回归系数 $b_0, b_1, \cdots, b_m$,从而建立回归方程数学模型。

3.2.5　利用计算机软件(Origin 软件)建立数学模型

例 3.5　在日常生活中时常要用热水,例如口渴了要喝开水,冬天洗澡要用热水,等等。热水的温度比周围环境的温度要高,因此热水和周围的环境存在热传递,其温度会逐渐地下降,直至与环境温度一致。一杯热水在自然条件下与周围的环境发生热传递,其温度的下降有什么规律? 能用数学公式表达吗?

1)猜想与假设

由日常生活获得的经验:热水在冬天降温快,在夏天降温慢,因此降温速度跟热水与环境的温差有关;一杯水比一桶水降温快,因此降温速度与热水的体积有关,体积越小降温速度就越快。

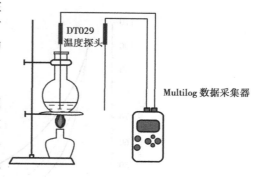

图 3.5　实验装置图

2)制订计划

以不同体积的热水作为探究对象。将体积分别为 50,100 和 200 mL 的水加热至沸腾,然后利用掌上实验室的 Multilog Pro 数据采集器和温度探头(DT029)对其降温过程进行监测,记录其温度变化数据,以便利用计算机作进一步的分析处理(实验装置如图 3.5 所示)。

DT029 是用感温半导体电阻制成的温度传感器,其外壳是导热性能极佳的金属,具有很强的抗化学腐蚀性能。其工作原理为:传感器接受一个 5 V 的输入电压,经由感温电阻向数据采集器输出 0 ~ 5 V 的电压信号,信号经采集器进行数模转换,以适当的形式存储在内存里。DT029 的测量范围为 − 25 ~ + 110 ℃,分辨率为 0.25 ℃,测量误差为 ±1 ℃。

3)实验步骤

①用量筒量取 50 mL 水并将其注入圆底烧瓶,将水加热至沸腾。

②将一个温度传感器(DT029)连接到 Multilog Pro 的 I/O1 端口,用以采集热水的降温数据;另一个连接到 I/O2 端口,用以采集环境的温度数据。开启数据采集器,设置采样频率为 1 Hz,采样总数为 10 000。

③将一个探头置于沸水中,另一个置于实验装置旁。约 30 s 后停止加热,同时按下开启按钮开始采集数据。

④重复上述步骤依次采集体积为 100 mL 和 200 mL 的热水的降温过程温度变化数据。

⑤利用 Db-lab 软件将实验数据从 Multilog Pro 下载到计算机并完成降温曲线绘制,用科学计算绘图软件 Origin 对数据进行数学建模。

4)数据处理

从图 3.6 可以看出,降温的初期热水的温度高,与环境的温差大,曲线很陡,这说明温差越大降温速度就越快,与第一个猜想吻合;体积为 50 mL 的热水的降温曲线最陡,100 ml 的次之,200 ml 的最平,这说明热水的体积越小降温越快,体积越大降温越慢。这与我们的第二个猜想吻合。表 3.3 是 3 个不同体积的水实验的特征数据。

表 3.3　实验特征数据

水体积/ml	起始温度/℃	过程平均室温/℃	温差/℃
50	100.08	30.91	69.17
100	100.31	30.68	69.63
200	100.23	31.26	68.97

5)数学建模

图 3.6 所示的 3 条曲线在形式上与指数衰减函数的图像相似,设其通式为

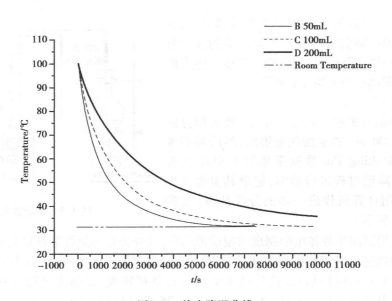

图 3.6　热水降温曲线

$$y = y_0 + Ae^{-\frac{x}{t}} \tag{3.60}$$

式中　　y——实时温度;

　　　　x——时间;

　　　　y_0, A, t——待定的参数。

在降温的过程中,如果时间足够长,热水的温度最终会降到与环境的温度一致。式中 $Ae^{-\frac{x}{t}}$ 项无限地减小,那么 y_0 就是环境的温度,对应表3.3中的平均室温。当开始降温时,$x = 0, Ae^{-\frac{x}{t}} = A$,于是式(3.60)变为

$$y = y_0 + A \tag{3.61}$$

因此 A 就是热水与环境的最大温差。基于上面的分析,可以将数据输入到科学计算绘图软件 Origin(version 7.0)中进行曲线拟合,拟合的过程如下:在 Origin 7.0 中打开工作簿中的数据 (扩展名为.xls,其创建的方法是先由 Db-lab 输出一个.csv 文件,此文件可以由 Microsoft Excel 2000 打开,再利用 Excel 将其保存为 Microcal Origin 7.0 可以处理的.xls 文件,或者直接将数据复制到 Origin 的工作簿中);分别绘制3组数据的散点图得到3个曲线图 Graph1,Graph2 和 Graph3,激活 Graph1 为当前工作窗口。在菜单中选择"Analysis"→"Non-linear Curve Fit",打开 NLSF 的 Select Function 对话框,选择 ExpDec1,单击 Start Fitting(见图3.7(a)),此时分析系统会弹出对话框要求用户选择拟合的数据(见图3.7(b)),用户只需单击 active dataset,因为之前已将数据激活。

①设定参数。从表3.3中将当前拟合的相应参数(y_0 为室温、A 为温差)输入到文字框中,将 y_0, A 后的 Vary 选项的"√"去掉,因为这两个参数已经经过分析确定,无须拟合。

②开始迭代。单击 1 Iter 进行一次迭代,对应于当前参数的理论曲线将显示在 Graph1 窗口,多次单击 10 Iter,以使拟合的曲线与数据曲线最大程度地吻合,单击 Done 完成拟合。

3组数据拟合的结果如图3.8~图3.10所示。

3条降温曲线经过拟合,参数显示在图3.8~图3.10中,表3.4归纳了3条曲线的数学模

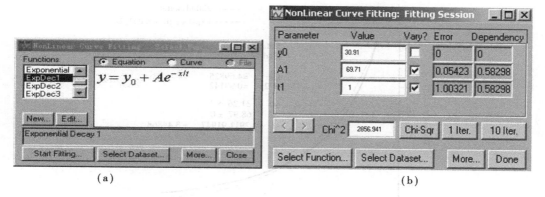

（a）　　　　　　　　　　　　　　　（b）

图 3.7　参数设置界面

型。如果忽略 3 组实验中由于仪器（DT092）误差而造成的细微差异，那么 y_0 和 A_1 这两个参数在 3 组实验中完全一致，可见在本实验所处的条件下，t 是与热水的体积有关的一个参数，体积越大，t 的值就越大。

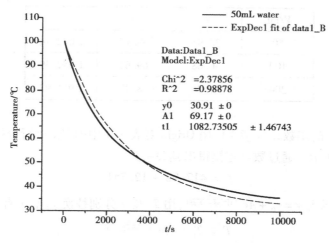

图 3.8　50 mL 热水降温拟合曲线

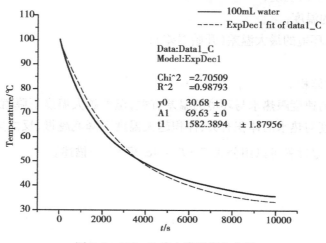

图 3.9　100 mL 热水降温拟合曲线

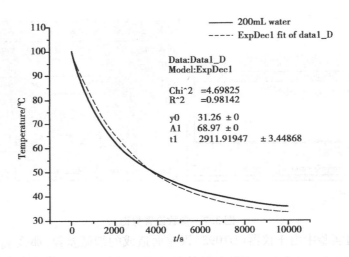

图 3.10　200 mL 热水降温拟合曲线

表 3.4　曲线的数学模型

V/mL	y_0	A	t
50	30.91	69.17	1 082.74
100	30.68	69.63	1 582.39
200	31.26	68.97	2 911.92

假设 t 是体积 V 的函数，$t = f(V)$，用 Origin 对表3.4 中的 V,t 进行分析，发现 t 与 V 呈线性关系，如图 3.11 所示。通过数学建模得出其关系为

$$t = 417.98 + 12.35V$$

因此式(3.60)可表示为 $y = y_0 + Ae^{-\frac{x}{417.98+12.35V}}$，用 T,T_0,t 分别替换 y,y_0,x 有

$$T = T_0 + Ae^{-\frac{t}{417.98+12.35V}}$$

式中　T——热水的实时温度；

　　　T_0——环境的温度；

　　　A——热水和环境的最大温差(开始温差)；

　　　t——时间；

　　　V——热水的体积。

热水温度下降的速度跟热水与环境的温差有关，温差越大温度下降就越快，反之则越慢；热水温度下降的速度与热水的体积有关，体积越大温度下降就越慢，反之则越快；在本实验所处的条件下，热水降温过程可以用公式 $T = T_0 + Ae^{-\frac{t}{417.98+12.35V}}$ 描述。

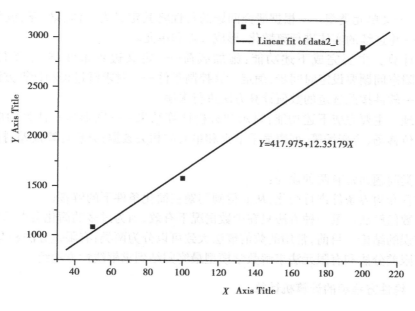

图 3.11　t 与 V 的线性关系

3.3　材料科学与工程中的数值计算方法

在材料科学与工程中的许多工程分析问题,如弹性力学中的位移场和应力场分析、塑性力学中的位移速度场和应变速率场分析、电磁学中的电磁场分析、传热学中的温度场分析、流体力学中的速度场和压力场分析等,都可归结为在给定边界条件下求解其控制方程的问题。控制方程的求解有解析和数值两种方法。

（1）**解析方法**

根据控制方程的类型,采用解析的方法求出问题的精确解。该方法只能求解方程性质比较简单,且边界条件比较规则的问题。

（2）**数值方法**

采用数值计算的方法,利用计算机求出问题的数值解。该方法适用于各种方程类型和各种复杂的边界条件及非线性特征。

许多力学问题和物理问题人们已经得到了它们应遵循的基本规律（微分方程）和相应的定解条件。但是只有少数性质比较简单、边界比较规整的问题能够通过精确的数学计算得出其解析解,大多数问题是很难得到解析解的。对于大多数工程技术问题,由于物体的几何形状比较复杂或者问题的某些特征是非线性的,解析解不易求出或根本求不出来,所以常常用数值方法求解。对工程问题,要得到理想或满足工程要求的数值解,必须具备高性能的计算机（硬件条件）和合适的数值解法。

数值模拟通常由前处理、数值计算、后处理 3 部分组成。

①前处理。主要完成下述功能:实体造型——将研究问题的几何形状输入到计算机中;物性赋值——将研究问题的各种物理参数（力学参数、热力学参数、流动参数、电磁参数等）输入

到计算机中;定义单元类型——根据研究问题的特性将其定义为实体、梁、壳、板等单元类型;网格剖分——将连续的实体进行离散化,形成节点和单元。

②数值计算。主要完成下述功能:施加载荷——定义边界条件、初始条件;设定时间步——对于瞬态问题要设定时间步;确定计算控制条件——对求解过程和计算方法进行选择;求解计算——软件按照选定的数值计算方法进行求解。

③后处理。主要完成下述功能:显示和分析计算结果——图形显示体系的应力场、温度场、速度场、位移场、应变场等,列表显示节点和单元的相关数据;分析计算误差;打印和保存计算结果。

解决这类问题通常有两种途径:

①对方程和边界条件进行简化,从而得到问题在简化条件下的解答;

②采用数值解法。第一种方法只在少数情况下有效,因为过多的简化会引起较大的误差,甚至得到错误的结论。目前,常用的数值解法大致可以分为两类:有限差分法和有限元法。

应用有限差分法和有限元法求解数学模型最终归结到求解线性方程组。

3.3.1　线性方程组的计算机计算

设有 n 阶方程组:

$$\begin{cases} a_{11}x_1 + a_{12}x_2 + \cdots + a_{1n}x_n = b_1 \\ a_{21}x_1 + a_{22}x_2 + \cdots + a_{2n}x_n = b_2 \\ \vdots \\ a_{n1}x_1 + a_{n2}x_2 + \cdots + a_{nn}x_n = b_n \end{cases} \tag{3.62}$$

若其系数矩阵为非奇异阵,且 $a_{ii} \neq 0 (i = 1, 2, \cdots)$,将方程组(3.62)改写为

$$\begin{cases} x_1 = \dfrac{1}{a_{11}}(b_1 - 0 - a_{12}x_2 - a_{13}x_3 - \cdots - a_{1n}x_n) \\ x_2 = \dfrac{1}{a_{22}}(b_2 - a_{21}x_1 - 0 - a_{23}x_3 - \cdots - a_{2n}x_n) \\ \vdots \\ x_n = \dfrac{1}{a_{nn}}(b_n - a_{n1}x_1 - a_{n2}x_2 - \cdots - a_{nn-1n}x_{n-1} - 0) \end{cases}$$

通过简单迭代可得到式(3.63)

$$\begin{cases} x_1^{(k+1)} = \dfrac{1}{a_{11}}(b_1 - 0 - a_{12}x_2^{(k)} - a_{13}x_3^{(k)} - \cdots - a_{1n}x_n^{(k)}) \\ x_2^{(k+1)} = \dfrac{1}{a_{22}}(b_2 - a_{21}x_1^{(k)} - 0 - a_{23}x_3^{(k)} - \cdots - a_{2n}x_n^{(k)}) \\ \vdots \\ x_n^{(k+1)} = \dfrac{1}{a_{nn}}(b_n - a_{n1}x_1^{(k)} - a_{n2}x_2^{(k)} - \cdots - a_{nn-1n}x_{n-1}^{(k)} - 0) \end{cases} \tag{3.63}$$

简写为

$$x_i^{(k+1)} = \frac{1}{a_{ii}}(b_i - \sum_{\substack{i=1 \\ j \neq i}}^{n} a_{ii}x_j^{(k)}) \qquad i = 1, 2, \cdots, n; k = 0, 1, 2, \cdots \tag{3.64}$$

对于式(3.63),式(3.64),给定一组初始值 $x^{(0)} = (x_1^{(0)}, x_2^{(0)}, \cdots, x_n^{(0)})^T$ 后,经反复迭代得到一向量系列:

$$X^{(k)} = (x_1^{(k)}, x_2^{(k)}, \cdots, x_n^{(k)})^T$$

如果 $x^{(k)}$ 收敛于

$$X^{(*)} = (x_1^{(*)}, x_2^{(*)}, \cdots, x_n^{(*)})^T$$

其中,$x_i^{(*)}(i=1,2,\cdots,n)$ 是方程组(3.62)的解,式(3.64)被称为雅可比迭代格式。如果不收敛,则迭代法失败。

赛德尔迭代法:

一般地,计算 $x_i^{(k+1)}(n \geqslant i \geqslant 2)$ 时,使用 $x_p^{(k+1)}$ 代替 $x_p^{(k)}(i \geqslant p \geqslant 1)$ 能使收敛快些。

$$
\begin{cases}
x_1^{(k+1)} = \dfrac{1}{a_{11}}(b_1 - 0 - a_{12}x_2^{(k)} - a_{13}x_3^{(k)} - \cdots - a_{1n}x_n^{(k)}) \\
x_2^{(k+1)} = \dfrac{1}{a_{22}}(b_2 - a_{21}x_1^{(k+1)} - 0 - a_{23}x_3^{(k)} - \cdots - a_{2n}x_n^{(k)}) \\
\vdots \\
x_n^{(k+1)} = \dfrac{1}{a_{nn}}(b_n - a_{n1}x_1^{(k+1)} - a_{n2}x_2^{(k+1)} - \cdots - a_{nn-1}x_{n-1}^{(k+1)} - 0)
\end{cases}
\tag{3.65}
$$

$$x_i^{(k+1)} = \frac{1}{a_{ii}}\left(b_i - \sum_{j=1}^{n-1} a_{ii}x_j^{(k+1)} - \sum_{j=i+1}^{n} a_{ii}x_j^{(k)}\right) i = 1,2,\cdots,n; k = 0,1,2,\cdots \tag{3.66}$$

为确定计算是否终止,设为允许的绝对误差限,当满足 $\max\limits_{1 \leqslant i \leqslant n} |x_i^{(k+1)} - x_i^{(k)}| < \varepsilon$ 时停止计算。

3.3.2　有限差分法求解

有限差分法(Finite Differential Method)是数值求解微分问题的一种重要工具,很早就有人在这方面作了一些基础性的工作。到了 1910 年,L. F. Richardson 在一篇论文中论述了 Laplace 方程、重调和方程等的迭代解法,为偏微分方程的数值分析奠定了基础。但是在电子计算机问世前,研究重点仅在于确定有限差分解的存在性和收敛性。这些工作成了后来实际应用有限差分法的指南。20 世纪 40 年代后半期出现了电子计算机,有限差分法得到迅速的发展,在很多领域(如传热分析、流动分析、扩散分析等)取得了显著的成就,对国民经济及人类生活产生了重要影响,积极地推动了社会的进步。

有限差分法在材料成形领域的应用较为普遍,与有限元法一起成为材料成形计算机模拟技术的两种主要数值分析方法。目前材料加工中的传热分析(如铸造成形过程的传热凝固、塑性成形中的传热、焊接成形中的热量传递等)、流动分析(如铸件充型过程,焊接熔池的产生、移动,激光熔覆中的动量传递等)都可以用有限差分方式进行模拟分析。特别是在流动场分析方面,与有限元相比,有限差分法有独特的优势,因此目前进行流体力学数值分析,绝大多数都是基于有限差分法。另外,一向被认为是有限差分法的弱项——应力分析,目前也取得了长足进步。一些基于差分法的材料加工领域的应力分析软件纷纷推出,从而使得流动、传热、应力统一于差分方式下。

有限差分法是数值计算中应用非常广泛的一种方法，是基于差分原理的一种数值计算法。其实质是以有限差分代替无限微分，以差分代数方程代替微分方程，以数值计算代替数学推导的过程，从而将连续函数离散化，以有限的、离散的数值代替连续的函数分布。

（1）差分方程的建立

首先选择网格布局、差分形式和布局；其次，以有限差分代替无限微分，即以 $x_2 - x_1 = \Delta x$ 代替 dx，以差商 $\dfrac{y_2 - y_1}{x_2 - x_1} = \dfrac{\Delta y}{\Delta x}$ 代替微商 $\dfrac{dy}{dx}$，并以差分方程代替微分方程及其边界条件。差分方程的建立步骤如下：

1）合理选择网格布局及步长

将离散后各相邻离散点之间的距离，或者离散化单元的长度称为步长。

在所选定区域内进行网格划分是差分方程建立的第一步，其方法比较灵活，但是实际应用中往往遵守误差最小原则。因此，网格样式的选择一般和所选区域有密切关系。图 3.12 是几种比较典型的网格划分方式。

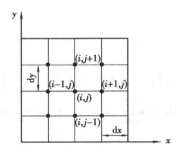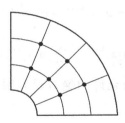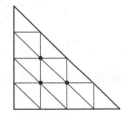

图 3.12　网格划分方法

2）将微分方程转化为差分方程

向前差分：

$$\frac{\partial T}{\partial x} = \frac{T(i+1,j) - T(i,j)}{\Delta x} \tag{3.67}$$

$$\frac{\partial T}{\partial y} = \frac{T(i,j+1) - T(i,j)}{\Delta y} \tag{3.68}$$

$$\frac{\partial^2 T}{\partial x^2} = \frac{\partial}{\partial x}\left(\frac{T(i+1,j) - T(i,j)}{\Delta x}\right) = \frac{T(i+2,j) - 2T(i+1,j) + T(i,j)}{\Delta x^2} \tag{3.69}$$

$$\frac{\partial^2 T}{\partial y^2} = \frac{\partial}{\partial y}\left(\frac{T(i,j+1) - T(i,j)}{\Delta y}\right) = \frac{T(i,j+2) - 2T(i,j+1) + T(i,j)}{\Delta y^2} \tag{3.70}$$

向后差分：

$$\frac{\partial T}{\partial x} = \frac{T(i,j) - T(i-1,j)}{\Delta x} \tag{3.71}$$

$$\frac{\partial T}{\partial y} = \frac{T(i,j-1) - T(i,j)}{\Delta y} \tag{3.72}$$

$$\frac{\partial^2 T}{\partial x^2} = \frac{\partial}{\partial x}\left(\frac{T(i,j) - T(i-1,j)}{\Delta x}\right) = \frac{T(i,j) - 2T(i-1,j) + T(i-2,j)}{\Delta x^2} \tag{3.73}$$

$$\frac{\partial^2 T}{\partial y^2} = \frac{\partial}{\partial y}\left(\frac{T(i,j) - T(i,j-1)}{\Delta y}\right) = \frac{T(i,j) - 2T(i,j-1) + T(i,j-2)}{\Delta y^2} \tag{3.74}$$

中心差分：

$$\frac{\partial T}{\partial x} = \frac{T(i+\frac{1}{2},j) - T(i-\frac{1}{2},j)}{\Delta x} = \frac{T(i+1,j) - T(i-1,j)}{2\Delta x} \tag{3.75}$$

$$\frac{\partial T}{\partial y} = \frac{T(i,j+\frac{1}{2}) - T(i,j-\frac{1}{2})}{\Delta y} = \frac{T(i,j+1) - T(i,j-1)}{2\Delta y} \tag{3.76}$$

$$\frac{\partial^2 T}{\partial x^2} = \frac{\partial}{\partial x}\left(\frac{T(i+\frac{1}{2},j) - T(i-\frac{1}{2},j)}{\Delta x}\right) = \frac{T(i+1,j) - 2T(i,j) + T(i-1,j)}{\Delta x^2} \tag{3.77}$$

$$\frac{\partial^2 T}{\partial y^2} = \frac{\partial}{\partial y}\left(\frac{T(i,j+\frac{1}{2}) - T(i,j-\frac{1}{2})}{\Delta y}\right) = \frac{T(i,j+1) - 2T(i,j) + T(i,j-1)}{\Delta y^2} \tag{3.78}$$

3) 差分格式的物理意义

图 3.13 式几种差分格式示意图。

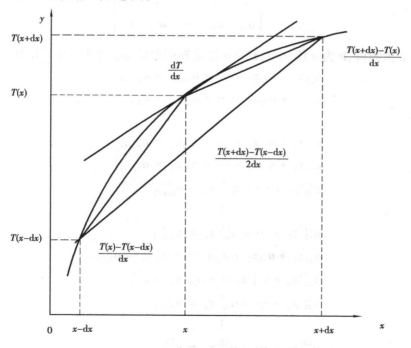

图 3.13　几种差分格式示意图

4) 差分格式的误差分析

$$T_{i+1} = T(x + \Delta x) = T_i + \frac{dT}{dx}(x_{i+1} - x_i) + \frac{1}{2!}\frac{d^2T}{dx^2}(x_{i+1} - x_i)^2 + \cdots$$

$$T_{i-1} = T(x - \Delta x) = T_i - \frac{dT}{dx}(x_i - x_{i-1}) + \frac{1}{2!}\frac{d^2T}{dx^2}(x_i - x_{i-1})^2 + \cdots$$

$$\frac{T_{i+1} - T_i}{\Delta x} - \frac{\mathrm{d}T}{\mathrm{d}x} = \frac{1}{2!}\Delta x \frac{\mathrm{d}^2 T}{\mathrm{d}x^2} + \cdots = o(\Delta x)$$

$$\frac{T_i - T_{i-1}}{\Delta x} - \frac{\mathrm{d}T}{\mathrm{d}x} = -\frac{1}{2!}\Delta x \frac{\mathrm{d}^2 T}{\mathrm{d}x^2} + \cdots = o(\Delta x)$$

$$\frac{1}{2}\left(\frac{T_{i+1} - T_i}{\Delta x} + \frac{T_i - T_{i-1}}{\Delta x}\right) - \frac{\mathrm{d}T}{\mathrm{d}x} = \frac{1}{3!}\Delta x \frac{\mathrm{d}^3 T}{\mathrm{d}x^3} + \cdots = o[(\Delta x)^2] \tag{3.79}$$

（2）差分方程的求解方法

1）直接法——Gauss 列主元素消元法

$$Ax = b \tag{3.80}$$

$$A = \begin{pmatrix} a_{11} & a_{12} & \cdots & a_{1n} \\ a_{21} & a_{22} & \cdots & a_{2n} \\ \vdots & \vdots & & \vdots \\ a_{n1} & a_{n2} & \cdots & a_{nn} \end{pmatrix} = (a_{i,j})_{n \times n}, x = \begin{Bmatrix} x_1 \\ x_2 \\ \vdots \\ x_n \end{Bmatrix}, b = \begin{Bmatrix} b_1 \\ b_2 \\ \vdots \\ b_n \end{Bmatrix} \tag{3.81}$$

$$A_b = \begin{pmatrix} a_{11} & a_{12} & \cdots & a_{1n} & b_1 \\ a_{21} & a_{22} & \cdots & a_{2n} & b_2 \\ \vdots & \vdots & & \vdots & \vdots \\ a_{n1} & a_{n2} & \cdots & a_{nn} & b_n \end{pmatrix} \tag{3.82}$$

A 为 $n \times n$ 阶矩阵，b 为 n 维向量，x 为 n 维未知列向量，A_b 为 A 的增广矩阵。

$$a_{11}x_1 + a_{12}x_2 + \cdots + a_{1n}x_n = a_{1,n+1}$$
$$a_{21}x_1 + a_{22}x_2 + \cdots + a_{2n}x_n = a_{2,n+1}$$
$$\vdots$$
$$a_{n1}x_1 + a_{n2}x_2 + \cdots + a_{nn}x_n = a_{n,n+1} \tag{3.83}$$
$$a_{11}x_1 + a_{12}x_2 + \cdots + a_{1n}x_n = a_{1,n+1}$$
$$a_{22}^{(1)}x_2 + \cdots + a_{2n}^{(1)}x_n = a_{2,n+1}^{(1)}$$
$$\vdots$$
$$a_{n2}^{(1)}x_2 + \cdots + a_{nn}^{(1)}x_n = a_{n,n+1}^{(1)} \tag{3.84}$$
$$a_{11}x_1 + a_{12}x_2 + a_{13}x_3 \cdots + a_{1n}x_n = a_{1,n+1}$$
$$a_{22}^{(1)}x_2 + a_{23}^{(1)}x_3 \cdots + a_{2n}^{(1)}x_n = a_{2,n+1}^{(1)}$$
$$a_{33}^{(2)}x_3 + \cdots + a_{3n}^{(2)}x_n = a_{3,n+1}^{(2)}$$
$$\vdots$$
$$a_{n3}^{(2)}x_3 + \cdots + a_{nn}^{(2)}x_n = a_{n,n+1}^{(2)} \tag{3.85}$$
$$a_{11}x_1 + a_{12}x_2 + a_{13}x_3 \cdots + a_{1n}x_n = a_{1,n+1}$$
$$a_{22}^{(1)}x_2 + a_{23}^{(1)}x_3 \cdots + a_{2n}^{(1)}x_n = a_{2,n+1}^{(1)}$$
$$a_{33}^{(2)}x_3 + \cdots + a_{3n}^{(2)}x_n = a_{3,n+1}^{(2)}$$
$$\vdots$$
$$a_{nn}^{(n-1)}x_n = a_{n,n+1}^{(n-1)} \tag{3.86}$$

其解为

$$x_n = \frac{a_{n,n+1}^{(n-1)}}{a_{nn}^{(n-1)}}$$

$$x_i = \big(a_{i,n+1}^{(n-1)} - \sum_{j=i+1}^{n} a_{ij}^{(i-1)} x_j\big)/a_{ii}^{(i-1)}$$

$$i = n-1, n-2, \cdots, 2, 1 \tag{3.87}$$

2)间接法——迭代法

对于线性方程组 $\boldsymbol{Ax} = \boldsymbol{b}$,构造一个 $x^{(k)}$ 值,将 $x^{(k)}$ 代入,得出新的值 $x^{(k+1)}$,再将结果代入得到更新的 $x^{(k+2)}$,依次迭代下去,即可使其迭代值收敛于该方程组的精确解 $\boldsymbol{X}^*$。根据选择 $x^{(k)}$ 的方法不同,又可以分为简单迭代法(同步迭代法)和 Guass-Seidel 迭代法。

对于线性方程组 $\boldsymbol{Ax} = \boldsymbol{b}$,当 $a_{ii} \neq 0$ 时,可表示为式(3.88):

$$\begin{cases} x_1 = (b_1 - a_{12}x_2 - a_{13}x_3 - \cdots - a_{1n}x_n)/a_{11} \\ x_2 = (b_2 - a_{21}x_1 - a_{23}x_3 - \cdots - a_{2n}x_n)/a_{22} \\ \vdots \\ x_i = (b_i - a_{i1}x_1 - a_{i2}x_2 - \cdots - a_{in}x_n)/a_{ii} \\ \vdots \\ x_n = (b_n - a_{n1}x_1 - a_{n2}x_2 - \cdots - a_{nn}x_n)/a_{nn} \end{cases} \tag{3.88}$$

式(3.87)可写成:

$$x_i = \big(b_i - \sum_{\substack{j=1 \\ i \neq j}}^{n} a_{ij}x_j\big)/a_{ii}, i = 1, 2, \cdots, n \tag{3.89}$$

欲求解方程组,首先假设一个解 $x_i^{(0)}$($i = 1, 2, \cdots, n$),代入式(3.89)的右端,计算出解的一次迭代值,即

$$x_i^{(1)} = \big(b_i - \sum_{\substack{j=1 \\ i \neq j}}^{n} a_{ij}x_j^{(0)}\big)/a_{ii}, i = 1, 2, \cdots, n \tag{3.90}$$

再将 $x_i^{(1)}$ 代入式子的右端,得到第二次迭代值,依此类推,得到第 k 次的迭代值:

$$x_i^{(k)} = \big(b_i - \sum_{\substack{j=1 \\ i \neq j}}^{n} a_{ij}x_j^{(k-1)}\big)/a_{ii}, i = 1, 2, \cdots, n \tag{3.91}$$

迭代次数无限增多时,$x_i^{(k)}$ 将收敛于方程组的精确解 $\boldsymbol{X}^*$。一般满足

$$x_i^{(k+1)} - x_i^k \leq \delta \qquad (0 < \delta < c) \tag{3.92}$$

即可认为迭代已经满足精度要求。其中 c 为某适当小的量,其具体大小取决于精度要求。

差分格式的稳定性:假如初始条件和边界条件有微小的变化,若解的最后变化是微小的,则称解是稳定的,否则是不稳定的。

(3)有限差分法求解实例

例 3.6　在无源简单介质的电磁波场中,麦克斯韦方程写成:

$$\nabla \times \boldsymbol{E} = -\mathrm{j}\omega\mu\boldsymbol{H}$$
$$\nabla \times \boldsymbol{H} = \mathrm{j}\omega\varepsilon\boldsymbol{E}$$
$$\nabla \cdot \boldsymbol{E} = 0 \tag{3.93}$$
$$\nabla \cdot \boldsymbol{H} = 0$$

从两个旋度方程消去 E 或 H 得

$$(\nabla^2 + k^2)\begin{cases} \boldsymbol{E} \\ \boldsymbol{H} \end{cases} = 0 \tag{3.94}$$

其中

$$k^2 = \omega^2 \mu \varepsilon$$

设 $\nabla = \nabla_t + \dfrac{\partial}{\partial z}\boldsymbol{z}_0$,取截面的二维矢量波方程为

$$(\nabla_t^2 + k_t^2)\begin{cases} \boldsymbol{E}(x,y) \\ \boldsymbol{H}(x,y) \end{cases} \tag{3.95}$$

其中

$$k_t = \sqrt{\omega^2 \mu \varepsilon - k_z^2} = \sqrt{k_0^2 n^2 - k_z^2} \tag{3.96}$$

即得

$$\left(\frac{\partial^2}{\partial x^2} + \frac{\partial^2}{\partial y^2} + k_t^2\right)\begin{cases} \boldsymbol{E}(x,y) \\ \boldsymbol{H}(x,y) \end{cases} = 0 \tag{3.97}$$

如果仅考虑电场的标量方程,则电场大小 $E(E_x$ 或 $E_y)$ 满足

$$\left(\frac{\partial^2}{\partial x^2} + \frac{\partial^2}{\partial y^2} + k_0^2 n^2 - k_z^2\right)E = 0 \tag{3.98}$$

$\beta = k_z^2$,得

$$\left(\frac{\partial^2}{\partial x^2} + \frac{\partial^2}{\partial y^2} + k_0^2 n^2\right)E = \beta E \tag{3.99}$$

考虑的介质波导结构如图 3.14 所示,方形波导生长在 SiO_2 衬底上,芯层折射率大于包层折射率(如图 3.14 所示的 $n_1 > n_2$)。

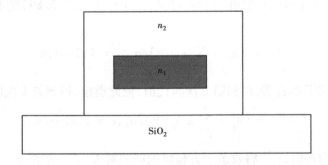

图 3.14　波导截面图

显然,如果芯层折射率比包层折射率大得多,电磁波将被限制在芯层中传播,在包层介质 n_2 中,电磁波已经很弱,因此我们将包层介质与空气及衬底边界的电场设为零,在这样的假设下,求解介质波导截面电场分布就转化成下面的微分方程求解问题:

$$\begin{cases} \left(\dfrac{\partial^2}{\partial x^2} + \dfrac{\partial^2}{\partial y^2} + k_0^2 n^2\right)E = \beta E (a \leqslant x \leqslant b, c \leqslant y \leqslant d) \\ E(a,y) = E(b,y) = E(x,c) = E(x,d) = 0 \end{cases} \tag{3.100}$$

由于波导形状规则,很容易将其作网格划分,网格线交点(节点)处的电场大小就是要求解的电场离散解,如图 3.15 所示。每一个节点的电场大小都是未知数(除了边界点外),要求解的是 $(N_x - 2) \times (N_y - 2)$ 个未知数 $E(i,j)$ $(i = 2,3,4,\cdots,N_x - 1; j = 2,3,4,\cdots,N_y - 1)$,下面

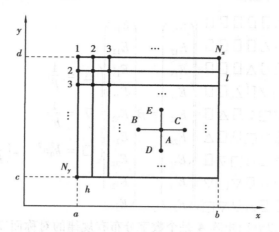

图 3.15　网格划分图

从偏微分方程(3.100)中提取信息,构造求离散解所需的方程组。

分析偏微分方程(3.100)。首先将偏导数差分化,考虑函数 $f(x)$,取小量 $\Delta x = h$,则

$$\frac{\mathrm{d}f}{\mathrm{d}x} \approx \frac{\Delta f}{\Delta x} = \frac{f(x+h) - f(x)}{h} \tag{3.101}$$

同样地二阶微分为

$$\frac{\mathrm{d}^2 f}{\mathrm{d}x^2} \approx \frac{1}{\Delta x}\left(\frac{\mathrm{d}f}{\mathrm{d}x}\bigg|_{x+h} - \frac{\mathrm{d}f}{\mathrm{d}x}\bigg|_x\right) \approx \frac{f(x+h) - 2f(x) + f(x-h)}{h^2} \tag{3.102}$$

同样对 $E(x,y)$ 的二阶偏导有:

$$\frac{\partial^2 E}{\partial x^2} \approx \frac{E(x+h,y) - 2E(x,y) + E(x-h,y)}{h^2}$$

$$\frac{\partial^2 E}{\partial y^2} \approx \frac{E(x,y+l) - 2E(x,y) + E(x,y-l)}{l^2} \tag{3.103}$$

代入偏微分方程(3.99)得:

$$\frac{E(x+h,y) + E(x-h,y)}{h^2} + \frac{E(x,y+l) + E(x,y-l)}{l^2} - 2\left(\frac{1}{h^2} + \frac{1}{l^2} - k_0^2 n^2\right)E(x,y) = \beta E(x,y) \tag{3.104}$$

如图 3.16 所示,采用 $E(i,j)$ 表示节点处的电场,则有:

$$\frac{E(i+1,j) + E(i-1,j)}{h^2} + \frac{E(i,j+1) + E(i,j-1)}{l^2} - 2\left(\frac{1}{h^2} + \frac{1}{l^2} - k_0^2 n^2\right)E(i,j) = \beta E(i,j) \tag{3.105}$$

如果记图 3.15 中 A 点的电场为为 $E(i,j)$,则上式给出了节点 B,C,D,E 处电场和节点 A 处电场的关系,即所谓的五点差分格式。对所有节点列出这种关系式,并将其写成矩阵的形式,得到

$$AX = \beta X$$

其中 X 是由各节点电场 $E(1,1)$,$E(1,2)$,$\cdots$组成的 $N_x \times N_y$ 个元素的列向量,A 是 $N_x \times N_y$ 行、$N_x \times N_y$ 列的矩阵,其每一行对应一个节点的五点差分格式方程。作为例子,这里给出如图 3.16 所示网格(节点处折射率均为 n)的矩阵方程:

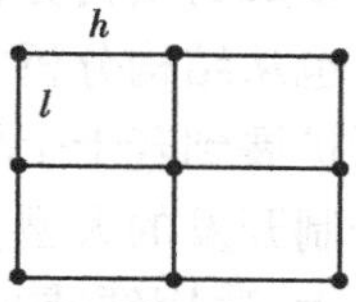

图 3.16　网格划分实例

$$
\begin{pmatrix}
\square & \triangledown & \square & \triangle & \square & \square & \square & \square \\
\triangledown & \square & \triangledown & \square & \triangle & \square & \square & \square \\
\square & \triangledown & \square & \square & \square & \triangle & \square & \square \\
\triangle & \square & \square & \square & \triangledown & \square & \triangle & \square \\
\square & \triangle & \square & \triangledown & \square & \triangledown & \square & \triangle \\
\square & \square & \triangle & \square & \triangledown & \square & \square & \square \\
\square & \square & \square & \triangle & \square & \square & \square & \triangledown \\
\square & \square & \square & \square & \triangle & \square & \triangledown & \square \\
\square & \square & \square & \square & \square & \triangle & \square & \triangledown
\end{pmatrix}
\begin{pmatrix} E_{11} \\ E_{12} \\ E_{13} \\ E_{21} \\ E_{22} \\ E_{23} \\ E_{31} \\ E_{32} \\ E_{33} \end{pmatrix}
= \beta
\begin{pmatrix} E_{11} \\ E_{12} \\ E_{13} \\ E_{21} \\ E_{22} \\ E_{23} \\ E_{31} \\ E_{32} \\ E_{33} \end{pmatrix}
\quad
\begin{aligned}
\triangle &= \frac{1}{l^2} \\
\triangledown &= \frac{1}{h^2} \\
\square &= k_0^2 n^2 - 2\left(\frac{1}{h^2} + \frac{1}{l^2}\right)
\end{aligned}
\tag{3.106}
$$

从简单的例子中可以看出矩阵 A 是个数字分布有规律的对称而庞大的稀疏矩阵,转化为求解矩阵 A 的特征值以及相应的特征向量,从电磁波理论上讲,这里的一个特征向量对应一种电磁场在波导中的模式。

3.3.3　有限元法求解

有限元法(Finite Element Method,FEM),也称为有限单元法或有限元素法。基本思想是将求解区域离散为一组有限个,且按一定方式相互连接在一起的单元的组合体。它是随着电子计算机的发展而迅速发展起来的一种现代计算方法。把物理结构分割成不同大小不同类型的区域,这些区域就称为单元。根据不同分析科学,推导出每一个单元的作用力方程,组集成整个结构的系统方程,最后求解该系统方程,就是有限元法。简单地说,有限元法是一种离散化的数值方法。离散后的单元与单元间只通过节点相联系,所有力和位移都通过节点进行计算。对每个单元选取适当的插值函数,使得该函数在子域内部、子域分界面上(内部边界)以及子域与外界分界面(外部边界)上都满足一定的条件。然后把所有单元的方程组合起来,就得到了整个结构的方程。求解该方程,就可以得到结构的近似解。离散化是有限元方法的基础。必须依据结构的实际情况决定单元的类型、数目、形状、大小以及排列方式。这样做的目的是将结构分割成足够小的单元,使得简单位移模型能足够近似地表示精确解。同时,又不能太小,否则计算量很大。

(1)有限元法的发展

有限元法是 20 世纪 50 年代在连续体力学领域——飞机结构的静力和动力特性分析中应用的一种有效的数值分析方法。同时,有限元法的通用计算程序作为有限元研究的一个重要组成部分,也随着电子计算机的飞速发展而迅速发展起来。在 20 世纪 70 年代初期,大型通用的有限元分析软件出现了。这些大型、通用的有限元软件功能强大,计算可靠,工作效率高,因而逐步成为结构分析中强有力的工具。30 多年来,各国相继开发了很多通用程序系统,应用领域也从结构分析领域扩展到各种物理场的分析,从线性分析扩展到非线性分析,从单一场的分析扩展到若干个场耦合的分析。在目前应用广泛的通用有限元分析程序中,美国 ANSYS 公司研制开发的大型通用有限元程序 ANSYS 是一个适用于微机平台的大型有限元分析系统,功能强大,适用领域非常广泛。ANSYS 是在 20 世纪 70 年代由 ANSYS 公司开发的工程分析软件。开发初期是为了应用于电力工业,现在已经广泛应用于航空、航天、电子、汽车、土木工程等各种领域,能够满足各行业有限元分析的需要。ANSYS 软件是美国 ANSYS 公司研制的大型通用有限元分析(FEA)软件,能够进行包括结构、热、声、流体、电磁场等科学的研究。在核工业、铁道、石油化工、航空航天、机械制造、能源、汽车交通、国防军工、电子、土木工程、造船、生物医学、轻工、地矿、水利、日用家电等领域有着广泛的应用。

在工程技术领域经常会遇到两类典型的问题。其中的第一类问题可以归结为有限个已知单元体的组合,如材料力学中的连续梁、建筑结构框架和桁架结构,这类问题被称为离散系统。如图3.17所示平面桁架结构是由6个只承受轴向力的"杆单元"组成,其中每根杆的受力状况相似。尽管离散系统是可解的,但是求解图3.18所示的复杂离散系统就要依靠计算机技术。第二类问题是针对连续介质,通常可以建立它们应遵循的基本方程,即微分方程和相应的边界条件如弹性力学问题、热传导问题、电磁场问题等。

尽管我们已经建立了连续系统的基本方程,由于边界条件的限制,通常只能得到少数简单问题的精确解答。对于许多实际的工程问题还无法给出精确的解答,例如,图3.19所示的V6引擎在工作中的温度分布。为解决这个难题,工程师们和数学家们提出了许多近似方法。

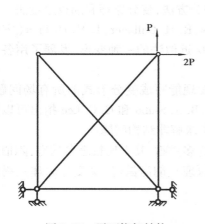

图3.17 平面桁架结构

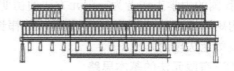

图3.18 大型编钟"中华和钟"的振动分析及优化设计(曾攀教授)

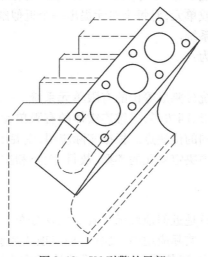

图3.19 V6引擎的局部

在寻找连续系统求解方法的过程中,工程师和数学家从两个不同的路线得到了相同的结果,即有限元法(Finite Element Method)。有限元法的形成可以回顾到 20 世纪的 50 年代甚至更早些时间,基本思路来源于固体力学中矩阵结构法的发展和工程师对结构相似性的直觉判断。对不同结构的杆系、不同的载荷,用矩阵结构法求解都可以得到统一的矩阵公式。从固体力学的角度来看,桁架结构等标准离散系统与人为地分割成有限个分区后的连续系统在结构上存在相似性,可以把矩阵结构法推广到非杆系结构的求解。

1956 年,M. J. Turner,R. W. Clough,H. C. Martin 和 L. J. Topp 在纽约举行的航空学会年会上介绍了一种新的计算方法,将矩阵位移法推广到求解平面应力问题。他们把结构划分成一个个三角形和矩形的"单元",利用单元中近似位移函数,求得单元节点力与节点位移关系的单元刚度矩阵。

1954—1955 年,J. H. Argyris 在航空工程杂志上发表了一组能量原理和结构分析论文。

1960 年,Clough 在他的名为"The finite element in plane stress analysis"的论文中首次提出了有限元(Finite Element)这一术语。

数学家们则发展了微分方程的近似解法,包括有限差分方法,变分原理和加权余量法。在 1963 年前后,经过 J. F. Besseling,R. J. Melosh,R. E. Jones,R. H. Gallaher,T. H. H. Pian(卞学磺)等许多人的工作,认识到有限元法就是变分原理中 Ritz 近似法的一种变形,发展了用各种不同变分原理导出的有限元计算公式。

1965 年,O. C. Zienkiewicz 和 Y. K. Cheung(张佑启)发现能写成变分形式的所有场问题,都可以用与固体力学有限元法的相同步骤求解。1969 年,B. A. Szabo 和 G. C. Lee 指出可以用加权余量法,特别是 Galerkin 法,导出标准的有限元过程来求解非结构问题。

我国的力学工作者为有限元方法的初期发展做出了许多贡献,其中比较著名的有:陈伯屏(结构矩阵方法)、钱令希(余能原理)、钱伟长(广义变分原理)、胡海昌(广义变分原理)、冯康(有限单元法理论)。

(2)有限元法的基本思路

有限元法是求解数学物理问题的一种数值计算近似方法。它发源于固体力学,以后迅速扩展到流体力学、传热学、电磁学、声学等其他物理领域。有限元法的基本思路可以归结为将连续系统分割成有限个分区或单元,对每个单元提出一个近似解,再将所有单元按标准方法组合成一个与原有系统近似的系统。

有限元分析的主要步骤为:

1)连续体的离散化

也就是将给定的物理系统分割成等价的有限单元系统。一维结构的有限单元为线段,二维连续体的有限单元为三角形、四边形,三维连续体的有限单元可以是四面体、长方体或六面体。各种类型的单元有其不同的优缺点。根据实际应用,发展出了更多的单元,最典型的区分就是有无中节点。应用时必须决定单元的类型、数目、大小和排列方式,以便能够合理有效地表示给定的物理系统。

2)选择位移模型

假设的位移函数或模型只是近似地表示了真实位移分布。通常假设位移函数为多项式,最简单的情况为线性多项式。实际应用中,没有一种多项式能够与实际位移完全一致。用户所要做的是选择多项式的阶次,以使其在可以承受的计算时间内达到足够的精度。此外,还需要选择表示位移大小的参数,它们通常是节点的位移,但也可能包括节点位移的导数。

3)用变分原理推导单元刚度矩阵

单元刚度矩阵是根据最小位能原理或者其他原理,由单元材料和几何性质导出的平衡方程系数构成的。单元刚度矩阵将节点位移和节点力联系起来,物体受到的分布力变换为节点处的等价集中力。

4)集合整个离散化连续体的代数方程

也就是把各个单元的刚度矩阵集合成整个连续体的刚度矩阵,把各个单元的节点力矢量集合为总的力和载荷矢量。最常用的原则是要求节点能互相连接,即要求所有与某节点相关联的单元在该节点处的位移相同。但是最近研究表明:该原则在某些情况下并不是必需的。总刚度矩阵、总载荷向量以及整个物体的节点位移向量之间构成整体平衡,这样得出物理系统的基本方程后,还需要考虑其边界条件或初始条件,才能够使得整个方程封闭。如何引入边界条件依赖于对系统的理解。

5)求解位移矢量

即求解上述代数方程,这种方程可能简单,也可能很复杂,比如对非线性问题,在求解的每一步都要修正刚度和载荷矢量。

6)由节点位移计算出单元的应力和应变

视具体情况,可能还需要计算出其他一些导出量,但这已是相对简单的了。

下面用在自重作用下的等截面直杆来说明有限元法的思路。

①等截面直杆在自重作用下的材料力学解答。受自重作用的等截面直杆如图 3.20 所示,杆的长度为 L,截面积为 A,弹性模量为 E,单位长度的重量为 q,杆的内力为 N。试求:杆的位移分布,杆的应变和应力。

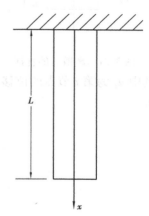

图 3.20　受自重作用的等截面直杆

$$N(x) = q(L - x) \tag{3.107}$$

$$\mathrm{d}u(x) = \frac{N(x)\,\mathrm{d}x}{EA} = \frac{q(L - x)\,\mathrm{d}x}{EA} \tag{3.108}$$

$$u(x) = \int_0^x \frac{N(x)\,\mathrm{d}x}{EA} = \frac{q}{EA}\left(Lx - \frac{x^2}{2}\right) \tag{3.109}$$

$$\varepsilon_x = \frac{\mathrm{d}u}{\mathrm{d}x} = \frac{q}{EA}(L - x) \tag{3.110}$$

$$\sigma_x = E\varepsilon_x = \frac{q}{A}(L - x) \tag{3.111}$$

②等截面直杆在自重作用下的有限元法解答。离散化,如图 3.21 所示,将直杆划分成 n 个有限段,有限段之间通过一个铰接点连接。称两段之间的铰接点为节点,称每个有限段为单元。其中,第 i 单元的长度为 L_i,包含第 $i,i+1$ 节点。用单元节点位移表示单元内部位移,第 i 单元中的位移用所包含的节点位移来表示:

$$u(x) = u_i + \frac{u_{i+1} - u_i}{L_i}(x - x_i) \tag{3.112}$$

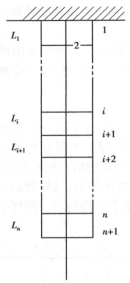

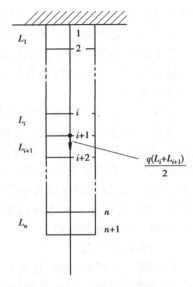

图 3.21　离散后的直杆　　　　　　　　　　图 3.22　集中单元重量

其中 u_i 为第 i 节点的位移，x_i 为第 i 节点的坐标。第 i 单元的应变为 ε_i，应力为 σ_i，内力为 N_i：

$$\varepsilon_i = \frac{\mathrm{d}u}{\mathrm{d}x} = \frac{u_{i+1} - u_i}{L_i} \tag{3.113}$$

$$\sigma_i = E\varepsilon_i = \frac{E(u_{i+1} - u_i)}{L_i} \tag{3.114}$$

$$N_i = A\sigma_i = \frac{EA(u_{i+1} - u_i)}{L_i} \tag{3.115}$$

③把外载荷集中到节点上，把第 i 单元和第 $i+1$ 单元重量的一半 $\dfrac{q(L_i + L_{i+1})}{2}$ 集中到第 $i+1$ 结点上（见图 3.22）。

④建立节点的力平衡方程

对于第 $i+1$ 节点，由力的平衡方程可得：

$$N_i - N_{i+1} = \frac{q(L_i + L_{i+1})}{2} \tag{3.116}$$

令 $\lambda_i = \dfrac{L_i}{L_{i+1}}$，并将上式代入式（3.112）得：

$$-u_i + (1 + \lambda_i)u_{i+1} - \lambda_i u_{i+2} = \frac{q}{2EA}\left(1 + \frac{1}{\lambda_i}\right)L_i^2 \tag{3.117}$$

根据约束条件，$u_1 = 0$。

对于第 $n+1$ 节点，

$$N_n = \frac{qL_n}{2} \tag{3.118}$$

$$-u_n + u_{n+1} = \frac{qL_n^2}{2EA} \tag{3.119}$$

建立所有节点的力平衡方程，可以得到由 $n+1$ 个方程构成的方程组，可解出 $n+1$ 个未知的节点位移。

例 3.7　将受自重作用的等截面直杆划分成 3 个等长的单元（见图 3.23），试按有限元法的思路求解。

定义单元的长度为

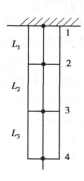

$$a = \frac{L}{3}$$

对于节点 1，$u_1 = 0$；对于节点 2，由式（3.116）可得：

$$-u_1 + 2u_2 - u_3 = \frac{qa^2}{EA}$$

同样，对于节点 3 有

$$-u_2 + 2u_3 - u_4 = \frac{qa^2}{EA}$$

图 3.23　等长单元的有限法

对于节点 4，可以有两种处理方法。

①直接用第 3 单元的内力与节点 4 上的载荷建立平衡方程：

$$N_3 = \frac{qa}{2}, \qquad N_3 = \frac{EA(u_4 - u_3)}{a}$$

$$-u_3 + u_4 = \frac{qa^2}{2EA}$$

②假定存在一个虚拟节点 5，与节点 4 构成了虚拟单元 4：

$$L_4 = 0$$
$$u_5 = u_4$$
$$\lambda_3 = \frac{L_3}{L_4} \rightarrow \infty$$

在节点 4 上应用式（3.116），得

$$-u_3 + (1 + \lambda_3)u_4 - \lambda_3 u_5 = \frac{q}{2EA}\left(1 + \frac{1}{\lambda_3}\right)a^2$$

$$-u_3 + u_4 = \frac{qa^2}{2EA}$$

整理后得到线性方程组：

$$
\begin{bmatrix}
2 & -1 & 0 \\
-1 & 2 & -1 \\
 & -1 & 1
\end{bmatrix}
\begin{Bmatrix}
u_2 \\ u_3 \\ u_4
\end{Bmatrix}
=
\begin{Bmatrix}
\dfrac{qa^2}{EA} \\[2mm]
\dfrac{qa^2}{EA} \\[2mm]
\dfrac{qa^2}{2EA}
\end{Bmatrix}
\tag{3.120}
$$

解得

$$
\begin{cases}
u_2 = \dfrac{5qa^2}{2EA} \\[2mm]
u_3 = \dfrac{4qa^2}{EA} \\[2mm]
u_4 = \dfrac{9qa^2}{2EA}
\end{cases}
$$

（3）有限元法的计算步骤

有限元法的计算归纳为以下 3 个基本步骤：网格划分、单元分析、整体分析。

1）网格划分

有限元法的基础是用有限个单元体的集合来代替原有的连续体。因此首先要对弹性体进行必要的简化，再将弹性体划分为有限个单元组成的离散体。单元之间通过单元节点相连接。由单元、节点、节点连线构成的集合称为网格。通常把三维实体划分成四面体或六面体单元的网格，如图3.24、图3.25所示，其单元划分分别如图3.26、图3.27所示；平面问题划分成三角形或四边形单元的网格，如图3.28、图3.29所示，其单元划分分别如图3.30、图3.31所示。

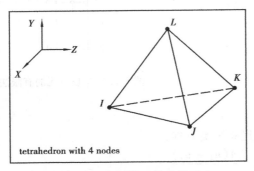

图3.24　四面体4节点单元

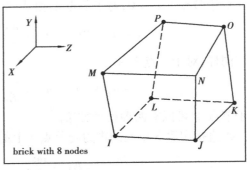

图3.25　六面体8节点单元

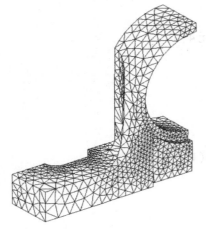

图3.26　三维实体的四面体单元划分

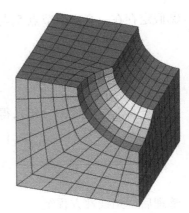

图3.27　三维实体的六面体单元划分

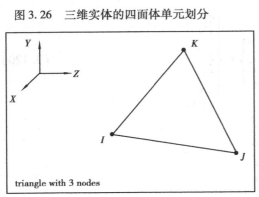

图3.28　三角形3节点单元

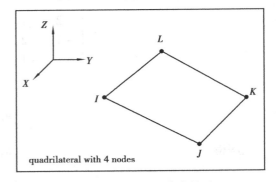

图3.29　四边形4节点单元

2）单元分析

对于弹性力学问题，单元分析就是建立各个单元的节点位移和节点力之间的关系式。由

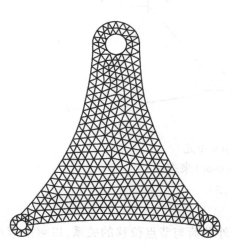

图 3.30　平面问题的三角形单元划分

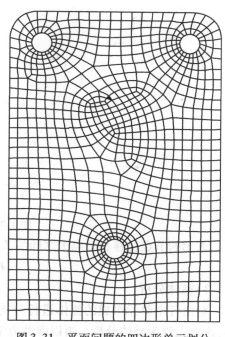

图 3.31　平面问题的四边形单元划分

于将单元的节点位移作为基本变量,进行单元分析首先要为单元内部的位移确定一个近似表达式,然后计算单元的应变、应力,再建立单元中节点力与节点位移的关系式。

以平面问题的三角形 3 节点单元为例,如图 3.32 所示,单元有 3 个节点 I,J,M,每个节点有两个位移 u,v 和两个节点力 U,V。

单元的所有节点位移、节点力可以表示为节点位移向量(vector):

节点位移

$$\{\boldsymbol{\delta}\}^e = \begin{Bmatrix} u_i \\ v_i \\ u_j \\ v_j \\ u_m \\ v_m \end{Bmatrix}$$

节点力

$$\{\boldsymbol{F}\}^e = \begin{Bmatrix} U_i \\ V_i \\ U_j \\ V_j \\ U_m \\ V_m \end{Bmatrix}$$

77

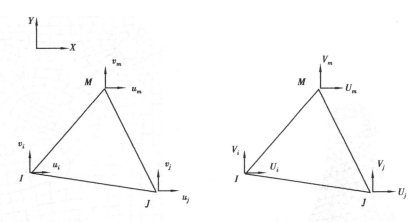

图 3.32　三角形 3 节点单元

单元的节点位移和节点力之间的关系用张量(tensor)来表示:

$$\{F\}^e = [K]^e\{\delta\}^e$$

3)整体分析

对由各个单元组成的整体进行分析,建立节点外载荷与节点位移的关系,以解出节点位移,这个过程为整体分析。再以弹性力学的平面问题为例,如图 3.33 所示,在边界节点 i 上受到集中力 P_x^i,P_y^i 作用。节点 i 是 3 个单元的结合点,因此要把这 3 个单元在同一节点上的节点力汇集在一起建立平衡方程。

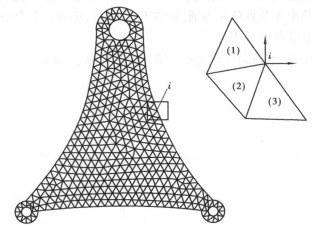

图 3.33　整体分析

第 i 节点的节点力:

$$U_i^{(1)} + U_i^{(2)} + U_i^{(3)} = \sum_e U_i^{(e)}$$

$$V_i^{(1)} + V_i^{(2)} + V_i^{(3)} = \sum_e V_i^{(e)}$$

第 i 节点的平衡方程:

$$\left.\begin{array}{c}\sum\limits_{e} U_i^{(e)} = P_x^i \\[2mm] \sum\limits_{e} V_i^{(e)} = P_y^i\end{array}\right\}$$

有限差分法：直观、理论成熟、精度可选，但是不规则区域处理烦琐。虽然网格生成可以使 FDM 应用于不规则区域，但是对区域的连续性等要求较严。使用 FDM 的好处在于易于编程，易于并行。

有限元方法：适合处理复杂区域，精度可选。缺陷在于内存和计算量巨大。并行不如 FDM 和 FVM 直观，FEM 的并行计算是当前和将来应用的一个不错的方向。

（4）有限元法的进展与应用

有限元法不仅能应用于结构分析，还能解决归结为场问题的工程问题，从 20 世纪 60 年代中期以来，有限元法得到了巨大的发展，为工程设计和优化提供了有力的工具。

1）算法与有限元软件

从 20 世纪 60 年代中期以来，人们进行了大量的理论研究，不但拓展了有限元法的应用领域，还开发了许多通用或专用的有限元分析软件。理论研究的一个重要领域是计算方法的研究，主要有大型线性方程组的解法、非线性问题的解法、动力问题计算方法。

目前应用较多的通用有限元分析软件如表 3.5 所列。

表 3.5　常用的有限元分析软件

软件名称	简　介
MSC/Nastran	著名结构分析程序，最初由 NASA 研制
MSC/Dytran	动力学分析程序
MSC/Marc	非线性分析软件
ANSYS	通用结构分析软件
ADINA	非线性分析软件
ABAQUS	非线性分析软件

另外还有许多针对某类问题的专用有限元软件，例如金属成形分析软件 Deform，Autoform，焊接与热处理分析软件 SysWeld 等。

2）应用实例

有限元法已经成功地应用在以下一些领域：固体力学，包括强度、稳定性、震动和瞬态问题的分析；传热学；电磁场；流体力学。下面介绍一些有限元法应用的实例。

板坯连铸中，进入结晶器的高温钢水由于具有很大的动能，所以凝固壳包围的液态金属中存在着强烈的紊流流动。这种流动不仅对卷渣、卷气、液穴域中温度分布、凝固传热和凝固壳厚度分布的均匀性都有重要影响，更重要的是直接和间接地影响板坯质量。图 3.34 为水口倾角为 0° 连铸结晶器内钢液流场有限元数值的模拟结果。

可以看出，钢液从浸入式水口侧孔出来后分成向下和向上两大流股。其中向下流股是主流股，在遇到结晶器窄面后沿着结晶器下行，达到一定的冲击深度后，回流流向中心。上部流

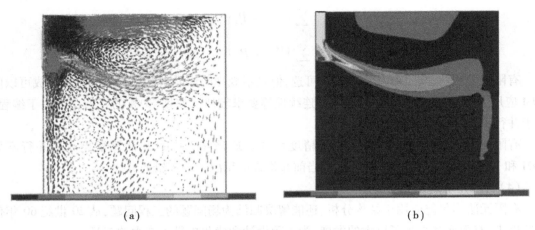

（a） （b）

图 3.34 水口倾角对速度场的影响（倾角为 0°）

（a）矢量图 （b）云图

股在结晶器上部形成回流,这个回流的表面速度对结晶器内保护渣的熔化起决定性作用。沿结晶器窄面上流钢液会使钢液表面不平稳,对保护渣沿结晶器表面渗入有影响。流股对窄面的冲击点可以由工艺条件采用几何方法决定。下部流股沿窄面向下运动必然对柱状晶生长提供有利条件。从水口侧孔流出的钢液由于射流作用流向结晶器的宽面,并回流流向结晶器的宽面中心,形成两个对称的回流循环区。

控制冷却是通过控制钢材的冷却速度达到改善钢材的组织和性能的目的,由于热轧变形的作用,促使变形奥氏体向铁素体转变温度(Ar3)提高,相变后的铁素体晶粒容易长大,造成力学性能降低,为了细化铁素体晶粒,减小珠光体片层间距,阻止碳化物在高温下析出,以提高析出强化效果,而采用人为地有目的地控制冷却过程的工艺。准确掌握控冷过程中棒材温度的变化是制订有效、合理的控冷工艺的关键。运用 ANSYS 对某棒材厂三段式空冷冷却过程进行温度场模拟,求解温度场得到如图 3.35 所示温度分布云图。

淬火加热的目的是使钢奥氏体化,淬火加热制度(加热时间和加热温度)应根据钢种、工件规格,结合产品要求制订。淬火加热制度的差异会使奥氏体组织产生差异,直接影响热处理质量,从而使产品实物性能指标及其稳定性显著不同。利用 ANSYS 软件对某规格车轮淬火加热过程的瞬态温度场进行了计算,得到任一时刻车轮内的温度分布。图 3.36 为加热过程各段结束时车轮的温度分布情况。从模拟结果看,车轮加热过程中温度变化呈现以下特点:加热过程中,由于受热条件较好,轮毂和辐板升温较快,而轮毂部位较慢。加热初期,辐板由于较薄,温度上升最快;但进入加热 II 段后期,炉气温度与轮圈和辐板温度接近,这些部位的热交换基本处于平衡状态,轮毂部位除继续通过辐射吸热外,还由于热传导的作用从辐板部位吸收热量,这就造成辐板部位温度略低于轮圈部位的温度。加热期间,车轮内侧面温度比外侧面温度高,这是因为该规格车轮加热时,车轮内侧面朝上暴露在外,而外侧面朝下靠近炉底,内侧面的换热条件明显好于外侧面。

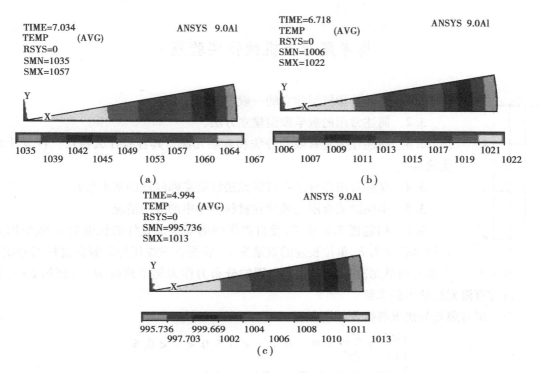

图 3.35　冷却过程中特殊时刻的温度分布云图
(a)第一段冷却出口处　(b)第二段冷却出口处　(c)上冷床处

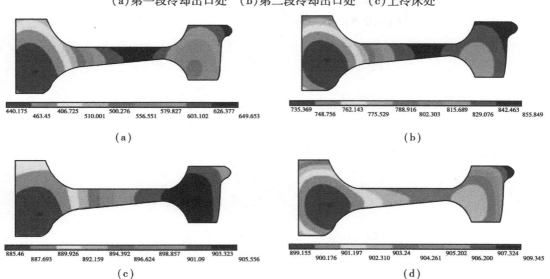

图 3.36　车轮淬火加热过程各段结束时的温度分布
(a)预热段结束　(b)加热Ⅰ段　(c)加热Ⅱ段　(d)均热段

思考题与上机操作实验题

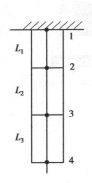

题图3.6

3.1 简述数学模型建立的一般过程。

3.2 简述常用的数学模型建立方法。

3.3 简述什么是有限差分法和有限元法？其各有什么特点？各有什么优缺点？

3.4 简述有限差分法和有限元法解决实际问题的基本思路。

3.5 举例说明有限元软件在材料科学中的应用情况。

3.6 如题图3.6所示，受自重作用的等截面直杆的长度为L，截面积为A，弹性模量为E，单位长度的重量为q。将受自重作用的等截面直杆划分成3个等长的单元，将第i单元上作用的分布力作为集中载荷qL_i加到第$i+1$节点上，试按有限元法的思路求解。

3.7 用有限差分法求解拉普拉斯方程：

$$\begin{cases} \dfrac{\partial^2 U}{\partial x^2} + \dfrac{\partial^2 U}{\partial y^2} = 0, & 0 < x < 0.5, 0 < y < 0.5 \\ U(0,y) = u(x,0) = 0 \\ U(x,0.5) = 200x \\ U(y,0.5) = 200y \end{cases}$$

第 **4** 章
材料科学与工程中典型物理场的数值模拟

众所周知,在材料制备及成形加工过程中一般都会涉及复杂的物理、化学和力学现象。如在液态金属成形过程中,会涉及液态金属的流动和包含了相变和结晶的凝固现象;又如在固态金属的塑性成形中,金属在发生大塑性变形的同时,还会伴随着组织性能的变化,有时也涉及相变和再结晶现象。因此,如何对材料制备及成形加工过程中涉及的复杂的物理、化学和力学现象进行描述已成为现代材料科学工作者十分关注的问题。近几十年的研究表明:材料制备及成形加工过程中的物理、化学和力学现象一般可在一定假设的基础上用微分方程进行描述,例如流动方程、热传导方程、平衡方程或运动方程等,这些方程在所讨论的问题中常常称为场方程或控制方程。为了分析一个具体的材料科学与工程问题,除了要给出具有普遍意义的场方程以外,还要给出由该问题的特点所决定的定解条件,其中包括边值条件和初值条件。这样就把材料成形问题抽象为一个微分方程(组)的边值问题。一般说来,微分方程的边值问题只是在方程的性质比较简单、问题的求解域的几何形状十分规则的情况下,或是对问题进行充分简化的情况下,才能求得解析解。而实际的材料成形问题求解域往往是十分复杂的,而且场方程往往相互耦合,因此无法求得解析解,而在对问题进行过多简化后得到的近似解可能误差很大,甚至是错误的。

本章主要介绍了材料科学与工程中的温度场和浓度场计算机数值模拟的基本知识和有限差分法求解、有限元法求解(利用 ANSYS 软件)和一些具体的应用实例。其求解方法可以推广到材料科学与工程中其他物理场或耦合场的计算求解。

4.1 温度场的数学模型及求解

材料科学与工程的许多工艺过程是与加热、冷却等传热过程密切相关的。在各种材料的加工、成形过程中都会遇到与温度场有关的问题,如金属材料的热加工,高分子材料的成形以及陶瓷材料的烧结等。这些温度场分析对材料工艺的研究、相变过程和机理的研究、工艺质量的提高、工艺过程控制、节能以及新技术的开发和应用非常重要,但这些温度场分析常伴着相变潜热释放、复杂的边界条件,很难得到其解析解,只能借助于计算机采用各种数值计算方法进行求解。因此,应用计算机技术解决传热问题成为材料科学与工程技术发展中的重要课题。

传热学是研究热量传递规律的科学,广泛地应用在材料科学与工程各个领域。例如,在材料热加工中,工件的加热、冷却、熔化和凝固都与热量传递息息相关,因此,传热学在材料科学与工程中有着它特殊的重要性。

4.1.1　温度场的基本知识

(1)导热(热传导)

物体各部分之间不发生相对位移时,依靠分子、原子及自由电子等微观粒子的热运动而产生的热量传递称为导热。如固体与固体之间及固体内部的热量传递。下面从微观角度分析气体、液体、导电固体与非金属固体的导热机理。

①气体中。导热是气体分子不规则热运动时相互碰撞的结果,温度升高,动能增大,不同能量水平的分子相互碰撞,使热能从高温处传到低温处。

②导电固体。其中有许多自由电子,它们在晶格之间像气体分子那样运动。自由电子的运动在导电固体的导热中起主导作用。

③非导电固体。导热是通过晶格结构的振动所产生的弹性波,即原子、分子在其平衡位置附近的振动来实现的。

④液体的导热机理。存在两种不同的观点:第一种观点类似于气体,只是复杂些,因液体分子的间距较近,分子间的作用力对碰撞的影响比气体大;第二种观点类似于非导电固体,主要依靠弹性波(晶格的振动,原子、分子在其平衡位置附近的振动产生的)的作用。

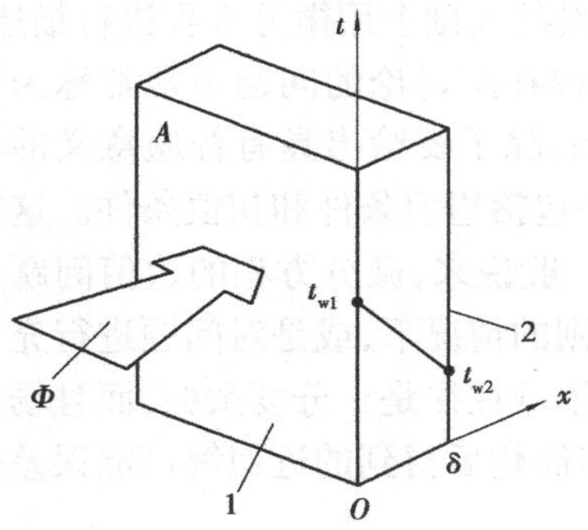

傅里叶定律(1822年,法国物理学家)如图4.1所示,一维导热问题,两个表面均维持均匀温度的平板导热。

傅里叶导热方程:

图4.1　通过平板的一维导热

$$q_x = -\lambda_x \frac{\partial t}{\partial x} \tag{4.1}$$

式中　q_x——x 方向上的热流密度;

λ_x——材料沿 x,y,z 方向的热导率;

$\lambda_x \frac{\partial t}{\partial x}$——$x$ 方向上的温度梯度。

根据傅里叶定律,对于 x 方向上任意一个厚度为 dx 的微元层,单位时间内通过该层的导热量与当地的温度变化率及平板面积 A 成正比。单位时间内通过单位面积的热量称为热流密度,记为 q,单位为 W/m^2。当物体的温度仅在 x 方向发生变化时,按傅里叶定律,热流密度有以下3种表达方式:

①当温度 t 沿 x 方向增加时,$\frac{\partial t}{\partial x} > 0$ 而 $q < 0$,说明此时热量沿 x 减小的方向传递;

②反之,当 $\frac{\partial t}{\partial x} < 0$ 时,$q > 0$,说明热量沿 x 增加的方向传递;

③导热系数 λ 是表征材料导热性能优劣的参数,是一种物性参数,单位为 $W/(m \cdot K)$。

不同材料的导热系数值不同,即使同一种材料,导热系数值也与温度等因素有关。金属材料的导热系数最高,是良导电体,也是良导热体;液体次之;气体最小。

（2）**对流**

对流是指由于流体的宏观运动,从而使流体各部分之间发生相对位移,冷热流体相互掺混所引起的热量传递过程。对流仅发生在流体中,对流的同时必伴随有导热现象。流体流过一个物体表面时的热量传递过程称为对流换热。根据对流换热时是否发生相变分为有相变的对流换热和无相变的对流换热。根据引起流动的原因分为自然对流和强制对流。

①自然对流。由于流体冷热各部分的密度不同而引起流体的流动为自然对流。如暖气片表面附近受热空气的向上流动。

②强制对流。流体的流动是由于水泵、风机或其他压差作用所造成的对流称为强制对流。

③沸腾换热及凝结换热。液体在热表面上沸腾及蒸汽在冷表面上凝结的对流换热,称为沸腾换热及凝结换热(相变对流沸腾)。

对流换热的基本规律(牛顿冷却公式):

流体被加热时

$$q = h(t_w - t_f) \tag{4.2}$$

流体被冷却时

$$q = h(t_f - t_w) \tag{4.3}$$

其中 t_w 及 t_f 分别为壁面温度和流体温度。用 Δt 表示温差(温压),并取 Δt 为正,则牛顿冷却公式表示为

$$q = h\Delta t \tag{4.4}$$

$$Q = Ah\Delta t \tag{4.5}$$

式中　h——比例系数(表面传热系数),$W/(m^2 \cdot K)$;

　　　h——单位温差作用下通过单位面积的热流量。

表面传热系数的大小与传热过程中的许多因素有关,它不仅取决于物体的物性、换热表面的形状、大小、相对位置,而且与流体的流速有关。一般地,就介质而言,水的对流换热比空气强烈;就换热方式而言,有相变的强于无相变的,强制对流强于自然对流。对流换热研究的基本任务:用理论分析或实验的方法推出各种场合下表面传热系数的关系式。

（3）**热辐射**

物体通过电磁波来传递能量的方式称为辐射。因热的原因而发出辐射能的现象称为热辐射。辐射与吸收过程的综合作用造成了以辐射方式进行的物体间的热量传递称辐射换热。自然界中的物体都在不停地向空间发出热辐射,同时又不断地吸收其他物体发出的辐射热。

说明:辐射换热是一个动态过程,当物体与周围环境温度处于热平衡时,辐射换热量为零,但辐射与吸收过程仍在不停地进行,只是辐射热与吸收热相等而已。

①导热、对流两种热量传递方式只在有物质存在的条件下才能实现,而热辐射不需中间介质,可以在真空中传递,而且在真空中辐射能的传递最有效。

②在辐射换热过程中,不仅有能量的转换,而且伴随有能量形式的转化。在辐射时,辐射体内热能转化为辐射能;在吸收时,辐射能转化为受射体内热能。因此,辐射换热过程是一种能量互变过程。

③辐射换热是一种双向热流同时存在的换热过程,即不仅高温物体向低温物体辐射热能,而且低温物体也向高温物体辐射热能。

④辐射换热不需要中间介质,在真空中即可进行,而且在真空中辐射能的传递最有效。因

此,又称其为非接触性传热。

⑤热辐射现象仍是微观粒子性态的一种宏观表象。

⑥物体的辐射能力与其温度性质有关。这是热辐射区别于导热、对流的基本特点。

所谓绝对黑体就是吸收率等于1的物体,是一种假想的理想物体。黑体的吸收和辐射能力在同温度的物体中是最大的,而且在单位时间内发出的辐射热量服从斯蒂芬—玻耳兹曼定律,即

$$\Phi = A\sigma t^4 \tag{4.6}$$

式中 t——黑体的热力学温度,K;

σ——玻耳兹曼常数(黑体辐射常数),5.67×10^{-8} W/($m^2 \cdot$ K);

A——辐射表面积 m^2。

实际物体辐射热流量根据斯蒂芬—玻耳兹曼定律求得:

$$\Phi = \varepsilon A\sigma T^4 \tag{4.7}$$

式中 Φ——物体自身向外辐射的热流量,而不是辐射换热量;

ε——物体的发射率(黑度),其大小与物体的种类及表面状态有关。

要计算辐射换热量,必须考虑投到物体上的辐射热量的吸收过程,即收支平衡量。物体包容在一个很大的表面温度为 t_2 的空腔内,物体与空腔表面间的辐射换热量为

$$\Phi = \varepsilon_1 A_1 \sigma(t_1^4 - t_2^4) \tag{4.8}$$

(4)温度场

由傅里叶定律知,物体导热热流量与温度变化率有关,所以研究物体导热必涉及物体的温度分布。一般地,物体的温度分布是坐标和时间的函数。即

$$t = f(x,y,z,\tau)$$

式中 x,y,z——空间坐标;

τ——时间坐标。

温度场分类有:

1)稳态温度场(定常温度场)

稳态温度场指在稳态条件下物体各点的温度分布不随时间的改变而变化的温度场,其表达式为

$$t = f(x,y,z)$$

2)非稳态温度场(非定常温度场)

非稳成温度场是指在变动工作条件下,物体中各点的温度分布随时间而变化的温度场,其表达式为

$$t = f(x,y,z,\tau)$$

若物体温度仅在一个方向有变化,这种情况下的温度场称为一维温度场。

4.1.2 温度场的数学模型

对于一维导热问题,根据傅里叶定律积分,可获得用两侧温差表示的导热量。对于多维导热问题,首先获得温度场的分布函数 $t = f(x,y,z)$,然后根据傅里叶定律求得空间各点的热流密度矢量。

（1）导热微分方程的推导

根据能量守恒定律与傅里叶定律,建立导热物体中的温度场应满足的数学表达式,称为导热微分方程。针对笛卡儿坐标系中微元平行六面体,由前可知,空间任一点的热流密度矢量可以分解为3个坐标方向的矢量。同理,通过空间任一点任一方向的热流量也可分解为 x,y,z 坐标方向的分热流量,如图4.2所示。

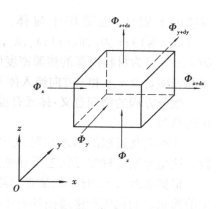

图4.2　微元六面体

①通过 $x=x,y=y,z=z$ 3个微元表面而导入微元体的热流量 Q_x,Q_y,Q_z 的计算。根据傅里叶定律得:

$$\begin{cases} Q_x = -\lambda \dfrac{\partial t}{\partial x}\mathrm{d}y\mathrm{d}z \\[2mm] Q_y = -\lambda \dfrac{\partial t}{\partial y}\mathrm{d}x\mathrm{d}z \\[2mm] Q_z = -\lambda \dfrac{\partial t}{\partial z}\mathrm{d}x\mathrm{d}y \end{cases} \tag{4.9}$$

②通过 $x=x+\mathrm{d}x,y=y+\mathrm{d}y,z=z+\mathrm{d}z$ 3个微元表面而导出微元体的热流量 $Q_{x+\mathrm{d}x},Q_{y+\mathrm{d}y},Q_{z+\mathrm{d}z}$ 的计算。根据傅里叶定律得:

$$\begin{cases} Q_{x+\mathrm{d}x} = -\lambda \dfrac{\partial}{\partial x}\left(t + \dfrac{\partial t}{\partial x}\mathrm{d}x\right)\cdot \mathrm{d}y\mathrm{d}z \\[2mm] Q_{y+\mathrm{d}y} = -\lambda \dfrac{\partial}{\partial y}\left(t + \dfrac{\partial t}{\partial y}\mathrm{d}y\right)\cdot \mathrm{d}x\mathrm{d}z \\[2mm] Q_{z+\mathrm{d}z} = -\lambda \dfrac{\partial}{\partial z}\left(t + \dfrac{\partial t}{\partial z}\mathrm{d}z\right)\cdot \mathrm{d}x\mathrm{d}y \end{cases} \tag{4.10}$$

③对于任一微元体,根据能量守恒定律,在任一时间间隔内有以下热平衡关系:

导入微元体的总热流量 + 微元体内热源的生成热

= 导出微元体的总热流量 + 微元体热力学能（内能）的增量

其中:

$$微元体内能的增量:\Delta Q = \rho c_p \frac{\partial t}{\partial \tau}\mathrm{d}x\mathrm{d}y\mathrm{d}z$$

微元体内热源生成热: $$\Delta \dot{Q} = \dot{q}\,\mathrm{d}x\mathrm{d}y\mathrm{d}z$$

其中　ρ,c,Q,τ ——微元体的密度、比热容、单位时间内单位体积内热源的生成热及时间。

导入微元体的总热流量

$$Q_1 = Q_x + Q_y + Q_z$$

导出微元体的总热流量

$$Q_2 = Q_{x+\mathrm{d}x} + Q_{y+\mathrm{d}y} + Q_{z+\mathrm{d}z}$$

将以上各式代入热平衡关系式（λ 相同）,并整理得:

$$\frac{\partial(\rho ct)}{\partial \tau} = \frac{\partial}{\partial x}\left(\lambda \frac{\partial t}{\partial x}\right) + \frac{\partial}{\partial y}\left(\lambda \frac{\partial t}{\partial y}\right) + \frac{\partial}{\partial z}\left(\lambda \frac{\partial t}{\partial z}\right) + Q \tag{4.11}$$

这是笛卡儿坐标系中三维非稳态导热微分方程的一般表达式。其物理意义:反映了物体的温度随时间和空间的变化关系。能量方程是目前温度场数值模拟中普遍使用的描述方程,它不仅适用于固体,也适用于流体。其中,ρ 为材料的密度(kg/m³);c 为材料的比热容(J/(kg·K));τ 为时间(s);$\lambda_x,\lambda_y,\lambda_z$ 分别为材料沿 x,y,z 方向的热导率(W/(m·K));$Q = Q(x,y,z,t)$ 为材料内部的热源密度(W/kg)。式中,第一项为体元升温需要的热量;右侧第一、二和三项是由 x,y 和 z 方向流入体元的热量;最后一项为体元内热源产生的热量。

微分方程的物理意义:体元升温所需的热量应该等于流入体元的热量与体元内产生的热量的总和。

几种简化过程的描述方程:方程可根据具体的研究对象进行相应的简化,以简化求解过程。这里介绍几种常见状态下导热方程的简化形式及原则。

根据系统有无内热源、是否导热过程为稳态导热,以及一维、二维和三维的情况,可进行相应的简化。简化应严格遵循各表达项的物理含义。

三维稳态热传导方程为

$$\frac{\partial}{\partial x}\left(\lambda_x\frac{\partial t}{\partial x}\right) + \frac{\partial}{\partial y}\left(\lambda_y\frac{\partial t}{\partial y}\right) + \frac{\partial}{\partial z}\left(\lambda_z\frac{\partial t}{\partial z}\right) + \varphi = 0 \tag{4.12}$$

二维非稳态热传导方程为

$$\rho c\frac{\partial t}{\partial \tau} = \frac{\partial}{\partial x}\left(\lambda_x\frac{\partial t}{\partial x}\right) + \frac{\partial}{\partial y}\left(\lambda_y\frac{\partial t}{\partial y}\right) + \varphi \tag{4.13}$$

二维稳态热传导方程为

$$\frac{\partial}{\partial x}\left(\lambda_x\frac{\partial t}{\partial x}\right) + \frac{\partial}{\partial y}\left(\lambda_y\frac{\partial t}{\partial y}\right) + \varphi = 0 \tag{4.14}$$

一维非稳态热传导方程为

$$\rho c\frac{\partial t}{\partial \tau} = \frac{\partial}{\partial x}\left(\lambda_x\frac{\partial t}{\partial x}\right) + \varphi \tag{4.15}$$

一维稳态热传导方程为:

$$\frac{\partial}{\partial x}\left(\lambda_x\frac{\partial t}{\partial x}\right) + \varphi = 0 \tag{4.16}$$

讨论:

①直角坐标下有内热源的非稳态导热微分方程中 λ 为常数时:

$$\frac{\partial t}{\partial \tau} = \frac{\lambda}{\rho c_p}\left(\frac{\partial^2 t}{\partial x^2} + \frac{\partial^2 t}{\partial y^2} + \frac{\partial^2 t}{\partial z^2}\right) + \frac{\dot{Q}}{\rho C_P} \tag{4.17}$$

式中 $a = \dfrac{\lambda}{\rho c_p}$ ——扩散系数(热扩散率)。

②在直角坐标下无内热源的稳态导热微分方程中,$Q = 0$,且 λ 为常数时:

$$\frac{\partial t}{\partial \tau} = \frac{\lambda}{\rho c_p}\left(\frac{\partial^2 t}{\partial x^2} + \frac{\partial^2 t}{\partial y^2} + \frac{\partial^2 t}{\partial z^2}\right) \tag{4.18}$$

③常物性、稳态、无内热源时,若 λ 为常数,且属稳态,即$\frac{\partial t}{\partial \tau} = 0$ 时:

$$\frac{\partial^2 t}{\partial x^2} + \frac{\partial^2 t}{\partial y^2} + \frac{\partial^2 t}{\partial z^2} = 0 \tag{4.19}$$

即数学上的拉普拉斯方程。

(2)其他坐标下的导热微分方程

1)圆柱坐标系中的导热微分方程(图4.3)

圆柱坐标就是把直角坐标的 xy 平面变换为极坐标,而 z 轴不变所得到的坐标,圆柱坐标

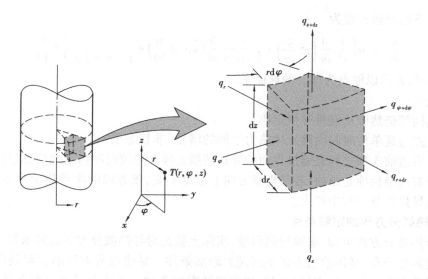

图 4.3　圆柱坐标系

与直角坐标之间的变换关系为

$$\begin{cases} x = r\cos\theta \\ y = r\sin\theta \\ z = z \end{cases}$$

故圆柱坐标下的导热方程为

$$\frac{\partial t}{\partial \tau} = a\left(\frac{\partial^2 t}{\partial r^2} + \frac{1}{r}\frac{\partial t}{\partial r} + \frac{1}{r^2}\frac{\partial^2 t}{\partial \theta^2} + \frac{\partial^2 t}{\partial z^2}\right) + \frac{q_v}{\rho c} \tag{4.20}$$

2）球坐标系中的导热微分方程

球坐标系见图 4.4

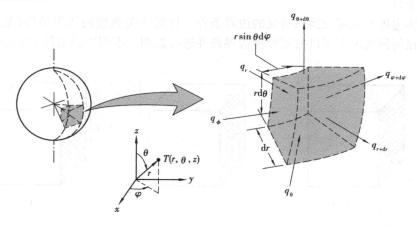

图 4.4　球坐标系

球面坐标与直角坐标的变换关系为

$$\begin{cases} x = r\sin\alpha\cos\theta \\ y = r\sin\alpha\sin\theta \\ z = r\cos\alpha \end{cases}$$

89

故球坐标系下的导热方程为

$$\frac{\partial t}{\partial \tau} = a \left[\frac{1}{r^2} \frac{\partial}{\partial r} \left(r^2 \frac{\partial t}{\partial r} \right) + \frac{1}{r^2 \sin \theta} \frac{\partial}{\partial \theta} \left(\sin \theta \frac{\partial t}{\partial \theta} \right) + \frac{1}{r^2 \sin^2 \theta} \frac{\partial^2 t}{\partial \varphi^2} \right] + \frac{q_v}{\rho c} \tag{4.21}$$

当 r 为定值时,表示以原点为球心的球面系。

综上说明:

①导热问题仍然服从能量守恒定律;

②等号左边是单位时间内微元体热力学能的增量(非稳态项);

③等号右边前 3 项之和是通过界面的导热使微元体在单位时间内增加的能量(扩散项);

④等号右边最后项是源项,若某坐标方向上温度不变,该方向的净导热量为零,则相应的扩散项即从导热微分方程中消失。

(3)导热微分方程的定解条件

通过导热微分方程可知,求解导热问题,实际上就是对导热微分方程式的求解。预知某一导热问题的温度分布,必须给出表征该问题的附加条件。导热微分方程的定解条件是指使导热微分方程获得适合某一特定导热问题的求解的附加条件。非稳态导热定解条件有两个;稳态导热定解条件只有边界条件,无初始条件。边界条件是指物体表面或者边界与周围环境的热交换情况,通常有 3 类重要的边界条件。

1)初始条件

初始条件是指求解问题的初始温度场,也就是在零时刻温度场的分布。它可以是均匀的,此时有:

$$t \big|_{\tau=0} = t_0 \tag{4.22}$$

也可以是不均匀的,各点的温度值已知或者遵从某一函数关系:

$$t \big|_{\tau=0} = t_0(x, y, z) \tag{4.23}$$

2)边界条件

导热物体边界上温度或换热情况的边界条件。针对 3 类典型的边界条件(见图 4.5),列举实例说明在何种情况下可以按照哪种边界条件进行处理。不同边界条件下的导热情况及表达式如下:

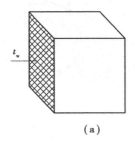 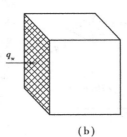 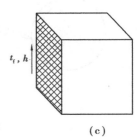

(a)　　　　　　　　　(b)　　　　　　　　　(c)

图 4.5　三类边界条件

(a)第一类边界　　(b)第二类边界　　(c)第三类边界

①第一类边界条件是指物体边界上的温度分布函数已知,表示为

$$t \big|_s = t_w \quad \text{或} \quad t \big|_s = t_w(x, y, z, \tau) \tag{4.24}$$

②第二类边界条件是指边界上的热流密度已知,表示为:

$$q \mid_s = -\lambda \frac{\partial t}{\partial n} \mid_s = q_w \tag{4.25}$$

或

$$q \mid_s = -\lambda \frac{\partial t}{\partial n} \mid_s = q_w(x, y, z, \tau)$$

其中 n 为物体边界的外法线方向,并规定热流密度的方向与边界的外法线方向相同。

③第三类边界条件又称为对流边界条件,是指物体与其周围环境介质间的对流传热系数 k 和介质的温度 t_f 已知,表示为:

$$-\lambda \frac{\partial t}{\partial n} = k(t - t_f) \tag{4.26}$$

4.1.3　温度场的有限差分求解

导热问题的求解是对导热微分方程在已知边界条件和初始条件下积分求解,即解析解。但目前由于数学上的困难,在工程实际中许多问题还不能采用分析解法进行求解,如物体的几何形状比较复杂及边界形状不规则、材料的物性常数随温度变化等。近年来,随着计算机技术和计算技术的迅速发展,数值方法已经得到广泛应用并成为有力的辅助求解工具,已发展了许多用于工程问题求解的数值计算方法。

求解导热问题实际上就是对导热微分方程在定解条件下的积分求解,从而获得分析解。但是,对于工程中几何形状及定解条件比较复杂的导热问题,从数学上目前无法得出其分析解。随着计算机技术的迅速发展,对物理问题进行离散求解的数值方法发展得十分迅速,得到广泛应用,并形成为传热学的一个分支——计算传热学(数值传热学)。这些数值解法主要有以下几种:①有限差分法;②有限元法;③边界元法。

数值解法能解决的问题原则上是一切导热问题,特别是分析解方法无法解决的问题,如几何形状、边界条件复杂、物性不均、多维导热问题。分析解法与数值解法的相同点在于其根本目的是相同的,即确定

$$Q = g(x, y, z, \tau) \tag{4.27}$$

不同点在于数值解法求解的是用区域或时间空间坐标系中离散点的温度分布代替连续的温度场;分析解法求解的是连续的温度场的分布特征,不是分散点的数值。

(1)导热问题数值求解的基本思想

对物理问题进行数值求解的基本思路可以概括为:把原来在时间、空间坐标系中连续的物理量的场,如导热物体的温度场等,用有限个离散点上的值的集合来代替,通过求解按一定方法建立起来的关于这些值的代数方程来获得离散点上被求物理量的值。该方法称为数值解法。这些离散点上被求物理量值的集合称为该物理量的数值解。数值解法的求解过程可用框图(见图 4.6)表示。由此可见,物理模型简化成数学模型是基础;建立节点离散方程是关键;一般情况下,微分方程中某一变量在某一坐标方向所需边界条件的个数等于该变量在该坐标方向最高阶导数的阶数。

有限差分法求解基本步骤:

①根据问题的性质确定导热微分方程式、初始条件和边界条件;

②对区域进行离散化,确定计算节点;

③建立离散方程,对每一个节点写出表达式;

④求解线性方程组;

⑤计算结果的分析。

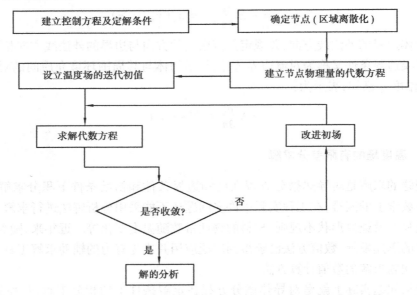

图 4.6　物理问题的数值求解过程

(2)二维矩形域内稳态无内热源常物性的导热问题

以稳态热传导为例说明有限差分方法求解温度场的基本步骤。

1)在区域内进行网格划分

用一系列与坐标轴平行的网格线把求解区域划分成若干个子区域,用网格线的交点作为需要确定温度值的空间位置,称为节点,节点的位置用该节点在两个方向上的标号 i,j 表示。相邻两节点间的距离称为步长。将连续的求解域离散为不连续的点,形成离散网格,网格步长分别为 $x_{i+1,j} - x_{i,j} = \Delta x,\ y_{i,j+1} - y_{i,j} = \Delta y$,划分的单元格步长可以是均匀的,也可以是不均匀的。图 4.7 所示为节点划分示意图,图 4.8 所示为单元格划分示意图。

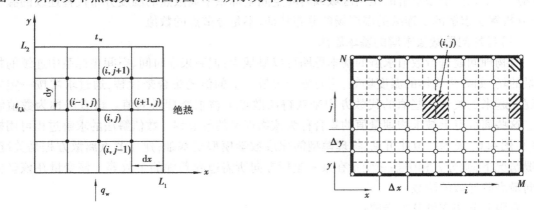

图 4.7　节点划分示意图　　　　　图 4.8　单元格划分示意图

2)对于二维各向同性、无内热源的稳态热传导微分方程:

$$\frac{\partial^2 t}{\partial x^2} + \frac{\partial^2 t}{\partial y^2} = 0 \tag{4.28}$$

3）求解区域边界条件

对流传热边界条件：$-\lambda \dfrac{t_{i+1,j} - t_{i,j}}{\Delta x} = k(t_{i,j} - t_f)$ (4.29)

热流边界条件：$y = 0, 0 \leqslant x < L_1, -\lambda \dfrac{\partial t}{\partial y} = q_w$ (4.30)

绝热边界条件：$x = L_1, 0 < y < L_2, \dfrac{\partial t}{\partial x} = 0$ (4.31)

给定温度边界条件：

$$y = L_2, 0 \leqslant x \leqslant L_1, T = t_w \tag{4.32}$$

其中　λ——物体的导热系数；

　　　k——物体边界与周围截止的换热系数；

　　　t_f——周围介质的温度；

　　　t_w——边界给定温度；

　　　q_w——热流密度。

4）差分方法

向前差分：

$$\frac{\partial t}{\partial x} = \frac{t_{i+1,j} - t_{i,j}}{\Delta x}$$

$$\frac{\partial^2 t}{\partial x^2} = \frac{\partial}{\partial x}\left(\frac{t_{i+1,j} - t_{i,j}}{\Delta x}\right) = \frac{t_{i+2,j} - 2t_{i+1,j} + t_{i,j}}{\Delta x^2}$$

$$\frac{\partial t}{\partial y} = \frac{t_{i,j+1} - t_{i,j}}{\Delta y}$$

$$\frac{\partial^2 t}{\partial y^2} = \frac{\partial}{\partial y}\left(\frac{t_{i,j+1} - t_{i,j}}{\Delta y}\right) = \frac{t_{i,j+2} - 2t_{i,j+1} + t_{i,j}}{\Delta y^2}$$

向后差分：

$$\frac{\partial t}{\partial x} = \frac{t_{i,j} - t_{i-1,j}}{\Delta x}$$

$$\frac{\partial^2 t}{\partial x^2} = \frac{\partial}{\partial x}\left(\frac{t_{i,j} - t_{i-1,j}}{\Delta x}\right) = \frac{t_{i,j} - 2t_{i-1,j} + t_{i-2,j}}{\Delta x^2}$$

$$\frac{\partial t}{\partial y} = \frac{t_{i,j-1} - t_{i,j}}{\Delta y}$$

$$\frac{\partial^2 t}{\partial y^2} = \frac{\partial}{\partial y}\left(\frac{t_{i,j} - t_{i,j-1}}{\Delta y}\right) = \frac{t_{i,j} - 2t_{i,j-1} + t_{i,j-2}}{\Delta y^2}$$

中心差分：

$$\frac{\partial t}{\partial x} = \frac{t_{i+\frac{1}{2},j} - t_{i-\frac{1}{2},j}}{\Delta x} = \frac{t_{i+1,j} - t_{i-1,j}}{2\Delta x}$$

$$\frac{\partial^2 t}{\partial x^2} = \frac{\partial}{\partial x}\left(\frac{t_{i+\frac{1}{2},j} - t_{i-\frac{1}{2},j}}{\Delta x}\right) = \frac{t_{i+1,j} - 2t_{i,j} + t_{i-1,j}}{\Delta x^2}$$

$$\frac{\partial t}{\partial y} = \frac{t_{i,j+\frac{1}{2}} - t_{i,j-\frac{1}{2}}}{\Delta y} = \frac{t_{i,j+1} - t_{i,j-1}}{2\Delta y}$$

$$\frac{\partial^2 t}{\partial y^2} = \frac{\partial}{\partial y}\left(\frac{t_{i,j+\frac{1}{2}} - t_{i,j-\frac{1}{2}}}{\Delta y}\right) = \frac{t_{i,j+1} - 2t_{i,j} + t_{i,j-1}}{\Delta y^2}$$

采用向后差分的方法,令 $\Delta x = \Delta y$,利用差分方程代替微分方程,得到:

$$t_{i,j} = \frac{1}{4}(t_{i+1,j} + t_{i-1,j} + t_{i,j+1} + t_{i,j-1})$$

5)边界条件差分格式

对流传热边界条件: $\qquad -\lambda\frac{t_{i+1,j} - t_{i,j}}{\Delta x} = k(t_{i,j} - t_{\text{f}})$

热流边界条件: $\qquad -\lambda\frac{t_{i,j+1} - t_{i,j}}{\Delta y} = q_{\text{w}}$

绝热边界条件: $\qquad t_{i,j} - t_{i-1,j} = 0$

给定温度边界条件: $\qquad t_{i,j} = t_{\text{w}}$

6)差分方程和边界条件差分方程联合到一起组成定解方程组:

$$\begin{cases} \dfrac{t_{i+1,j} - 2t_{i,j} + t_{i-1,j}}{(\Delta x)^2} + \dfrac{t_{i,j+1} - 2t_{i,j} + t_{i,j-1}}{(\Delta y)^2} = 0 \\[2mm] -\lambda\dfrac{t_{i+1,j} - t_{i,j}}{\Delta x} = k(t_{i,j} - t_{\text{f}}) \\[2mm] -\lambda\dfrac{t_{i,j+1} - t_{i,j}}{\Delta y} = q_{\text{w}} \\[2mm] t_{i,j} - t_{i-1,j} = 0 \\[2mm] t_{i,j} = t_{\text{w}} \end{cases}$$

7)上面的方程组可以整理成如下形式,其中方程数与节点数相同。

$$\begin{cases} a_{11}t_1 + a_{12}t_2 + \cdots + a_{1n}t_n = c_1 \\ a_{21}t_1 + a_{22}t_2 + \cdots + a_{2n}t_n = c_2 \\ \vdots \\ a_{i1}t_1 + a_{i2}t_2 + \cdots + a_{in}t_n = c_i \\ \vdots \\ a_{n1}t_1 + a_{n2}t_2 + \cdots + a_{nn}t_n = c_n \end{cases}$$

其中,$a_{i,j}, c_i(i = 1,2,\cdots,n; j = 1,2,\cdots,n)$ 为常数,$a_{i,j}$ 不为零。

矩阵形式为: $\qquad\qquad\qquad\qquad AT = C$

$$A = \begin{pmatrix} a_{11} & a_{12} & \cdots & a_{1n} \\ a_{21} & a_{22} & \cdots & a_{2n} \\ \vdots & \vdots & & \vdots \\ a_{n1} & a_{n2} & \cdots & a_{nn} \end{pmatrix}, T = \begin{Bmatrix} t_1 \\ t_2 \\ \vdots \\ t_n \end{Bmatrix}, C = \begin{Bmatrix} c_1 \\ c_2 \\ \vdots \\ c_n \end{Bmatrix}$$

例4.1 图 4.9 中是一个长宽比为 2:1 的矩形区域,已经划分为矩形网格,且其长度方向和宽度方向的步长相等。其中内部 3 个节点记为 1,2,3,这些节点的温度未知。假设所有边界点的温度已知,而且区域内无内热源。下面利用有限差分方法来计算节点 1,2,3 的温度。

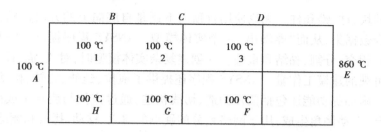

图 4.9　二维稳态问题的求解域

对于稳态导热问题可以用式(4.33)所示的差分格式来求解,即

$$t_{i,j} = \frac{1}{4}(t_{i+1,j} + t_{i-1,j} + t_{i,j+1} + t_{i,j-1}) \tag{4.33}$$

实际上每个未知温度的节点的温度是其周围 4 个节点温度的平均值。对每个未知温度的节点有:

节点 1:　　　　　　　　$(t_A + t_B + t_2 - 4t_1) = 0$

节点 2:　　　　　　　　$(t_c + t_3 + t_G - 4t_2) = 0$

节点 3:　　　　　　　　$(t_2 + t_D + t_E - 4t_3) = 0$

求解上述方程组,可得到结果为 $t_1 = 160\ ℃$, $t_2 = 240\ ℃$, $t_3 = 400\ ℃$ 。

(3)基于 ANSYS 软件的稳态温度场求解

ANSYS 是一种应用广泛的通用有限元工程分析软件。ANSYS 提供了对各种物理场量的分析,是目前世界范围内唯一能够融结构、热、电磁、流体、声学等于一体进行有限元分析的分析软件。多种求解器分别适用于不同问题及不同的硬件配置。支持从微机、工作站到巨型机的所有硬件平台以及所有平台之间的并行计算。支持异种、异构平台的网格浮动,在异种、异构平台上用户界面统一、数据文件全部兼容。具有多种自动网格划分技术,可与大多数的 CAD 软件集成并有接口。应用 ANSYS 提供的数据接口,可精确地将在 CAD 系统下生成的几何数据传入 ANSYS 中,并对其分网求解,这样就不必因为在分析系统中重新建立模型浪费时间。多层次多框架的产品系列由一整套可扩展的、灵活集成的各模块组成,因而能满足各行业的工程需要。也因此,用户只需要购买自己需要的模块即可,从而节约费用。良好的用户开发环境,ANSYS 综合应用菜单、对话框、工具条、命令行输入、图形化输出等多种方式,从而使应用更加方便。方便的二次开发功能:应用宏、参数设计语言、用户可编程特性、用户自定义界面语言、外部命令等功能,可以开发出适合你自己特点的应用程序。

软件主要包括 3 个部分:前处理模块、分析计算模块和后处理模块。

1)前处理模块 PREP7

这个模块主要有两部分内容:实体建模和网格划分。前处理模块提供了一个强大的实体建模及网格划分工具,用户可以方便地构造有限元模型;分析计算模块包括结构分析(可进行线性分析、非线性分析和高度非线性分析)、流体动力学分析、电磁场分析、声场分析、压电分析以及多物理场的耦合分析,可模拟多种物理介质的相互作用,具有灵敏度分析及优化分析能力。

①实体建模。ANSYS 程序提供了两种实体建模方法:自顶向下建模与自底向上建模。

自顶向下进行实体建模时,用户定义一个模型的最高级图元,如球、棱柱,称为基元,程序则自动定义相关的面、线及关键点。用户利用这些高级图元直接构造几何模型,如二维的圆和矩形以及三维的块、球、锥和柱。无论使用自顶向下还是自底向上的方法建模,用户均能使用布尔运算来组合数据集,从而"雕塑出"一个实体模型。ANSYS 程序提供了完整的布尔运算,诸如相加、相减、相交、分割、黏结和重叠。在创建复杂实体模型时,对线、面、体、基元的布尔操作能减少相当可观的建模工作量。ANSYS 程序还提供了拖拉、延伸、旋转、移动和拷贝实体模型图元的功能。附加的功能还包括圆弧构造、切线构造,通过拖拉与旋转生成面和体、线与面的自动相交运算、自动倒角生成,用于网格划分的硬点的建立、移动、拷贝和删除。自底向上进行实体建模时,用户从最低级的图元向上构造模型,即用户首先定义关键点,然后依次是相关的线、面、体。

②网格划分。ANSYS 程序提供了使用便捷、高质量的对 CAD 模型进行网格划分的功能,包括四种网格划分方法:延伸划分、映像划分、自由划分和自适应划分。延伸网格划分可将一个二维网格延伸成一个三维网格;映像网格划分允许用户将几何模型分解成简单的几部分,然后选择合适的单元属性和网格控制,生成映像网格;ANSYS 程序的自由网格划分器功能是十分强大的,可对复杂模型直接划分,避免了用户对各个部分分别划分,然后进行组装时各部分网格不匹配带来的麻烦;自适应网格划分是在生成了具有边界条件的实体模型以后,用户指示程序自动地生成有限元网格,分析、估计网格的离散误差,然后重新定义网格大小,再次分析计算、估计网格的离散误差,直至误差低于用户定义的值或达到用户定义的求解次数。

2)求解模块 SOLUTION

前处理阶段完成建模以后,用户可以在求解阶段获得分析结果。在该阶段,用户可以定义分析类型、分析选项、载荷数据和载荷步选项,然后开始有限元求解。ANSYS 软件提供的分析类型包括:结构静力分析、结构动力学分析、结构非线性分析、热分析、电磁场分析、流体动力学分析、声场分析。

3)后处理模块

后处理模块可将计算结果以彩色等值线显示、梯度显示、矢量显示、粒子流迹显示、立体切片显示、透明及半透明显示(可看到结构内部)等图形方式显示出来,也可将计算结果以图表、曲线形式显示或输出。

在分析稳态热传导问题时,不需要考虑物体的初始温度分布对最后的稳定温度场的影响,因此不必考虑温度场的初始条件,只需考虑换热边界条件。计算稳态温度场实际上是求解偏微分方程的边值问题。温度场是标量场,将物体离散成有限单元后,每个单元节点上只有一个温度未知数,比弹性力学问题要简单。进行温度场计算时,有限单元的形函数与弹性力学问题计算时的完全一致,单元内部的温度分布用单元的形函数,由单元节点上的温度来确定。由于实际工程问题中的换热边界条件比较复杂,在许多场合下也很难进行测量,如何定义正确的换热边界条件是温度场计算的一个难点。

如果系统的净热流率为 0,即流入系统的热量加上系统自身产生的热量等于流出系统的热量,即

$$q_{流入} + q_{生成} - q_{流出} = 0$$

则系统处于热稳态。在稳态热分析中,任一节点的温度不随时间变化。稳态热分析的能量平衡方程为(以矩阵形式表示)

$$[K]\{T\} = \{Q\}$$

式中　$[K]$——传导矩阵,包含导热系数、对流系数及辐射率和形状系数;

$\{T\}$——节点温度向量；

$\{Q\}$——节点热流率向量,包含热生成。

ANSYS 利用模型几何参数、材料热性能参数以及所施加的边界条件,生成$[K]$、$\{T\}$以及$\{Q\}$。

例4.2 简单热传导温度场模拟

热传导模型如图 4.10 所示。材料的热传导率为 10 W/(m·℃),假定材料无限长。现在需要分析其温度场的分布情况。

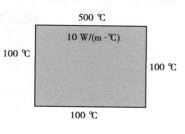

图4.10 稳态热分析模型

1)建立有限元模型

下面按照通常的传热分析的前处理过程进行介绍。

①添加标题。GUI:Utility Menu > Change title,键入标题名:Simple Conduction Example,命令:/title,Simple Conduction Example。

②建立几何模型。通过对角点生成矩形,操作如下:GUI:Preprocessor > Modeling > Create > Areas > Rectangle > By 2 Corners,矩形参数如下:Xcorner = 0 Ycorner = 0 Width = 1 Height = 1,命令:BLC4,0,0,1,1。

③选择单元。选择热分析实体单元,操作如下:GUI:Preprocessor > Element Type > Add/Edit/Delete...,单击 Add 按钮,选择 Thermal Solid,Quad 4Node 55,即 PLANE55 单元。命令:ET,1,PLANE55,PLANE55

单元具有 4 个节点,每个节点只有一个自由度(温度)。PLANE55 单元只能用于二维稳态或者瞬态热模型分析。

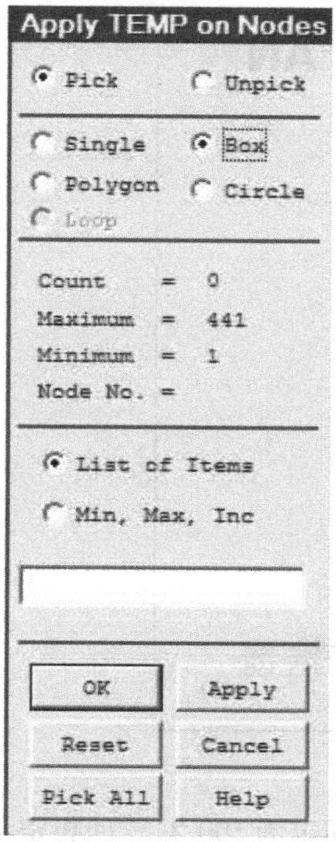

④定义材料属性。定义热传导材料参数,操作如下:GUI:Preprocessor > Material Props > Material Models > hermal > Conductivity > Isotropic > KXX = 10,KXX 表示热传导率,命令:MP,KXX,1,10。

⑤设定网格尺寸。GUI:Preprocessor > Meshing > Size Cntrls > ManualSize > Areas > All areas,在弹出的对话框中网格边长栏键入"0.05",命令:AESIZE,ALL,0.05。

⑥划分网格。采用自由(Free)网格划分,操作如下:GUI:Preprocessor > Meshing > Mesh > Areas > Free > Pick All。

2)施加载荷并求解

①选择分析类型,热分析为稳态分析,因此分析类型选择:GUI:Solution > Analysis Type > New Analysis > Steady-State,命令:ANTYPE,0

②定义热约束/热载荷。对于这个热传导问题,约束通过边界温度场定义,比如对流、热流动、熔化、生热或者辐射等,由于实体的 4 个边上的温度事先已经确定,这里只需定义恒定温度边界,即定义热载荷,注意到结构选项均不可选,这是因为选择了 PLANE55 单元的缘故。在节点上定义温度,首先进入 Apply TEMP on Nodes 对话框,操作如下:GUI:Solution > Define Loads >

图4.11 采用 Box 方式选择

97

Apply > Thermal > Temperature > On Nodes，单击 Box 选项，如图 4.11 所示，用鼠标框住实体最顶端的边。弹出 Apply TEMP on Nodes 对话框，如图 4.12 所示。

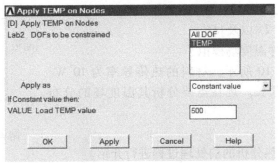

图 4.12　定义恒定温度边界

依图 4.12 施加温度场边界条件。定义顶边温度恒定为 500 ℃。依照通用的方法，定义其他 3 个边，每边的温度均恒定为 100 ℃。定义完模型的温度边界后，在所定义边界上出现橙色小三角箭头。

3）求解

其操作如下：GUI：Solution > Solve > Current LS，命令：SOLVE。

4）查看分析结果

通过 POST1 察看结果，即查看模型温度场。显示模型温度场，操作如下：GUI：General Postproc > Plot Results > Contour Plot > Nodal Solu … > DOF solution Nodal Temperature 得到模型温度场，如图 4.13 所示，命令：PLNSOL,TEMP,,0,

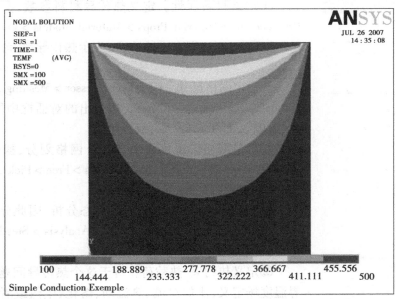

图 4.13　模型温度等值线图

注意：从图上显示出所施加的边界条件，在模型两个顶角温度固定为 100 ℃。回想定义边界条件的过程，首先，定义顶边温度场，然后是剩下的侧边和底边的温度场。所以，顶角首先被定义为 500 ℃，然后在定义侧边时顶角的温度约束被重新定义。减小网格尺寸可以使这种效果减弱,然而,任何人从事温度场分析时都要非常注意在边角分析结果的局限性。

用命令流求解。ANSYS 命令流(ANSYS Command Listing):

```
/title,Simple Conduction Example       ! 添加标题
/PREP 7                                ! 进入前处理器
                                       ! 定义几何形状

* set,length = 1.0
* set,height = 1.0
blc4,0,0,length,height                 ! 定义矩形,输入左下角顶点、宽、高
ET,1,PLANE55                           ! 选择热分析单元
MP,KXX,1,10                            ! 定义热传导系数 10 W/(m²·℃)
ESIZE,length/20                        ! 每边划分网格数
AMESH,ALL                              ! 划分网格
FINISH                                 ! 退出前处理
/SOLU                                  ! 进入求解
ANTYPE,0                               ! 稳态热分析
                                       ! 定义温度边界条件
NSEL,S,LOC,Y,height                    ! 选择顶点
D,ALL,TEMP,500                         ! 定义恒定温度场
NSEL,ALL                               ! 选择线上所有节点
NSEL,S,LOC,X,0                         ! 选择剩余 3 边节点
NSEL,A,LOC,X,length
NSEL,A,LOC,Y,0
D,ALL,TEMP,100                         ! 定义恒定温度
NSEL,ALL
SOLVE                                  ! 求解
FINISH                                 ! 退出求解
/POST1                                 ! 进入通用后处理
PLNSOL,TEMP,,0,                        ! 显示温度场
```

(4)非稳态导热问题的有限差分格式

用有限差分数值解法求温度场的实质是将一个连续体离散化,用一系列的代数方程式代替微分方程式,通过对一系列代数方程的四则运算来求得温度场的近似数值解。实际工作中遇到的导热问题通常为非稳态导热,其特点是温度不仅随空间坐标的变化而变化,而且还随时间的变化而变化。因此,温度场的分布与时间和位置两个因素有关。非稳态问题的求解原理、离散化方法和主要求解步骤与稳态问题的求解类似,但由于非稳态导热中增加了时间变量,因此,在差分格式、解的特性以及求解方法上都要复杂一些。如在区域离散化中,不仅包括空间区域的离散化,还有时间区域的离散化。

一块无限大平板(如图 4.14 所示),其一半厚度为 $L = 0.1$ m,初始温度 $t_0 = 1\ 000$ ℃,突然将其插入温度 $t_\infty = 20$ ℃ 的流体介质中。平板的导热系数 $\lambda = 34.89$ W/(m·℃),密度 $\rho = 7\ 800$ kg/m³,比热 $c = 0.712 \times 10^3$ J/(kg·℃),平板与介质的对流换热系数为 $h =$

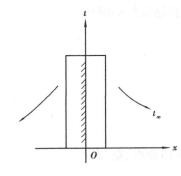

图 4.14 无限大平板非稳态导热

233 W/$(m^2 \cdot ℃)$,求平板内各点的温度分布。

1)数学描述

由于平板换热关于中心线是对称的,仅对平板一半区域进行计算即可。坐标系的原点选在平板中心线上,因而一半区域的非稳态导热的数学描述为:

$$\frac{\partial t}{\partial \tau} = a \frac{\partial^2 t}{\partial x^2} \tag{4.34}$$

$$\tau = 0, \quad t = t_0 \tag{4.35}$$

$$x = 0, \quad \frac{\partial t}{\partial x} = 0 \tag{4.36}$$

$$x = L, \quad -\lambda \frac{\partial t}{\partial x} = h(t - t_\infty) \tag{4.37}$$

该数学模型的解析解为:

$$t = t_\infty + (t_0 - t_\infty) \sum_{n=1}^{\infty} \frac{2 \sin \mu_n}{\mu_n + \sin \mu_n \cos \mu_n} \cos\left(\mu_n \frac{x}{L}\right) e^{-\mu_n^2 F_0} \tag{4.38}$$

其中 $t_0 = \frac{a\tau}{L^2}$,μ_n 为方程 $\cot \mu = \mu / B_i$ 的根,$B_i = \frac{hL}{\lambda}$。

表 4.1 给出了在平板表面$(x = L)$处由上式计算得到的不同时刻的温度值。

表 4.1 平板表面各不同时刻温度值

时间/S	1	2	3	4	5	6	7	8	9	10
温度/℃	981.84	974.47	968.88	964.20	960.11	956.14	953.08	949.97	947.07	944.34

2)微分方程的离散

一维非稳态导热指的是空间坐标是一维的。若考虑时间坐标,则所谓的一维非稳态导热实际上是二维问题(见图 4.15),即有时间坐标 τ 和空间坐标 x 两个变量。但要注意,时间坐标是单向的,就是说,前一时刻的状态会对后一时刻的状态有影响,但后一时刻的状态却影响不到前一时刻,图 4.15 示出了以 x 和 τ 为坐标的计算区域的离散,时间从 $\tau = 0$ 开始,经过一个个时层增加到 K 时层和 $K + 1$ 时层。

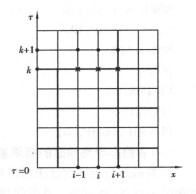

图 4.15 平面区域的时间和空间离散

对于第 i 节点,在 k 和 $k + 1$ 时刻可将微分方程写成下面式子:

$$\left(\frac{\partial t}{\partial \tau}\right)_i^k = a\left(\frac{\partial^2 t}{\partial x^2}\right)_i^k \tag{4.39}$$

$$\left(\frac{\partial t}{\partial \tau}\right)_i^{k+1} = a\left(\frac{\partial^2 t}{\partial x^2}\right)_i^{k+1} \tag{4.40}$$

将式(4.39)、式(4.40)的左端温度对时间的偏导数进行差分离散为:

$$\left(\frac{\partial t}{\partial \tau}\right)_i^k = \frac{t_i^{k+1} - t_i^k}{\Delta \tau} \tag{4.41}$$

$$\left(\frac{\partial t}{\partial \tau}\right)_i^{k+1} = \frac{t_i^{k+1} - t_i^k}{\Delta \tau} \tag{4.42}$$

观察式(4.40)和式(4.41)，这两个式子的右端差分式完全相同，但在两个式子中却有不同含义。对式(4.40)，右端项相对第 i 点在 k 时刻的导数 $\left(\frac{\partial t}{\partial \tau}\right)_i^k$ 是向前差分。而在式(4.41)中，右端项是第 i 节点在 $k+1$ 时刻的导数 $\left(\frac{\partial t}{\partial \tau}\right)_i^{k+1}$ 的向后差分。将式(4.40)和式(4.41)分别代入式(4.38)和式(4.39)，并将式(4.38)和式(4.39)右端关于 x 的二阶导数用相应的差分代替，则可得到下列显式和隐式两种不同的差分格式。

显式：

$$t_i^{k+1} = ft_{i+1}^k + (1-2f)t_i^k + ft_{i-1}^k \quad (k = 0,1,2,\cdots; i = 2,3,\cdots,N-1) \tag{4.43}$$

隐式：

$$t_i^{k+1} = \frac{1}{1+2f}(ft_{i+1}^{k+1} + ft_{i-1}^{k+1} + t_i^k) \quad (k = 0,1,2,\cdots; i = 2,3,\cdots,N-1) \tag{4.44}$$

以上两式中的 $f = \dfrac{a\Delta \tau}{\Delta x^2}$。

从式(4.43)可见，其右端只涉及 k 时刻的温度，当从 $k=0$（即 $\tau=0$ 时刻）开始计算时，在 $k=0$ 时等号右端都是已知值，因而直接可计算出 $k=1$ 时刻各点的温度。由 $k=1$ 时刻各点的温度值又可以直接利用式(4.43)计算 $k=2$ 时刻各点的温度，这样一个时层一个时层地往下推，各时层的温度都能用式(4.43)直接计算出来，不要求解代数方程组。而对于式(4.44)，等号右端包含了与等号左端同一时刻但不同节点的温度，因而必须通过求解代数方程组才能求得这些节点的温度值。

3）边界条件的离散

对于式(4.36)和式(4.37)所给出的边界条件，可以直接用差分代替微分，也可以用元体平衡法给出相应的边界条件，亦有显式和隐式之分。通常，当内部节点采用显式时，边界节点也用显式离散；内部节点用隐式时，边界节点亦用隐式。边界节点的差分格式是显式还是隐式，取决于如何与内部节点的差分方程组合。用 $k+1$ 时刻相应节点的差分代替式(4.34)和式(4.37)中的微分，可得到边界节点的差分方程：

$$\begin{cases} t_1^{k+1} = t_2^{k+1} \\ t_N^{k+1} = \dfrac{1}{\dfrac{h\Delta x}{\lambda} + 1}\left(t_{N-1}^{k+1} + \dfrac{h\Delta x}{\lambda}t_\infty\right) \end{cases} \tag{4.45}$$

最终的离散格式有显式与隐式之分。

显式：

初始值：　　$t_i = t_0 \quad (i = 1,2,3,\cdots,N)$ \hfill (4.46)

$$t_i^{k+1} = [ft_{i+1}^k + ft_{i-1}^k + (1-2f)t_i^k] \quad (i = 2,3,\cdots,N-1) \tag{4.47}$$

$$t_1^{k+1} = t_2^{k+1}$$

$$t_N^{k+1} = \frac{1}{\dfrac{h\Delta x}{\lambda} + 1}\left(t_{N-1}^{k+1} + \frac{h\Delta x}{\lambda}t_\infty\right) \tag{4.48}$$

其中 $k = 0,1,2,\cdots$

隐式：

初始值：
$$t_i^0 = t_0 \tag{4.49}$$
$$t_1^{k+1} = t_2^{k+1} \tag{4.50}$$

$$t_i^{k+1} = \frac{1}{1+2f}(ft_{i+1}^{k+1} + ft_{i-1}^{k+1} + t_i^k) \quad (i = 2,3,\cdots,N-1) \tag{4.51}$$

$$t_N^{k+1} = \frac{1}{\dfrac{h\Delta x}{\lambda}+1}\left(t_{n-1}^{k+1} + \frac{h\Delta x}{\lambda}t_\infty\right) \quad \text{其中 } k = 0,1,2,\cdots \tag{4.52}$$

在用隐式差分计算时,每个时层都需要迭代求解代数方程组式(4.49)~式(4.52)。在每个时层计算时,都要先假定一个温度场(一般取上一时层的温度场为本时层的初始场),然后迭代计算直至收敛。

显式差分格式:每个节点方程可以独立求解,但需要考虑稳定性。

$$\frac{\partial^2 t}{\partial x^2} = \frac{1}{\alpha}\frac{\partial t}{\partial \tau} \quad (\tau > 0, 0 < x < L)$$

$$\left(\frac{\partial^2 t}{\partial x^2}\right)_i^n = \frac{1}{\alpha}\left(\frac{\partial t}{\partial \tau}\right)_i^n \qquad \left(\frac{\partial t}{\partial \tau}\right)_i^n = \frac{t_i^{n+1} - t_i^n}{\Delta \tau} + o(\Delta \tau)$$

得到
$$\left(\frac{\partial^2 t}{\partial x^2}\right)_i^n = \frac{t_{i+1}^n - 2t_i^n + t_{i-1}^n}{(\Delta x)^2} + o[(\Delta x)]^2$$

$$t_i^{n+1} = t_i^n + \frac{\alpha \cdot \Delta \tau}{(\Delta x)^2}(t_{i+1}^n - 2t_i^n + t_{i-1}^n) \tag{4.53}$$

$$\frac{t_{i+1}^n - 2t_i^n + t_{i-1}^n}{(\Delta x)^2} = \frac{1}{\alpha}\frac{t_i^{n+1} - t_i^n}{\Delta \tau}$$

$$F_0 = \frac{\alpha \cdot \Delta \tau}{(\Delta x)^2} = \frac{\lambda \cdot \Delta \tau}{\rho c_p (\Delta x)^2}$$

瞬态热分析用于计算一个系统随时间变化的温度场及其他热参数。在工程上一般用瞬态热分析计算温度场,并将之作为热载荷进行应力分析。瞬态热分析的基本步骤与稳态热分析类似。主要区别在于瞬态热分析中的载荷是随时间变化的。为了表达随时间变化的载荷,首先必须将载荷—时间曲线分为载荷步。载荷—时间曲线中的每一个拐点为一个载荷步,如图4.16所示。对于每一个载荷步,必须定义载荷值及时间值,同时必须选择载荷步为渐变或阶跃。

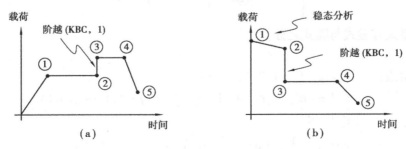

图4.16　瞬态(非稳态)传热分析的载荷

非稳态传热过程是指一个系统的加热或冷却过程。在这个过程中系统的温度、热流率、热边界条件以及系统内能随时间都有明显变化。根据能量守恒原理,瞬态热平衡可以表达为(以矩阵形式表示):

$$[C]\{\dot{T}\} + [K]\{T\} = \{Q\}$$

式中　$[K]$——传导矩阵,包含导热系数、对流系数、辐射率和形状系数;

　　　$[C]$——比热矩阵,考虑系统内能的增加;

　　　$\{T\}$——节点温度向量;

　　　$\{\dot{T}\}$——温度对时间的导数;

　　　$\{Q\}$——节点热流率向量,包含热生成。

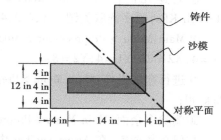

图4.17　砂模的横截面尺寸

例4.3　一钢铸件及其砂模的横截面尺寸如图4.17所示,砂模的热物理性能见表4.2,铸钢的热物理性能见表4.3。初始条件:铸钢的温度为 2 875 ℉,砂模的温度为 80 ℉;砂模外边界的对流边界条件:对流系数为 0.014 Btu/(hr·in²·℉),空气温度为 80 ℉。求 3 h 后铸钢及砂模的温度分布。

表4.2　砂模的热物理性能

导热系数(KXX)/Btu(hr·in·℉)$^{-1}$	0.025
密度(DENS)/(Lbm·in^{-3})	0.254
比热(c)/Btu·(Ibm·℉)$^{-1}$	0.28

表4.3　铸钢的热物理性能

	0 ℉	2 643 ℉	2 750 ℉	2 875 ℉
导热系数/Btu(hr·in·℉)$^{-1}$	1.44	1.54	1.22	1.22
焓/(Btu·in^{-3})	0	128.1	163.8	174.2

菜单操作:

①Utility Menu > File > Change Title,输入 Casting Solidification;

②定义单元类型:Main Menu > Preprocessor > Element Type > Add/Edit/Delete, Add, Quad 4node 55;

③定义砂模热性能:Main Menu > Preprocessor > Material Props > Isotropic,默认材料编号1,在 Density(DENS)框中输入 0.054,在 Thermal conductivity (KXX)框中输入 0.025,在 Specific heat(C)框中输入 0.28;

④定义铸钢热性能温度表:Main Menu > Preprocessor > Material Props > Temp Dependent > Temp Table,输入 T1 = 0,T2 = 2 643,T3 = 2 750,T4 = 2 875;

⑤定义铸钢热性能:Main Menu > Preprocessor > Material Props > Temp Dependent > Prop Table,选择"Th Conductivity",选择"KXX",输入材料编号2,输入 C1 = 1.44,C2 = 1.54,C3 = 1.22,C4 = 1.22,选择"Apply",选择"Enthalpy",输入 C1 = 0,C2 = 128.1,C3 = 163.8,C4 =

174.2；

⑥创建关键点：Main Menu > Preprocessor > Modeling > Create > Keypoints > In Active CS，输入关键点编号1，输入坐标0，0，0，输入关键点编号2，输入坐标22，0，0，输入关键点编号3，输入坐标10，12，0，输入关键点编号4，输入坐标0，12，0；

⑦创建几何模型：Main Menu > Preprocessor > Modeling > Create > Areas > Arbitrary > Through KPs，顺序选取关键点1，2，3，4；

⑧Main Menu > Preprocessor > Modeling > Create > Areas > Rectangle > By Dimension，输入X1 = 4，X2 = 22，Y1 = 4，Y2 = 8；

⑨进行布尔操作：Main Menu > Preprocessor > Modeling > Operate > Booleans > Overlap > Area，Pick all；

⑩删除多余面：Main Menu > Preprocessor > Modeling > Delete > Area and Below，3；

⑪保存数据库：在 Ansys Toolbar 中选取"SAVE_DB"；

⑫定义单元大小：Main Menu > Preprocessor > Meshing > Size Cntrls > Global > Size，在 Element edge length 框中输入"1"；

⑬对砂模划分网格：Main Menu > Preprocessor > Meshing > Mesh > Areas > Free，选择砂模；

⑭对铸钢划分网格：Main Menu > Preprocessor > Attributes > Define > Default Attribs，在 Material number 菜单中选择2；

⑮Main Menu > Preprocessor > Meshing > Mesh > Areas > Free，选择铸钢；

⑯定义分析类型：Main Menu > Solution > Analysis Type > New Analysis，选择"Transient"；

⑰选择铸钢上的节点：Utility Menu > Select > Entities，选择"element，mat"，输入"2"，选择"Apply"，选择"node，attached to element"，单击"OK"按钮；

⑱定义铸钢的初始温度：Main Menu > Solution > Loads > Apply > Initial Condit'n > Define，选择"Pick all"，选择"temp"，输入"2875"，单击"OK"按钮；

⑲选择砂模上的节点：Utility Menu > Select > Entities，Nodes，inverse；

⑳定义砂模的初始温度：Main Menu > Solution > Loads > Apply > Initial Condit'n > Define，选择"Pick all"，选择"temp"，输入"80"，单击"OK"按钮；

㉑Utility Menu > Select > Everything；

㉒Utility Menu > Plot > Lines；

㉓定义对流边界条件：Main Menu > Solution > Loads > Apply > Thermal > Converction > On Lines，选择砂模的3个边界1，3，4，在 file coeffect 框中输入"80"，在 Bulk temperature 框中输入"80"；

㉔设定瞬态分析时间选项：

Main Menu > Solution > Load Step Opts > Time/Frequenc > Time-Time Step，

Time at end of load step	3
Time Step size	0.01
Stepped or ramped b. c.	Stepped
Automatic time stepping	on
Minimun time step size	0.001
Maximum time step size	0.25

㉕设置输出：Main Menu > Solution > Load Step Opts > Output Ctrls > DB/Results File，在 File write frequency 框中选择"Every substep"；

㉖求解：Main Menu > Solution > Solve > Current LS；

㉗进入后处理：Main Menu > Timehist Postproc；

㉘定义铸钢中心节点的温度变量：Main Menu > Timehist Postproc > Define Variables，Add，Nodal DOF result，2，204；

㉙绘制节点温度随时间变化的曲线：Main Menu > Timehist Postproc > Graph Variable，2。

命令流操作说明：

```
/title,Casting Solidification
/prep7                          ! 进入前处理
et,1,plane55                    ! 定义单元
mp,dens,1,0.054                 ! 定义砂模热性能
mp,kxx,1,0.025
mp,c,1,0.28
mptemp,1,0,2643,2750,2875       ! 定义铸钢的热性能
mpdata,kxx,2,1.44,1.54,1.22,1.22
mpdata,enth,2,0,128.1,163.8,174.2
mpplot,kxx,2
mpplot,enth,2
save
k,1,0,0,0                       ! 创建几何模型
k,2,22,0,0
k,3,10,12,0
k,4,0,12,0
/pnum,kp,1
/pnum,line,1
/pnum,area,1
/Triad,ltop
kplot
a,1,2,3,4
save
rectng,4,22,4,8
aplot
aovlap,all
adele,3
aplot
save
esize,1                         ! 划分网格
amesh,5
```

```
mat,2
aplot
amesh,4
eplot
/pnum,elem
/number,1
save
/SOLU                              ! 进入加载求解
antype,trans                       ! 设定为瞬态分析
esel,s,mat,,2                       ! 设定铸钢的初始温度
nsle,s
/replot
ic,all,temp,2875
esel,inve                          ! 设定砂模的初始温度
nsle,s
/replot
ic,all,temp,80
allsel
save
lplot
sfl,1,CONV,0.014,,80               ! 设定砂模外边界对流
sfl,3,CONV,0.014,,80
sfl,4,CONV,0.014,,80
/psf,conv,2
time,3                             ! 设定瞬态分析时间
kbc,1                              ! 设定为阶跃的载荷
autots,on                          ! 打开自动时间步长
deltim,0.01,0.001,0.25             ! 设定时间步长
timint,on                          ! 打开时间积分
tintp,,,,1                         ! 将 THETA 设定为 1
outres,all,all                     ! 输入每个子步的结果
solve
! 进入后处理
/post26
/pnum,node,1
/number,0
eplot
nsol,2,204,temp,center             ! 设定铸钢中心点温度随时间的变量
plvar,2                            ! 绘制温度—时间曲线
```

save

finish

例4.4　带轮淬火过程分析。

图4.18所示为一带轮的零件图(图中长度单位为 mm),带轮材料的热性能参数如表4.4所示。带轮的初始温度为500 ℃,将其突然放入温度为0 ℃的水中,水的对流系数为110 W/($\mathrm{m}^2 \cdot$℃)。求解:

1)1 min 及 5 min 后带轮的温度场分布。

2)零件图上 A,B,C,D,E 各点温度随时间的变化关系。B,E 两点距中心轴的距离 $L_{OB} = 125$ mm,$L_{OE} = 350$ mm。

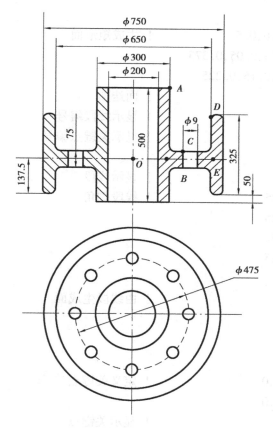

图4.18　带轮零件图

表4.4　带轮材料热性能参数

密度 kg/m³	导热系数 W/(m·℃)	比热 J/(kg·℃)
2 400	70	328

命令流操作说明:

```
/FILNAME,QUENCH                    ！定义工作文件名
/TITLE, QUENCH ANALYSIS OF A WHEEL
/PREP7                             ！进入前处理器
```

```
    ET,1,SOLID70                          ! 定义单元类型
    ET,2,SOLID90
    MP,KXX,1,70                           ! 输入导热系数
    MP,DENS,1,2400                        ! 输入密度
    MP,C,1,328                            ! 输入比热
    /RGB,IHDEX,100,100,100,0              ! 设置显示颜色
    /RGB,INDEX,80,80,80,13
    /RGB,INDEX,60,60,60,14
    /RGB,INDEX,0,0,0,15
    /REPLOT
    RECTNG,0.1,0.15,0,0.5                 ! 生成矩形面
    RGTNG,0.325,0.375,0.05,0.375
    RGTNG,0.1,0.375,0.15,0.225
    AOVLAP,ALL                            ! 面迭加
    /PNUM,LINE,1                          ! 显示线段编号
    /PNUM,KP,1                            ! 显示关键点编号
    /REPLOT
    LPLOT                                 ! 显示线段
    LFILLT,16,28,0.025                    ! 线段倒角
    LFILLT,14,27,0.025
    LFILLT,28,23,0.25
    LFILLT,27,19,0.025
    /REPLOT
    AL,4,6,2                              ! 由线段生成面
    AL,9,8,11
    AL,32,34,33
    AL,30,29,31
    K,25,0.35,0.0745,0                    ! 定义关键点
    K,26,0.35,0.3505,0
    KPLOT                                 ! 显示关键点
    LARC,5,6,25,0.05                      ! 生成弧线段
    LARC,7,8,26,0.05
    LPLOT                                 ! 显示线段
    AL,7,36                               ! 由线段生成面
    AL,5,35
    AADD,ALL                              ! 面相加
    LSEL,S,,,2,13                         ! 选择线段
    LSEL,A,,,17                           ! 将所选线段连成一条线
    LCOMB,ALL,,0                          ! 选择线段成一条线
```

```
LSEL,S,,,10,20,10
LSEL,A,,,22
LCOMB,ALL,,0                          ! 将所选线段连

ALLSEL
NUMCMP,AREA                           ! 压缩面编号
NUMCMP,LINE                           ! 压缩线段编号
NUMCMP,KP                             ! 压缩关键点编号
/PNUM,LINE,0                          ! 不显示线段编号
/PNUM,KP,0                            ! 不显示关键点编号
/REPLOT                               ! 生成关键点
/TITLE,PLANE GEOMETRIC MODEL          ! 绕中心线旋转面生成体
APLOT                                 ! 设置视图观测方向
K,21,0,0,0
K,22,0,0.5,0
VROTAT,ALL,,,,,,,22,22.5,1
/VIEW,1,1,1,1
/REPLOT
/TITLE,VOLUME OBTAINED THROUGH SWEEPING AREA ABOUT AXIS
VPLOT                                 ! 显示体
WPAVE,0.2375,0.15,0                   ! 平移工作平面
WPROT,0,-90,0                         ! 旋转工作平面
CYL4,,,0.045,,,,0.075                 ! 生成圆柱体
VSBV,1,2                              ! 体相减
/TITLE,VOLOMEEOMETRIC MODEL
VPLOT                                 ! 显示体
KWPAVE,11                             ! 平移工作平面至关键点11
VSBW,3                                ! 由工作平面剖分体
VPLOTKWPAVE,13                        ! 平移工作平面至关键点13
VSBW,4                                ! 由工作平面剖分体
VPLOT
SHAPE,1,3D                            ! 设置单元形状
MSHKEY,0
ESIZE,0.025                           ! 定义单元尺寸
VMESH,1,3,1                           ! 对体划分网格
VMESH,5
TYPE,2                                ! 指定单元类型
ESIZE,0.02                            ! 定义单元尺寸
VMESH,6                               ! 对体划分网格
```

```
    TCHG,90,87                              ! 将退化的六面体单元转变为四面体单元
    ALLSEL
    /TITLE,ELEMENTS IN MODEL
    NUMCMP,VOLUME                           ! 压缩体编号
    NUMCMP,AREA                             ! 压缩面编号
    NUMCMP,LINE                             ! 压缩线段端号
    NUMCMP,KP                               ! 压缩关键点编号
    EPLOT                                   ! 显示单元
    FINISH
    /SOLU                                   ! 进入求解器
    ANTYPE,TRANSIENT                        ! 设置分析类型为瞬态分析
    TIME,300                                ! 定义计算终止时间
    DELTIM,1,1,6                            ! 指定最大、最小时间步长
    AUTOTS,ON                               ! 打开自动时间步长
    OUTRES,,ALL
    KBC,1                                   ! 设置加载方式
    BFUNIF,TEMP,500
    ALLSEL
    ASEL,U,,,1,6,5                          ! 去除面
    ASEL,U,,,18,22,2
    ASEL,U,,,25,30,5
    ASEL,U,,,31,34,3
    ASEL,U,,,35,36
    NSLA,S,1                                ! 选择面上所有节点
    SF,ALL,CONV,110,0                       ! 施加对流载荷
    ALLSEL
    EQSLV,JCG                               ! 选择求解器
    SOLVE                                   ! 开始求解计算
    FINISH
    /POST1                                  ! 进入 POST1 后处理器
    WPSTYLE                                 ! 取消显示工作平面
    SET,,,1,,60                             ! 读取时间为 60 秒的计算结果
    /PLOPTS,INFO,ON                         ! 显示图例栏
    /TITLE,TEMPERATURE CONTOURS IN WHEEL AFTER 1 MINUTE
    PLNSOL,TEMP                             ! 绘制温度场等值线图
    SET,LAST                                ! 读取最终计算结果
    /TITLE,TEMPERATURE CONTOURS IN WHEEL AFTER 5 MINUTE
    PLNSOL,TEMP                             ! 绘制温度场等值线图
    ALLSEL
```

```
FINISH
/POST26                          ! 进入 POST26 后处理器
/PLOPTS,INFO,OFF                 ! 关闭显示图倒栏
/AXLAB,X,TIME,(sec)              ! 定义 X 坐标轴标题
/AXLAB,Y,TEMPERTURE              ! 定义 Y 坐标轴标题
/GTHK,AXIS,3                     ! 指定坐标轴粗度
/GTHK,CURVE,3                    ! 指定曲线粗度
/COLOR,CURVE,MRED,1              ! 设置曲线显示颜色
WPCSYS, -1
/REPLOT
NSEL,S,LOC,X,0 15                ! 选择节点
NSEL,R,LOC,Y,0 5
*GET,NODE1,NODE,,NUM,MAX         ! 根据节点坐标读取最大节点编号
NSEL,S,LOC,X,0 12 6              ! 选择节点
NSELT R,LOC,Y,0. 1825
*GET,NODE2,NODE,,NUM,MAX         ! 根据节点坐标读取最大节点编号
NSEL,S,LOC,X,0 1925              ! 选择节点
NSEL,R,LOC,Y,0 225
*GET,NODE 3,NODE,,NUM,MAX        ! 根据节点坐标读取最大节点编号
NSEL,S,LOC,X,0 32 5              ! 选择节点
NSEL,R,LOC,Y,0 3 75
*GET,NODE 4,NODE,,NUM,MAX        ! 根据节点坐标读取最大节点编号
NSEL,S. LOC,X,0. 35              ! 选择节点
NSEL,R,LOC,Y,0 1 8 5
*GET,NODE 5,NODE,,NUM,MAX        ! 根据节点坐标读取最大节点编号
NSOL,2,NODE1,TEMP               ! 定义变量 2
NSOL,3,NODE2,TEMP               ! 定义变量 3
NSOL,4,NODE3,TEMP               ! 定义变量 4
NSOL,5,NODE4,TEMP               ! 定义变量 5
NSOL,6,NODE 5,TEMP             ! 定义变量 6
/TITLE,CURVE DECRIBED THE KELATION BETWEEN TEMPERATURE AND TIME AT
POINT A
PLVAR,2                         ! 绘制 A 点温度随时间的变化规律曲线
/TITLE,CURVE DECRIBED THE RELATION BETWEEN TEMPERATURE AND TIM AT
POINT B
PLVAR,3                         ! 绘制 B 点温度随时间的变化规律曲线
/TITLE,CURVE DECRIBED THE RELATION BETWEEN TEMPERATURE AND TIME AT
POINT C
PLVAR,4                         ! 绘制 C 点温度随时间的变化规律曲线
```

/TITLE,CURVE DECRIBED THE RELATION BETWEEN TEMPERATURE AND TIME AT POINT D

PLVAR,5   ! 绘制 D 点温度随时间的变化规律曲线

/TITLE,CURVE DECRIBED THE RELATION BETWEEN TEMPERATURE AND TIME AT POINT E

PLVAR,6   ! 绘制 E 最温度随时间的变化规律曲线

/EXIT,ALL   ! 退出 ANSYS

模拟结果见图 4.19 ~ 图 4.25：

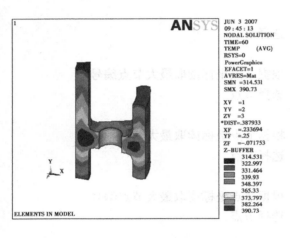

图 4.19 1 min 时带轮内部温度场分布

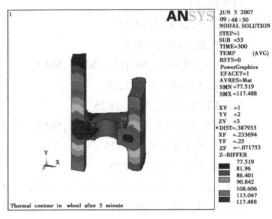

图 4.20 5 min 时带轮内部温度场分布

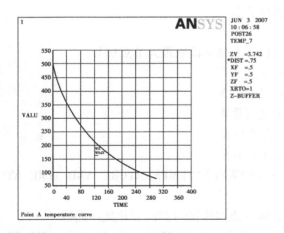

图 4.21 A 点的温度随时间变化关系曲线图

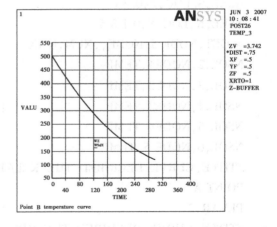

图 4.22 B 点的温度随时间变化关系曲线图

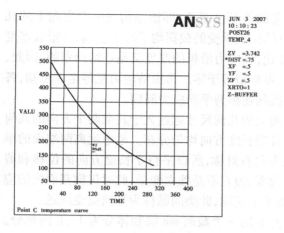
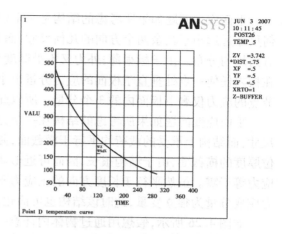

图 4.23　*C* 点的温度随时间变化关系曲线图　　　图 4.24　*D* 点的温度随时间变化关系曲线图

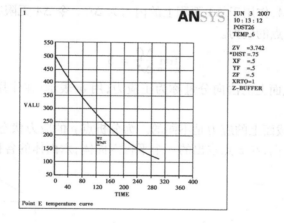

图 4.25　*E* 点的温度随时间变化关系曲线图

4.2　应力场的数学模型及求解

4.2.1　应力场的基本理论与数学模型

弹性力学是研究弹性体在约束和外载荷作用下应力和变形分布规律的一门学科。在弹性力学中针对微小的单元体建立基本方程,把复杂形状弹性体的受力和变形分析问题归结为偏微分方程组的边值问题。弹性力学的基本方程包括平衡方程、几何方程、物理方程。

弹性力学的基本假定:完全弹性、连续、均匀、各向同性、小变形。

弹性力学中的基本变量为体积力、面力、应力、位移、应变,各自的定义如下:

体积力——分布在物体体积内的力,例如重力和惯性力。

面力——分布在物体表面上的力,例如接触压力、流体压力。

应力——物体受到约束和外力作用,其内部将产生内力。物体内某一点的内力就是应力。

弹性力学平面问题模型:所谓平面问题指弹性力学的平面应力和平面应变问题。

　　平面应力问题如果所考虑的结构是一个很薄的等厚度薄板,即该结构在一个方向上的几何尺寸远远小于其余两个方向的几何尺寸,而且结构上承受的载荷均平行于板面,并沿板厚度方向均匀分布。由于板很薄,外力又不沿厚度变化,且应力沿板的厚度又是连续分布的,因此,在板内任何一点处垂直于板面的应力分量很小,可近似等于零。再由剪应力互等定理可知,各节点的应力仅剩下板面内的 3 个分量。所以此类问题称为平面应力问题。

　　平面应变问题如果所考虑的结构在一个方向上的几何尺寸远远大于其余两个方向的几何尺寸,而结构上承受的载荷均平行于横截面,并且沿长度方向均匀分布。考虑远离两端面的单位厚度的横截面,由于结构很长,因而可近似认为左右对称,所以平行于长度方向的位移和剪应力等于零。虽然平行于长度方向的正应力不为零,但它不是独立变量,此时仅横截面内的应力应变分量为独立变量,此时该结构也可简化为平面问题,此类问题称为平面应变问题。

　　如图 4.26 所示,假想用通过物体内任意一点 p 的一个截面 mn 将物体分为 Ⅰ、Ⅱ 两部分。将部分 Ⅱ 撤开,根据力的平衡原则,部分 Ⅱ 将在截面 mn 上作用一定的内力。在 mn 截面上取包含 p 点的微小面积 ΔA,作用于 ΔA 面积上的内力为 ΔQ。令 ΔA 无限减小而趋于 p 点时,ΔQ 的极限 S 就是物体在 p 点的应力。

$$\lim_{\Delta A \to 0} \frac{\Delta Q}{\Delta A} = S$$

　　应力 S 在其作用截面上的法向分量称为正应力,用 σ 表示;在作用截面上的切向分量称为剪应力,用 τ 表示。

　　显然,点 p 在不同截面上的应力是不同的。为分析点 p 的应力状态,即通过 p 点的各个截面上的应力的大小和方向,在 p 点取出的一个平行六面体,六面体的各棱边平行于坐标轴。

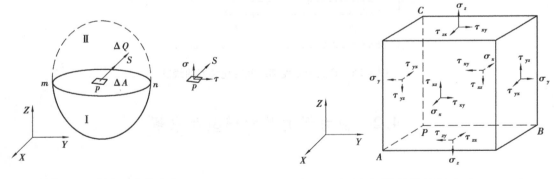

图 4.26　任意一点的应力　　　　　　图 4.27　应力分解

　　将每个点上的应力分解为一个正应力和两个剪应力(图 4.27),分别与 3 个坐标轴平行。用六面体表面的应力分量来表示 p 点的应力状态。应力分量的下标约定如下:

　　第一个下标表示应力的作用面,第二个下标表示应力的作用方向。如 τ_{xy},第一个下标 x 表示剪应力作用在垂直于 x 轴的面上,第二个下标 y 表示剪应力指向 y 轴方向。正应力由于作用表面与作用方向垂直,用一个下标。如 σ_x 表示正应力作用于垂直于 x 轴的面上,指向 x 轴方向。

　　应力分量的方向定义如下:如果某截面上的外法线是沿坐标轴的正方向,这个截面上的应力分量以沿坐标轴正方向为正;如果某截面上的外法线是沿坐标轴的负方向,这个截面上的应力分量以沿坐标轴负方向为正。

剪应力互等：$\tau_{xy} = \tau_{yx}$，$\tau_{yz} = \tau_{zy}$，$\tau_{zx} = \tau_{xz}$，物体内任意一点的应力状态可以用 6 个独立的应力分量 σ_x，σ_y，σ_z，τ_{xy}，τ_{yz}，τ_{zx} 来表示。

位移：位移就是位置的移动。物体内任意一点的位移，用位移在 x，y，z 坐标轴上的投影 u，v，w 表示。

应变：物体的形状改变可以归结为长度和角度的改变。各线段的单位长度的伸缩，称为正应变，用 ε 表示。两个垂直线段之间的直角的改变，用弧度表示，称为剪应变，用 γ 表示。物体内任意一点的变形，可以用 ε_x，ε_y，ε_z，γ_{xy}，γ_{yz}，γ_{zx} 6 个应变分量表示。

（1）平衡方程

弹性力学中，在物体中取出一个微小单元体建立平衡方程。平衡方程代表了力的平衡关系，建立了应力分量和体力分量之间的关系。对于平面问题，在物体内的任意一点（见图4.28）有：

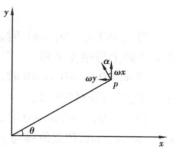

图 4.28　坐标系中的一点

$$\begin{cases} \dfrac{\partial \sigma_x}{\partial x} + \dfrac{\partial \tau_{yx}}{\partial y} + X = 0 \\[3mm] \dfrac{\partial \sigma_y}{\partial y} + \dfrac{\partial \tau_{xy}}{\partial x} + Y = 0 \end{cases} \tag{4.54}$$

（2）几何方程

由几何方程可以得到位移和变形之间的关系。对于平面问题，在物体内的任意一点有：

$$\begin{cases} \varepsilon_x = \dfrac{\partial u}{\partial x} \\[3mm] \varepsilon_y = \dfrac{\partial v}{\partial y} \\[3mm] \gamma_{xy} = \dfrac{\partial u}{\partial y} + \dfrac{\partial v}{\partial x} \end{cases} \tag{4.55}$$

刚体位移，由位移 $u = 0$，$v = 0$ 可以得到应变分量为零，反过来，应变分量为零则位移分量不为零。应变分量为零时的位移称为刚体位移。刚体位移代表了物体在平面内的移动和转动。由

$$\begin{cases} \dfrac{\partial u}{\partial x} = 0 \\[3mm] \dfrac{\partial v}{\partial y} = 0 \\[3mm] \dfrac{\partial u}{\partial y} + \dfrac{\partial v}{\partial x} = 0 \end{cases} \tag{4.56}$$

可以得到刚体位移为以下形式：

$$\begin{cases} u = u_0 - \omega y \\[2mm] v = v_0 + \omega x \end{cases} \tag{4.57}$$

由 $\dfrac{\partial u}{\partial x} = 0$，$\dfrac{\partial v}{\partial y} = 0$ 可得：

$$u = f_1(y), \quad v = f_2(x)$$

将 $f_1(y)$，$f_2(x)$ 代入 $\dfrac{\partial u}{\partial y} + \dfrac{\partial v}{\partial x} = 0$ 可得：

$$-\frac{\mathrm{d}f_1(y)}{\mathrm{d}y} = \frac{\mathrm{d}f_2(x)}{\mathrm{d}x} = \omega \tag{4.58}$$

积分后得：

$$\begin{cases} f_1(y) = u_0 - \omega y \\ f_2(x) = v_0 + \omega x \end{cases} \tag{4.59}$$

由此得位移分量：

$$\begin{cases} u = u_0 - \omega y \\ v = v_0 + \omega x \end{cases} \tag{4.60}$$

当 $u_0 \neq 0, v_0 = 0, \omega = 0$ 时，物体内任意一点都沿 x 方向移动相同的距离，可见 u_0 代表物体在 x 方向上的刚体平移。

当 $u_0 = 0, v_0 \neq 0, \omega = 0$ 时，物体内任意一点都沿 y 方向移动相同的距离，可见 v_0 代表物体在 y 方向上的刚体平移。

当 $u_0 = 0, v_0 = 0, \omega \neq 0$ 时，可以假定 $\omega > 0$，此时的物体内任意一点 $p(x, y)$ 的位移分量为 $u = -\omega y, v = \omega x$，$P$ 点位移与 y 轴的夹角为 α，则

$$\tan \alpha = \frac{\omega y}{\omega x} = \frac{y}{x} = \tan \theta \tag{4.61}$$

p 点的合成位移为

$$\sqrt{u^2 + v^2} = \sqrt{(-\omega y)^2 + (\omega x)^2} = \omega \sqrt{x^2 + y^2} = \omega r \tag{4.62}$$

其中 r 为 p 点到原点的距离，可见 ω 代表物体绕 z 轴的刚体转动。

（3）**物理方程**

弹性力学平面问题的物理方程由广义虎克定律得到。

1）平面应力问题的物理方程

$$\varepsilon_x = \frac{1}{E}(\sigma_x - \mu\sigma_y) \tag{4.63}$$

$$\varepsilon_y = \frac{1}{E}(\sigma_y - \mu\sigma_x) \tag{4.64}$$

$$\gamma_{xy} = \frac{2(1+\mu)}{E}\tau_{xy} \tag{4.65}$$

对平面应力问题有

$$\sigma_z = 0$$

$$\varepsilon_z = -\frac{\mu}{E}(\sigma_x + \sigma_y)$$

2）平面应变问题的物理方程

$$\begin{cases} \varepsilon_x = \frac{1-\mu^2}{E}\left(\sigma_x - \frac{\mu}{1-\mu}\sigma_y\right) \\ \varepsilon_y = \frac{1-\mu^2}{E}\left(\sigma_y - \frac{\mu}{1-\mu}\sigma_x\right) \\ \gamma_{xy} = \frac{2(1+\mu)}{E}\tau_{xy} \end{cases} \tag{4.66}$$

对平面应变问题有

$$\begin{cases} \varepsilon_z = 0 \\ \sigma_z = \mu(\sigma_x + \sigma_y) \end{cases} \qquad (4.67)$$

在平面应力问题的物理方程中,将 E 替换为 $\dfrac{E}{1-\mu^2}$,μ 替换为 $\dfrac{\mu}{1-\mu}$,可以得到平面应变问题的物理方程;在平面应变问题的物理方程中,将 E 替换为 $\dfrac{E(1+2\mu)}{(1+\mu)^2}$、$\mu$ 替换为 $\dfrac{\mu}{1+\mu}$,可以得到平面应力问题的物理方程。

求解弹性力学平面问题,可以归结为在任意形状的平面区域 Ω 内已知控制方程、在位移边界 S_μ 上约束已知、在应力边界 S_σ 上受力条件已知的边值问题见图 4.29。然后以应力分量为基本未知量求解,或以位移作为基本未知量求解。

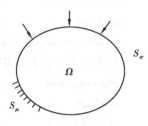

如果以位移作为未知量求解,求出位移后,由几何方程可以计算出应变分量,得到物体的变形情况;再由物理方程计算出应力分量,得到物体的内力分布,就完成了对弹性力学平面问题的分析。

图 4.29　平面应变

4.2.2　基于 ANSYS 软件的应力场计算

例 4.5　双金属厚壁圆桶的热应力分析,内径为 20 mm,外径 $b=60$ mm 的厚壁圆桶,高度 $h=200$ mm,内壁由金属材料一制成,厚度为 20 mm,热导率为 5 W/(m·℃),弹性模量为 $E=30\times10^6$ Pa,热膨胀系数 2×10^{-5} mm/mm·℃,泊松比 0.3。外壁由金属材料二制成,厚度为 10 mm,热导率为 10 W/(m·℃),弹性模量为 $E=10.6\times10^6$ Pa,热膨胀系数 1.35×10^{-5} mm/mm·℃,泊松比 0.4。筒内表面温度 30 ℃,筒外表面温度 20 ℃。试确定壁截面的应力分布。

本例用命令流方式求解:

```
/FILNAME,thinwall          ! 定义分析文件名
! 第一步:进行温度场分析的前处理并写温度场物理分析文件
/prep7                     ! 进入前处理
/units,SI                  ! 使用公制单位
et,1,plane77,,,1           ! 选择 PLANE77 热分析单元并设置为轴对称分析
mp,kxx,1,5                 ! 定义材料一热传导系数
mp,kxx,2,10                ! 定义材料二热传导系数
rectng,20,40,0,100         ! 建立材料一几何模型
rectng,40,60,0,100         ! 建立材料二几何模型
aglue,all                  ! 粘接各矩形
numcmp,area                ! 压缩面编号
asel,s,,,1
aatt,1,1,1                 ! 附于材料一材料属性
asel,s,,,2
aatt,2,1,1                 ! 附于材料二材料属性
asel,all
```

117

```
esize,0.5                        ! 定义单元划分尺寸
mshkey,2                         ! 设置为映射单元划分类型
amesh,all                        ! 划分单元
nsel,s,loc,x,20
d,all,temp,30                    ! 施加材料一内壁温度边界条件
nsel,s,loc,x,60
d,all,temp,20                    ! 施加材料一内壁温度边界条件
nsel,all
physics,write,thermal            ! 写温度场物理分析文件
! 第二步:进行结构场分析的前处理并写结构场物理分析文件
physics,clear                    ! 清空物理环境数据
ddel,all                         ! 删除温度场温度载荷
et,1,82,,,1                      ! 选择结构分析单元
mp,ex,1,30e6                     ! 定义材料一结构场材料属性
mp,alpx,1,2e-5
mp,nuxy,1,0.3
mp,ex,2,10.6e6                   ! 定义材料二结构场材料属性
mp,alpx,2,1.35e-5
mp,nuxy,2,0.4
nsel,s,loc,y,0.05                ! 选择两厚壁筒顶面节点
cp,1,uy,all                      ! 耦合节点 Y 向自由度
nsel,s,loc,x,20                  ! 选择材料一内壁节点
cp,2,ux,all                      ! 耦合节点 X 向自由度
nsel,s,loc,y,0                   ! 选择两厚壁筒底面节点
d,all,uy,0                       ! 施加 Y 向位移约束
nsel,all
tref,25                          ! 定义参考温度
physics,write,struct             ! 写结构场物理分析文件
save                             ! 存盘
finish
! 第三步:读取温度场物理分析文件进行求解和后处理
/solu
physics,read,thermal             ! 读取温度场物理分析文件
solve                            ! 求解
finish
/post1                           ! 进入通用后处理
path,radial,2                    ! 定义径向显示路径
ppath,1,,20
ppath,2,,60
```

pdef,temp,temp	! 向所定义路径映射温度分析结果
pasave,radial,filea	! 保存路径文件
plpath,temp	! 显示沿路径温度变化曲线图(见图 4.30)
finish	

! 第四步:读取结构场物理分析文件并读取温度场计算结果进行结构场求解和后处理

/solu	
physics,read,struct	! 读取结构场物理分析文件
ldread,temp,,,,,,rth	! 读取温度场分析结果
solve	! 求解
finish	
/post1	! 进入通用后处理
paresu,raidal,filea	! 读取已存路径文件
pmap,,mat	! 定义沿路径不连续区域处理方法
pdef,sx,s,x	! 向所定义路径映射 X 向应力分析结果
pdef,sz,s,z	! 向所定义路径映射 Z 向应力分析结果
plpath,sx,sz	! 显示沿路径 X 和 Z 向应力分析曲线
plpagm,sx,,node	! 在几何模型上显示 X 向应力分布云图
plnsol,s,eqv,0,1	! 显示等效应力分析结果(见图 4.31)
finish	
/exit,nosav	! 退出 ANSYS

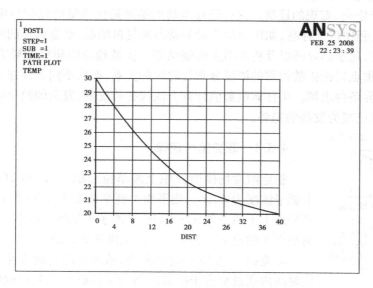

图 4.30　沿路径温度变化曲线图

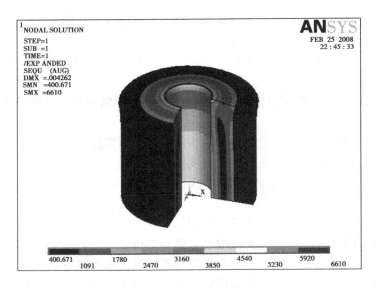

图 4.31　等效应力分析

4.3　浓度场的通用数学模型与计算

任何不均质的材料,在一定的热力学条件下,都将趋向于均匀化。例如,通过扩散退火可以改善因凝固带来的成分不均匀性,这是在合金中分布不均匀的溶质原子从高浓度区域向低浓度区域运动(扩散)的结果。所以固态中的扩散本质是在扩散力(浓度、电场、应力场等的梯度)作用下,原子定向、宏观的迁移。这种迁移运动的结果是使系统的化学自由能下降。材料的扩散现象在工程中广泛存在,如压力加工时的动态恢复再结晶,双金属板的生产、焊接过程,热处理中的相变,化学热处理以及粉末冶金的烧结等。扩散理论的研究主要方面之一是宏观规律的研究,它重点讨论扩散物质的浓度分布与时间的关系,根据不同条件建立一系列的扩散方程,并基其边界条件求解。用计算机数值计算方法代替传统的、复杂的数学物理方程对浓度场问题进行研究已成为发展的趋势。

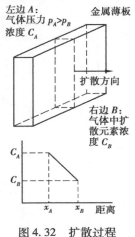

图 4.32　扩散过程

4.3.1　菲克第一定律

稳定浓度场模型,x 轴上两单位面积 $1(A)$ 和 $2(B)$,间距 $\mathrm{d}x$,面上原子浓度为 C_A,C_B,则平面 1 到平面 2 上原子数 $n_1 = C_1 \mathrm{d}x$,平面 2 到平面 1 上原子数 $n_2 = C_2 \mathrm{d}x$,若原子平均跳动频率 f,则 $\mathrm{d}\tau$ 时间内跳离平面 1 的原子数为 $n_1 f \cdot \mathrm{d}\tau$,跳离平面 2 的原子数为 $n_2 f \mathrm{d}\tau$。

菲克第一定律(一定时间内,浓度不随时间变化,$\mathrm{d}C/\mathrm{d}\tau = 0$),单位时间内通过垂直于扩散方向的单位截面积的扩散物质流量(扩散通量)与该面积处的浓度梯度成正比。图 4.32 所示为扩散过程示意图。

定义:组分 i 每单位时间通过单位面积的质量传输量正比于浓

度梯度。

定义式:

$$J = -D\frac{\partial C}{\partial x} \tag{4.68}$$

式中　D——扩散系数。负号表示质量传输的方向与浓度梯度的方向相反;

　　　J——扩散通量,$g/(cm^2 \cdot s)$。

式中负号表明扩散通量的方向与浓度梯度方向相反。可见,只要存在浓度梯度,就会引起原子的扩散,物体的扩散系数单位为m^2/s,其物理意义是:单位传质量相当于单位浓度梯度下的扩散传质通量。影响因素:物体的种类,物体的结构,温度、压力等。

4.3.2　菲克第二定律

解决溶质浓度随时间变化的情况,即 $dC/dt \neq 0$。单元模型如图 4.33 所示,两个相距 dx 且垂直于 x 轴的平面组成的微体积,J_1,J_2 为进入、流出两平面间的扩散通量,扩散中浓度变化为

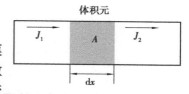

图 4.33　单元模型

$$\frac{\partial C}{\partial \tau} \tag{4.69}$$

则单元体积中溶质积累速率为

$$\frac{\partial C}{\partial \tau}dx = J_1 - J_2 \tag{4.70}$$

由菲克第一定律得

$$J_1 = -D\left(\frac{\partial C}{\partial x}\right)_x$$

$$J_2 = -D\left(\frac{\partial C}{\partial x}\right)_{x+dx} = J_1 + \frac{\partial}{\partial x}\left(-D\frac{\partial C}{\partial x}\right)_{dx}$$

即第二个面的扩散通量为第一个面注入的溶质与在这一段距离内溶质浓度变化引起的扩散通量之和。若 D 不随浓度变化,则

$$\frac{\partial C}{\partial \tau}dx = J_1 - J_2 = -D\frac{\partial}{\partial x}\left(\frac{\partial C}{\partial x}\right) = -D\frac{\partial^2 C}{\partial x^2}dx$$

$$\frac{\partial C}{\partial \tau} = D\left(\frac{\partial^2 C}{\partial x^2}\right)$$

菲克第二定律在三维直角坐标系下的形式为

$$\frac{\partial C}{\partial \tau} = D\left(\frac{\partial^2 C}{\partial x^2} + \frac{\partial^2 C}{\partial y^2} + \frac{\partial^2 C}{\partial z^2}\right) \tag{4.71}$$

4.3.3　运用有限差分法求解渗碳浓度场

渗碳是最常用的一种化学热处理工艺,工件渗碳后表面具有高硬度和耐磨性,心部具有良好的强韧性。工件渗碳后的碳浓度分布决定了工件的性能,求解菲克第二定律偏微分方程,能预测工件渗碳后的碳浓度分布。实际工件的形状是多种多样的,其表面形状可归为平面、凸柱面、凹柱面和球面 4 类。许多工作表明,工件的表面形状和曲率半径影响渗碳后的碳浓度分

布,对不同形状的工件或表面应采用不同的坐标求解。

数学描述:工件内任一时刻任何位置的碳浓度变化规律由菲克第二定律偏微分方程描述:

$$\frac{\partial C}{\partial \tau} = D\left(\frac{\partial^2 C}{\partial x^2} + \frac{\partial^2 C}{\partial y^2} + \frac{\partial^2 C}{\partial z^2}\right) \tag{4.72}$$

当工件表面为平面时,可将碳在工件内的扩散看成只在垂直于工件表面的一维方向上进行,忽略扩散系数 D 随碳浓度的变化,考虑到气体渗碳过程主要由碳向工件表面的传递和碳在工件内部的扩散两部分组成,则工件内的碳浓度分布可归结为求下列定解问题。直角坐标系下的方程:

$$\begin{cases} \dfrac{\partial C}{\partial \tau} = D \dfrac{\partial^2 C}{\partial x^2} \\[2mm] -D \dfrac{\partial C}{\partial x}\bigg|_{x=0} = \beta(C_g - C_s) \\[2mm] \dfrac{\partial C}{\partial x}\bigg|_{x=\infty} = 0 \end{cases} \tag{4.73}$$

半径为 R、长径比较大的圆柱形工件,可认为碳在工件内只沿半径方向进行扩散。利用坐标变换,归结为求下列定解问题。极坐标系下的方程:

$$\begin{cases} \dfrac{\partial C}{\partial \tau} = D\left[\dfrac{\partial^2 C}{\partial r^2} + \dfrac{1}{r}\dfrac{\partial C}{\partial r}\right] \\[2mm] -D \dfrac{\partial C}{\partial r}\bigg|_{r=R} = \beta(C_g - C_s) \\[2mm] \dfrac{\partial C}{\partial r}\bigg|_{r=r_m} = 0 \end{cases} \tag{4.74}$$

半径为 R 的球形工件内的碳浓度分布可归结为求下列定解问题。球坐标系下的方程:

$$\begin{cases} \dfrac{\partial C}{\partial \tau} = D\left[\dfrac{\partial^2 C}{\partial r^2} + \dfrac{2}{r}\dfrac{\partial C}{\partial r}\right] \\[2mm] -D \dfrac{\partial C}{\partial r}\bigg|_{r=R} = \beta(C_g - C_s) \\[2mm] \dfrac{\partial C}{\partial r}\bigg|_{r=r_m} = 0 \end{cases} \tag{4.75}$$

20 世纪 80 年代以来,随着计算机技术的发展,采用数值方法求解扩散方程不仅使求解简单边界条件下的扩散问题变得十分简捷,而且还能够处理以前难以解决的各种复杂的边界条件与初始条件的扩散问题,因而得到了广泛的应用。例如,解式(4.72)扩散方程,其初始条件为

$$C\big|_{t=0} = C_0(x,y,z) \qquad (x,y,z \geqslant 0) \tag{4.76}$$

在一维扩散条件下,边界条件为

$$\begin{cases} C = C_s(\text{外层}) \\[2mm] \dfrac{\partial C}{\partial x} = 0(\text{内层}) \\[2mm] D \dfrac{\partial C}{\partial x} = J(\text{外层}) \\[2mm] D \dfrac{\partial C}{\partial x} = \beta(C_s - C)(\text{外层}) \end{cases} \tag{4.77}$$

结合具体渗碳过程,上式中 C_s 为气氛碳势或工件表面碳浓度;D 为碳在奥氏体中的扩散系数;β 为气固界面反应的传递系数(mm/s)。采用有限差分法求上述扩散方程的解是较为普遍和方便的方法。利用有限差分法求解时,一般分两步进行:

1)将连续函数 $C = f(x, \tau)$ 离散化

将 x-τ 平面划分为如图 4.34 所示的网格,图中 Δx,$\Delta \tau$ 分别代表距离步长和时间步长。两条平行线的交点称为节点,并以有限个节点上的函数值 $C(x_i, \tau_n)$ 代替连续函数 $C = f(x, \tau)$。为简便起见,将 $C(x_i, \tau_n)$ 写为 $C_{i,n}$,即表示在 τ_n 时刻 x_i 处的浓度值;同理可用 $C_{i,n+1}$ 表示在 $\tau_{n+1}(\tau_n + \Delta \tau)$ 时刻 x_{i+1} 处的浓度值。

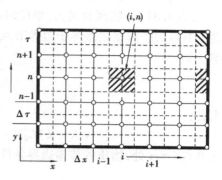

图 4.34　有限差分方法的节点网格

2)用差分代替微分

对每个节点用差分代替微分,此时在 x_i 处可作下列代换:

$$\frac{\partial C}{\partial \tau} = \frac{C_i^{n+1} - C_i^n}{\Delta \tau} \tag{4.78}$$

对 n 及 $n+1$ 两个时间间隔的平均值,其浓度对时间的二阶偏导数同样也用二阶中心差分替代:

$$\frac{\partial^2 C}{\partial x^2} = \frac{1}{2}\left[\frac{C_{i+1}^{n+1} - 2C_i^{n+1} + C_{i-1}^{n+1}}{(\Delta x)^2} + \frac{C_{i+1}^n - 2C_i^n + C_{i-1}^n}{(\Delta x)^2}\right] \tag{4.79}$$

将式(4.78)和式(4.79)代入菲克第二定律,则有:

$$\frac{C_i^{n+1} - C_i^n}{\Delta \tau} = \frac{D}{2(\Delta x)^2}(C_{i+1}^{n+1} - 2C_i^{n+1} + C_{i-1}^{n+1} + C_{i+1}^n - 2C_i^n + C_{i-1}^n) \tag{4.80}$$

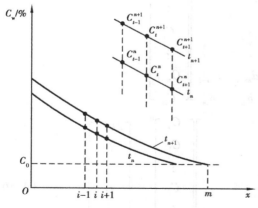

图 4.35　连续函数 $C = f(x, \tau)$ 的离散化示意图

上式称为 Crank-Niclson 格式,实质上是完全隐式与完全显式的中间加权格式,它对任何时间步长都是稳定的。上式的截断误差为 $[(\Delta x)^2 + (\Delta \tau)^2]$,小于其他差分格式。按 Crank-Niclson 格式描述渗层浓度场的示意图见图 4.35。

由式(4.78)整理后,得到

$$-KC_{i+1}^{n+1} + 2(1 + K)C_i^{n+1} - KC_{i-1}^{n+1}$$
$$= KC_{i+1}^n + 2(1 - K)C_i^n + KC_{i-1}^n$$

式中　$K = D\dfrac{\Delta \tau}{(\Delta x)^2}$;

$C_i^n, C_{i+1}^n, C_{i-1}^n$ ——第 n 时刻在 i 点及其相邻节点的浓度;

$C_i^{n+1}, C_{i+1}^{n+1}, C_{i-1}^{n+1}$ ——上述各节点在 $n+1$ 时刻的浓度。

若采用边界条件

$$\beta(C_g - C_s) = -D\frac{\partial C}{\partial x}\bigg|_{x=0} \tag{4.81}$$

依质量守恒定律,可以得出边界节点($i=0$)的有限差分方程:

$$\beta\left[C_g - \frac{1}{2}(C_0^{n+1} + C_0^n)\right] - \frac{D}{2\Delta x}(C_0^{n+1} - C_1^{n+1} + C_0^n - C_1^n) = \frac{\Delta x}{2\Delta \tau}(C_0^{n+1} - C_0^n) \qquad (4.82)$$

式中　C_g——气相碳势。

式(4.81)的物理意义为:单位时间内碳从气相传递到固相表面的通量与碳从 0 节点扩散到 1 节点的扩散量之差等于边界节点($i=0$)所控制的单元体积中单位时间内碳浓度的变化率。如令:

$$L = \frac{\beta\Delta \tau}{\Delta x}$$

则有:

$$(1 + K + L)C_0^{n+1} - KC_1^{n+1} = (1 - K - L)C_0^n + C_1^n + 2LC_g \qquad (4.83)$$

在节点 $i=m$ 处,物质的传递边界条件为

$$C_m^{n+1} = C_{m-1}^{n+1} = C_0$$

式中　C_0——材料心部原始碳含量。

根据节点 m 处的物质传递边界条件和质量守恒定律,可以得出:

$$\frac{D}{2\Delta x}(C_{m-1}^{n+1} - C_m^{n+1} + C_{m-1}^n - C_m^n) = \frac{\Delta x}{2\Delta \tau}(C_m^{n+1} - C_m^n) \qquad (4.84)$$

整理后得到:

$$-KC_{m-1}^{n+1} + (1 + K)C_m^{n+1} = KC_{m-1}^n + (1 - K)C_m^n \qquad (4.85)$$

这样,用有限差分方法求解扩散方程就成为求解由式(4.78)、式(4.83)和式(4.85)组成的 $m+1$ 个方程的大型联立方程组。用矩阵可表示为

$$\begin{bmatrix} d_0 & a_0 & & & & & \\ b_1 & d_1 & a_1 & & & & \\ & \cdots & & & & & \\ & & b_i & d_i & a_i & & \\ & & & \cdots & & & \\ & & & & b_{m-1} & d_{m-1} & a_{m-1} \\ & & & & & b_m & d_m \end{bmatrix} \begin{bmatrix} C_0 \\ C_1 \\ \vdots \\ C_i \\ \vdots \\ C_{m-1} \\ C_m \end{bmatrix}^{n+1}$$

$$= \begin{bmatrix} d'_0 & a'_0 & & & & & \\ d'1 & d'_1 & a'_1 & & & & \\ & \cdots & & & & & \\ & & b'_i & d'_i & a'_i & & \\ & & & \cdots & & & \\ & & & & b'_{m-1} & d'_{m-1} & a'_{m-1} \\ & & & & & b'_m & d'_m \end{bmatrix} \begin{bmatrix} C_0 \\ C_1 \\ \vdots \\ C_i \\ \vdots \\ C_{m-1} \\ C_m \end{bmatrix}^n + \begin{bmatrix} 2LC_g \\ 0 \\ \vdots \\ 0 \\ \vdots \\ 0 \\ 0 \end{bmatrix} \qquad (4.86)$$

方程左边系数矩阵中:

$$d_0 = 1 + K + L$$
$$d_i = 2(1 + K) \qquad i = 1, 2\cdots, m-1$$
$$d_m = 1 + K$$

$$b_i = -K \qquad i = 1, 2, \cdots, m$$
$$a_i = -K \qquad i = 1, 2, \cdots, m-1$$

方程右边系数矩阵中：

$$d'_0 = 1 - K - L$$
$$d'_i = 2(1 - K) \qquad i = 1, 2, \cdots, m-1$$
$$d'_m = 1 - K$$
$$b'_i = K \qquad i = 1, 2, \cdots, m$$
$$a'_i = K \qquad i = 1, 2, \cdots, m-1$$

3）差分方程组求解

方程的矩阵仅在主对角线及相邻的两条对角线上有非零元素，属于 $m+1$ 阶三角矩阵，采用追赶法用计算机可快速求解。将矩阵及扩散系数 D、传递系数 β 的计算式，以及相应的渗碳工艺参数输入计算机。如已知某一时刻 n 的碳浓度分布 $(C_0, C_1, \cdots, C_{m-1}, C_m)_n$，就可以计算出 $\Delta\tau$ 时间后 $(n+1)$ 时刻的碳浓度分布 $(C_0, C_1, \cdots, C_{m-1}, C_m)_{n+1}$。同时，将直读光谱实测的碳浓度分布数据输入计算机，与计算曲线进行比较。图 4.36 为差分法求解扩散方程计算的流程图。

输入参数中，T——温度，℃；

C_0——钢的原始含碳量，%；

$\Delta\tau$——时间步长，s；

Δx——渗层深度步长，mm；

d——需达到的渗层深度；

τ_f——渗碳时间。

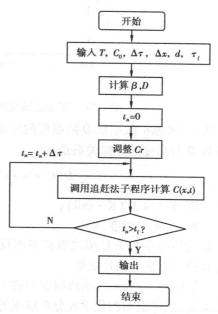

图 4.36　差分法求解扩散方程计算的流程图

初始条件是 $C_{0i} = C_0$。为保证计算的稳定性，在计算中合理选择步长比例 $D\left(\dfrac{\Delta t}{(\Delta x)^2}\right)$ 是非常重要的。

4）计算结果分析

图 4.37 为 $20^{\#}$ 碳钢在 RJJ-35-9 式渗碳炉中进行气体渗碳实测和用 Crank-Niclson 差分格式计算的结果。渗碳工艺为：

①单段渗碳：渗碳温度 $T = 920$ ℃，碳势 $C_g = 1.2\%$，时间 $t_f = 6$ h；

②二段渗碳：渗碳温度 $T = 920$ ℃，碳势 $C_{g1} = 1.2\%$，时间 $t_{f1} = 2$ h，碳势 $C_{g2} = 0.76\%$，时间 $t_{f2} = 2$ h。

计算结果表明，在合理选择步长比例 $D\left(\dfrac{\Delta t}{(\Delta x)^2}\right)$ 的条件下，采用 Crank-Niclson 差分格式求解扩散方程，适用于单段渗碳和二段渗碳模拟计算，计算结果与实验测得结果十分吻合。在碳浓度的模拟计算中，扩散系数 D、碳的传递系数 β 和气氛碳势 C_g 是几个重要参数。碳在奥氏体中的扩散系数 D 与含碳量和温度有关，当钢中含碳量小于 1% 时，扩散系数 D 随碳浓度的变

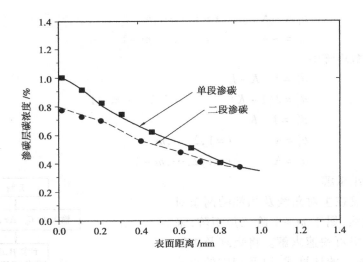

图 4.37　20#钢渗碳实测点和 Crank-Niclson 差分格式计算曲线

化不大,只考虑扩散系数 D 随温度的变化。在 800～1 000 ℃ 温度范围内,碳在奥氏体中的扩散系数 D 与温度的近似关系是:

$$D(C, r - Fe) = 16.2\exp\left(\frac{-137\,800}{RT}\right) \tag{4.87}$$

式中　$R = 8.314$ J/(K·mol);

　　T——绝对温度,K。

　　碳的传递系数 β 是描述渗碳界面反应快慢的反应速度常数,随渗碳气氛的成分而变化。确定 β 值的方法有箔片法等。

　　气氛碳势 C_g 表征气氛渗碳能力的大小。碳势指渗碳反应达到平衡时碳钢的含碳量,合金钢渗碳时,应考虑钢的化学成分对渗碳的影响,合金元素改变奥氏体中碳的活度,在相同的气氛碳势下将得到不同的平衡碳含量。从工程应用的角度,可认为合金元素改变了气氛的有效碳势,Cr,Mn,Mo 等倾向形成 Fe3C 更稳定碳化物的元素,增高气氛的有效碳势,Si 和 Ni 等倾向形成比 Fe3C 不稳定碳化物的元素,降低气氛的有效碳势。合金钢渗碳后表面含碳量按 Gunnarson 公式计算:

$$\lg\frac{C_a}{C_c} = 0.013Mn\% + 0.040Cr\% + 0.013Mo\% - 0.005Si\% - 0.014Ni\%$$

式中　C_a——合金钢表面达到的实际含碳量;

　　C_c——在相同的碳势时碳钢表面的含碳量。

　　计算碳浓度的通用程序由两个功能模块构成。功能模块 1 是根据选择的钢种、工件的形状和尺寸、渗碳的有关工艺参数计算工件渗碳后的碳浓度分布。计算结果能以图形或表格的形式显示或打印。可以直接选定平面、凸柱面、凹柱面、球体 4 种形状中的一种计算渗碳后的碳浓度分布,并以图形的形式显示。也可以选定同时计算 4 种形状的工件渗碳后的碳浓度分布,在一张图上显示相同渗碳条件时 4 种形状的工件渗碳后的碳浓度分布曲线。在相同渗碳工艺条件下,计算不同曲率半径、不同形状工件渗碳后工件内的碳浓度分布,能了解工件曲率半径和工件形状对渗层深度和渗层碳浓度分布梯度的影响。该模块预测工件渗碳后的渗层深度和渗层碳浓度分布梯度,为工艺人员进行渗碳工艺设计提供"离线"帮助。

用通用程序计算了不同钢种、不同曲率半径、不同形状的工件渗碳后的渗碳层深度和碳浓度分布,结果表明,当工件曲率半径较大时,形状对工件渗碳后的渗碳层深度和碳浓度分布影响小,碳浓度分布曲线重合;当工件曲率半径较小时,形状对工件渗碳后的渗碳层深度和碳浓度分布影响较大,渗碳层深度和碳浓度分布梯度差别较大。图 4.38 是 20CrNiMo 钢的一个算例,计算条件如下:渗碳温度 930 ℃,强渗

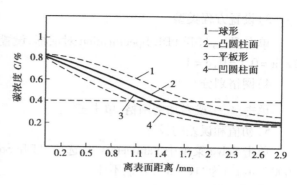

图 4.38　碳浓度分布曲线($R = 3$ mm)

碳势 $C_g = 1.2$,强渗时间 6 h,扩散碳势 $C_g = 0.8$,扩散时间 4 h,β 取 1.58×10^{-4} mm/s。以 0.4% 含碳量作为渗碳层深度。从图 4.38 看出,相同渗碳工艺条件下,球体渗碳后渗碳层深度最大,碳浓度分布梯度明显高于其他形状工件的碳浓度分布。制订渗碳工艺时应注意到这一点。

4.3.4　基于 MATLAB 的渗碳过程计算

MATLAB 是一种功能强大的计算机语言,其基本功能及操作请读者参见本教材第 6.3 节。

例 4.6　对一足够长的碳含量 $\omega_C = 0.1\%$ 的低碳钢棒材渗碳,渗碳温度为 930 ℃,设渗碳开始时棒材表面碳含量即达 $\omega_C = 1\%$ 且始终保持这一水平,试求渗碳进行 4 h 后表面 4×10^{-4} m 处的碳浓度 C(已知碳在 γ-Fe 中的扩散系数 $1.61 \times 10 - 12$ m²/s)。通过误差函数解得 $C = 0.157\%$。

转化为求解如下方程组:

$$\begin{cases} \dfrac{\partial u}{\partial t} - 1.61 \times 10^{-12} \nabla u = 0 \\ u = 0.001（上边界上） \\ u = 0.01（下边界上） \\ \dfrac{\partial u}{\partial n} = 0（左右边界上） \\ u \mid_{t=t_0} = 0.001 \end{cases}$$

用 PDE Tool 解题步骤如下:

1)区域设置

单击 ▢ 工具,在窗口拉出一个矩形,双击矩形区域,在 Object Dialog 对话框输入 Left 为 "0",Bottom 为 "0",Width 为 "1e- 4",Height 为 "4e-3"。与默认的坐标相比,图形小得看不见,所以要调整坐标显示比例。方法:选择 Options – > Axes Limits,把 x,y 轴的自动选项打开。

2)设置边界条件

单击 ?Ω,使边界变成红色,然后分别双击每段边界,打开 Boundary Conditions 对话框,设置边界条件。在左边界和右边界,选择 "Neumann",输入 g 为 "0",q 为 "0"。(表示左右边界与外界绝缘)下边界选择 Dirichlet 条件,输入 h 为 "1",r 为 "1e - 2"(表示下边界恒为 0.01)。上边界选择 Dirichlet 条件,输入 h 为 "1",r 为 "1e - 3"(表示上边界恒为 0.001)。

3）设置方程类型

单击 PDE ，打开 PDE Specification 对话框，设置方程类型为 Parabolic（抛物型），c = 1.61e − 12，a = 0，f = 0，d = 1。

4）网格划分

单击 △ ，或者加密网格，单击 △ 。

5）初值和误差的设置

单击 Solve 菜单中 Parameters... 选项，打开 Solve Parameters 对话框，输入 Time 为"0：4 ∗ 3600"，u（t_0）为"1e − 3"，其他不变。

6）解方程

单击 ＝ ，开始解方程。

7）整理数据

单击 Mesh − > Export Mesh... 输出 P，e，t 的数值，单击 Solve − > Export Solution... 输出 u，回到 Matlab 主窗口执行下面两条命令：

u1 = [p′，u（：，14401）]　　　　! 将节点坐标和其在 14400 s（即 4 h）时的碳浓度组成新矩阵

u2 = sortrows（u1，2）　　　　　! 将 u_1 按 y 值大小排列。

8）求解，计算结果见表4.5。

观察 u_2 可发现，y = 0.000 4 时，C = 0.001 6，并可看出渗碳厚度不大于 7.09 × 10^{-4} m。

表4.5　计算结果

x	y	C	x	y	C
0.0001	0	0.01	0	0.0012	0.001
0	0	0.01	0.0001	0.0012	0.001
0.00005	0	0.01	0.00005	0.0012	0.001
0.0001	3.92E − 05	0.00868	0	0.0014	0.001
0	3.92E − 05	0.008688	0.0001	0.0014	0.001
0.00005	3.92E − 05	0.008684	0.00005	0.0014	0.001
0.0001	7.84E − 05	0.007407	0	0.0016	0.001
0.00005	7.84E − 05	0.007413	0.00005	0.0016	0.001
0	7.84E − 05	0.00742	0.0001	0.0016	0.001
0.0001	0.000129	0.005888	0.0001	0.0018	0.001
0.00005	0.000129	0.005893	0	0.0018	0.001
0	0.000129	0.005897	0.00005	0.0018	0.001
0.0001	0.00018	0.004575	0.0001	0.002	0.001
0.00005	0.00018	0.00458	0	0.002	0.001
0	0.00018	0.004585	0.00005	0.002	0.001
0.0001	0.000247	0.003237	0.0001	0.0022	0.001
0.00005	0.000247	0.003236	0	0.0022	0.001

续表

x	y	C	x	y	C
0	0.000247	0.003235	0.00005	0.0022	0.001
0	0.000313	0.002294	0	0.0024	0.001
0.0001	0.000313	0.002296	0.0001	0.0024	0.001
0.00005	0.000313	0.002295	0.00005	0.0024	0.001
0.0001	0.000399	0.001571	0.0001	0.0026	0.001
0	0.000399	0.001562	0	0.0026	0.001
0.00005	0.000399	0.001566	0.00005	0.0026	0.001
0.0001	0.000485	0.001218	0	0.0028	0.001
0.00005	0.000485	0.001215	0.00005	0.0028	0.001
0	0.000485	0.001212	0.0001	0.0028	0.001
0	0.000597	0.001046	0.0001	0.003	0.001
0.00005	0.000597	0.001048	0	0.003	0.001
0.0001	0.000597	0.00105	0.00005	0.003	0.001
0.0001	0.000709	0.001008	0.0001	0.003146	0.001
0	0.000709	0.001007	0	0.003146	0.001
0.00005	0.000709	0.001008	0.00005	0.003146	0.001
0.0001	0.000854	0.001	0.0001	0.003291	0.001
0	0.000854	0.001	0	0.003291	0.001
0.00005	0.000854	0.001	0.00005	0.003291	0.001
0.0001	0.001	0.001	0	0.003403	0.001
0	0.001	0.001	0.0001	0.003403	0.001
0.00005	0.001	0.001	0.00005	0.003403	0.001
0.00005	0.003601	0.001	0.00005	0.00382	0.001
0.0001	0.003687	0.001	0.0001	0.003871	0.001
0	0.003687	0.001	0	0.003871	0.001
0.00005	0.003687	0.001	0.00005	0.003871	0.001
0.0001	0.003753	0.001	0.0001	0.003922	0.001
0.00005	0.003753	0.001	0	0.003922	0.001
0	0.003753	0.001	0.00005	0.003922	0.001
0.0001	0.00382	0.001	0.0001	0.003961	0.001
0	0.00382	0.001	0	0.003961	0.001
0.0001	0.004	0.001	0.00005	0.003961	0.001
0.00005	0.004	0.001	0	0.004	0.001

4.4 铸件充型过程流场的通用数学模型

铸造生产的实质就是直接将液态金属浇入铸型并在铸型中凝固和冷却,进而得到铸件。液态金属的充型过程是铸件形成的第一个阶段。许多铸造缺陷如卷气、夹渣、浇不足、冷隔及砂眼等都是在充型不利的情况下产生的。因此,了解并控制充型过程是获得优质铸件的重要条件。但是,由于充型过程非常复杂,长期以来人们对充型过程的把握和控制主要是建立在大量试验基础上的经验准则。随着计算机技术的发展,铸件充型凝固过程数值模拟受到了国内外研究工作者的广泛重视,从 20 世纪 80 年代开始,在此领域进行了大量的研究,在数学模型的建立、算法的实现、计算效率的提高以及工程实用化方面均取得了重大突破。目前铸件充型凝固过程数值模拟的发展已进入工程实用化阶段。与充型过程相比,铸件凝固过程温度场模拟相对要成熟得多,温度场模拟以及建立在此基础上的铸件缩孔、缩松预测是目前凝固模拟商品化软件最基本的功能模块之一。应用先进的数值模拟技术,铸造生产正在由经验走向科学理论指导。通过充型凝固过程模拟,人们可以掌握主要铸造缺陷的形成机理,优化铸造工艺参数,确保铸件质量,缩短试制周期,降低生产成本。目前砂型铸造的充型模拟还占主导地位,本章主要介绍砂型铸件充型凝固过程中的流场、温度场模拟技术以及在此基础上进行的铸钢件和球墨铸铁件缩孔、缩松预测。

欲获得健全的铸件,必先确定一套合理的工艺参数。数值模拟或称数值试验的目的,就是要通过对铸件充型凝固过程的数值计算,分析工艺参数对工艺实施结果的影响,便于技术人员对所设计的铸造工艺进行验证和优化,以及寻求尽快解决工艺问题的办法。

铸件充型凝固过程数值计算以铸件和铸型为计算域,包括熔融金属流动和传热数值计算,主要用于液态金属充填铸型过程;铸件铸型传热过程数值计算,主要用于铸件凝固过程;应力应变数值计算,主要用于铸件凝固和冷却过程;晶体形核和生长数值计算,主要用于金属铸件显微组织形成过程和铸件机械性能预测;传热传质传动量数值计算,主要用于大型铸件或凝固时间较长的铸件的凝固过程。数值计算可预测的缺陷主要是铸件形成过程中易发生的冷隔、卷气、缩孔、缩松、裂纹、偏析、晶粒粗大等,另外可以通过数值计算,提出合理的铸造工艺参数,包括浇注温度、铸型温度、铸件凝固时间、打箱时间、冷却条件等。目前,用于液态金属充填铸型过程的熔融金属流动和传热数值计算以及用于铸件凝固过程的铸件铸型传热过程数值计算已经比较成熟,逐渐为铸造厂家在实际生产中采用,下面主要介绍这两种数值试验方法。

1)数学模型

熔融金属充型与凝固过程为高温流体于复杂几何型腔内作有阻碍和带有自由表面的流动及向铸型和空气的传热过程。该物理过程遵循质量守恒、动量守恒和能量守恒定律,假设液态金属为常密度不可压缩的黏性流体,并忽略湍流作用,则可以采用连续、动量、体积函数和能量方程组描述这一过程。

连续性方程:

$$\frac{\partial u}{\partial x} + \frac{\partial v}{\partial y} + \frac{\partial w}{\partial z} = 0 \qquad (4.88)$$

动量守恒方程:

$$\begin{cases} \dfrac{\partial(\rho u)}{\partial t} + u\dfrac{\partial(\rho u)}{\partial x} + v\dfrac{\partial(\rho u)}{\partial y} + w\dfrac{\partial(\rho u)}{\partial z} = -\dfrac{\partial P}{\partial x} + \mu\left(\dfrac{\partial^2 u}{\partial x^2} + \dfrac{\partial^2 u}{\partial y^2} + \dfrac{\partial^2 u}{\partial z^2}\right) + \rho g_x \\[3mm] \dfrac{\partial(\rho v)}{\partial t} + u\dfrac{\partial(\rho v)}{\partial x} + v\dfrac{\partial(\rho v)}{\partial y} + w\dfrac{\partial(\rho v)}{\partial z} = -\dfrac{\partial P}{\partial y} + \mu\left(\dfrac{\partial^2 v}{\partial x^2} + \dfrac{\partial^2 v}{\partial y^2} + \dfrac{\partial^2 v}{\partial z^2}\right) + \rho g_y \\[3mm] \dfrac{\partial(\rho w)}{\partial t} + u\dfrac{\partial(\rho w)}{\partial x} + v\dfrac{\partial(\rho w)}{\partial y} + w\dfrac{\partial(\rho w)}{\partial z} = -\dfrac{\partial P}{\partial z} + \mu\left(\dfrac{\partial^2 w}{\partial x^2} + \dfrac{\partial^2 w}{\partial y^2} + \dfrac{\partial^2 w}{\partial z^2}\right) + \rho g_z \end{cases}$$

$$(4.89)$$

体积函数方程：

$$\frac{\partial F}{\partial t} + \frac{\partial(Fu)}{\partial x} + \frac{\partial(Fv)}{\partial y} + \frac{\partial(Fw)}{\partial z} = 0 \tag{4.90}$$

能量守恒方程：

$$\frac{\partial(\rho cT)}{\partial t} + u\frac{\partial(\rho cT)}{\partial x} + v\frac{\partial(\rho cT)}{\partial y} + w\frac{\partial(\rho cT)}{\partial z} = \frac{\partial^2(\lambda_x T)}{\partial x^2} + \frac{\partial^2(\lambda_y T)}{\partial y^2} + \frac{\partial^2(\lambda_z T)}{\partial z^2} + \rho Q$$

$$(4.91)$$

式中　u,v,w——x,y,z 方向速度分量；

　　　ρ——金属液密度；

　　　t——时间；

　　　P——金属液体内压力；

　　　μ——金属液动力黏度；

　　　g_x,g_y,g_z——x,y,z 方向的重力加速度；

　　　F——体积函数，$0 \leqslant F \leqslant 1$；

　　　c——金属液比定压热容；

　　　T——金属液温度；

　　　λ——金属液热导率；

　　　ρQ——热源项。

2)实体造型和网格剖分

欲进行三维充型凝固过程数值模拟,首先需要铸件的几何信息,具体地说是要根据二维铸件图形成三维铸件实体,然后再对铸件实体进行三维网格划分以得到计算所需的网格单元几何信息。利用市场上成熟的造型软件(如 UG,ProE,Solid-Edge，AutoCAD 等)进行铸件铸型实体造型,然后读取实体造型后产生的几何信息文件(如 STL 文件),编制程序对实体造型铸件进行自动划分,这种方法可以大大缩短几何条件准备时间。剖分后的网格信息包括单元尺寸和单元材质标识。

充型凝固过程数值计算步骤如下：

①将铸件和铸型作为计算域,进行实体造型、剖分和单元标识。

②给出初始条件、边界条件和金属、铸型的物性参数。

③求解体积函数方程得到新时刻流体流动计算域。

④求解连续性方程和动量方程,得到新时刻计算域内流体速度场和压力场。

⑤求解能量方程,得到铸件和铸型的温度场及液态金属固相分数场。

⑥增加一个时间步长,重复③~⑥步至充型完毕。

⑦计算域内流体流动速度置零,调整时间步长。

⑧将充型完毕时计算得到的铸件和铸型温度场作为初始温度条件,求解能量方程至铸件凝固完毕。

⑨计算结果后处理,进行铸造工艺分析、铸件缺陷预报和工艺参数优化工作。

思考题与上机操作实验题

（注意：可以应用 ANSYS 软件求解）

4.1 举例说明材料科学与工程中某一工艺所涉及的物理场,并查找相关资料,得到该物理场的数学模型及初始条件、边界条件。

4.2 导热方程的物理意义。阐述温度场边界条件的种类及表达方式。

4.3 题图 4.3 所示为 L 型平板,初始温度见图中,计算其温度分布。

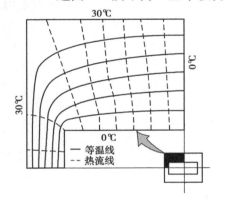

题图 4.3 L 型平板导热计算

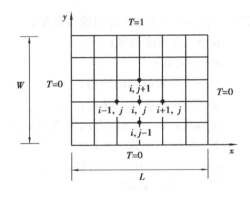

题图 4.4 二维矩形区域稳态导热

4.4 题图 4.4 示出了一矩形区域,其边长 $L = W = 1$,假设区域内无内热源,导热系数为常数,3 个边温度为 $T_1 = 0$,一个边温度为 $T_2 = 1$,求该矩形区域内的温度分布。

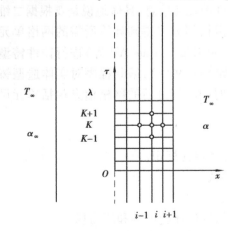

题图 4.6 大平板非稳态导热数值解区域离散化示意图

4.5 考虑一内径为 1 m,外径为 2 m 的厚壁圆筒,内、外壁温度分别为 10 ℃ 和 100 ℃,圆筒的导热系数为 0.158 W/(m·℃)。求圆筒内的温度分布。

4.6 有一厚度为 0.12 m 的无限大平板（见题图 4.6）,初始温度为 20 ℃,两侧表面同时受到温度为 150 ℃ 的流体加热,流体与平板表面之间的对流换热系数为 24 W/(m²·℃),平板材料的导热系数为 0.24 W/(m·℃),而热扩散系数为 0.147×10^{-6} m²/S。试计算平板温度分布随时间的变化。

4.7 简述扩散方程的物理意义,阐述浓度场边界条件的种类及表达方式。

4.8　某种低碳铁或钢处于甲烷（CH_4）与一氧化碳（CO）混合气中,950 ℃左右保温。渗碳的目的是使铁的表面形成一层高碳层,即表面含碳量高于0.25wt%,以便进一步作热处理。碳在 γ 相铁中的溶解度为1wt%。在950 ℃时,γ 相铁的扩散系数 D 约为 10^{-11} m^2/s。求扩散处理时间为 10^4 s（约3 h）后,碳在 γ 相铁中的浓度分布（见题图4.8）。

题图4.8

固体扩散方程——菲克第二定律：

$$\frac{\partial C}{\partial t} = \frac{\partial}{\partial x}\left(D\frac{\partial C}{\partial x}\right) + \frac{\partial}{\partial y}\left(D\frac{\partial C}{\partial y}\right)$$

其中,$D = 10^{-11}$ m^2/s,边界条件及初始条件为

$$\begin{cases} C(0,y,t) = C_0 = 0.01 \\ C(2,y,t) = 0.0 \\ C(x,y,0) = 0.0 \end{cases}$$

4.9　节点数 $N_1 = N_2 = 10$, $T_a = T_b = 20$ ℃,比热 $C = 0.16$ cal/(g·℃),密度 $\rho = 7.82$ g/cm^2,$\kappa = 0.1$ cal/(cm·s·℃),节点间距为0.2 cm,时间步长为0.01 s,热源作用时间 $S_1 = 5$ s,$\beta = 0.0008$ cal/(g·℃),$Q_m = 2500$ cal/℃,板厚 $H = 1$ cm,用有限差分法计算二维热加工温度场。

4.10　有一很长的方形模具,外部尺寸为30 mm×30 mm,内部为10 mm×10 mm,现需进行渗碳处理,以提高内表面耐磨性。现假定其内部充满渗碳剂,内表面碳浓度维持在1.4%,外表面为空气,碳浓度为0。求稳态时的碳浓度分布。不考虑扩散系数随碳浓度的变化和碳浓度升高引起的相变。

4.11　较复杂边界条件热传导模拟。复杂边界条件热传导模型边界情况如题图4.11所示。注意:实体模型假定为无限长。

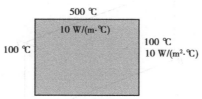

题图4.11　复杂边界条件热传导模型

4.12　潜水艇壁的温度场分析。某一潜水艇可以简化为一圆筒,它由三层组成,最外面一层为不锈钢,中间为玻纤隔热层,最里面为铝层,筒内为空气,筒外为海水,求内外壁面温度及温度分布。

几何参数：　　　筒外径　　　　30　　　　feet

　　　　　　　　总壁厚　　　　2　　　　inch

　　　　　　　　不锈钢层壁厚　0.75　　　inch

	玻纤层壁厚	1	inch
	铝层壁厚	0.25	inch
	筒长	200	feet
导热系数:	不锈钢	8.27	BTU/(hr.ft.℉)
	玻纤	0.028	BTU/(hr.ft.℉)
	铝	117.4	BTU/(hr.ft.℉)
边界条件:	空气温度	70	℉
	海水温度	44.5	℉
	空气对流系数	2.5	BTU/(hr.ft2.℉)
	海水对流系数	80	BTU/(hr.ft2.℉)

沿垂直于圆筒轴线作横截面,得到一圆环,取其中1度进行分析,如题图4.12所示。

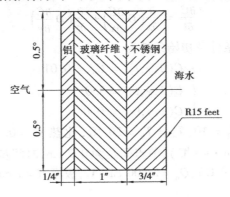

题图4.12　潜水艇外壳材料及几何尺寸

4.13　复合材料分析,如题图4.13所示,一个尺寸为0.4 m×0.6 m的碳纤维复合材料板,AB端完全固定,C端受垂直板面的集中力作用,大小为100 N。试对其进行分析。已知复合材料板有4层,每层厚度为0.005 m;$Ez = 30 \times 10^6$ N/m²,$Ey = Ez = 3 \times 10^6$ N/m²,泊松比为0.3,$G_{xy} = G_{xz} = G_{yz} = 6 \times 10^5$ N/m²。

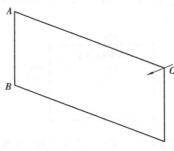

题图4.13　复合材料板

第 **5** 章
材料科学与工程中的计算机
辅助计算与设计技术

5.1　相图计算

相图是相平衡体系的几何图示,在实际的研究如新材料开发、钢铁冶金、应用化学、生命科学等学科中都有着广泛的应用。传统的测定相图的方法是热分析、X 射线结构分析等实验方法,比如采用热分析法测定二元相图时,要先通过实验手段得到该二元相图的步冷曲线,再由该步冷曲线的平台对应得出此二元相的相图,这类方法普遍存在精确度不高的缺陷。现在对实验方法已经进行了一些改进,如对差热分析的样品进行微量化处理、多对片状热电偶串联使用及差热分析仪与 X 射线衍射仪联用和计算机的在线控制等,用以提高相图测定的精确度。但是当这些实验方法用于测定三元以上的相图时,出现由于工作量太大的困难而使得这些方法变得不实用。在这种情况下产生了计算相图技术,其理论基础在于:相图与热力学密切相关,即我们既可以从相图中提取热力学数据,也可以通过热力学数据构筑相图。

20 世纪 70 年代,随着热力学和统计力学与计算技术的发展,并结合计算机这种高效运算工具,使得计算相图技术取得了快速的发展,并形成了一门介于热化学、相平衡理论、计算机技术之间的边缘学科分支——CALPHAD,极大地推动了相图计算和预测技术的发展,开发出各种计算相图的软件,如 FACTMANLABS,LUKAS,PRGRAMME,MTDATA,GEMINI,PTX-SYSTEM,PERPLE_X,THERMOCALC 等,另外不断建立和丰富各类用于相图计算的数据库,并渐趋于向理论计算和实验测定相结合的构筑相图的方向发展。

5.1.1　相图计算的原理及计算方法

相图计算的原理及计算方法主要有两大类,一类是由平衡各相中的组元 i 偏摩尔自由能相等的原理计算相图,另一类是通过求体系自由能最小化的方法计算相图。这里主要介绍第一类。

以二元体系为例,若两相(α 相和 β 相)平衡,则平衡条件是:

$$\begin{cases} G_1^{\alpha} \equiv G_1^{\beta} \\ G_2^{\alpha} \equiv G_2^{\beta} \end{cases}$$

则

$$(^{O}G_1^{\beta} - {}^{O}G_1^{\alpha}) + (^{E}G_1^{\beta} - {}^{E}G_1^{\alpha}) = RT\ln(X_1^{\alpha}/X_1^{\beta})$$

$$(^{O}G_2^{\beta} - {}^{O}G_2^{\alpha}) + (^{E}G_2^{\beta} - {}^{E}G_2^{\alpha}) = RT\ln(X_2^{\alpha}/X_2^{\beta})$$

且有

$$X_1^{\alpha} + X_2^{\alpha} = 1$$

$$X_1^{\beta} + X_2^{\beta} = 1$$

式中　T——温度；

　　　$X_1^{\alpha}, X_1^{\beta}, X_2^{\alpha}, X_2^{\beta}$——组元 1,2 在 α 相和 β 相中的含量；

　　　$G_1^{\alpha}, G_2^{\alpha}$——组元 1,2 在 α 相中的偏摩尔自由能；

　　　G_1^{β}, G_2^{β}——组元 1,2 在 β 相中的偏摩尔自由能；

　　　$^{O}G_1^{\alpha}, {}^{O}G_1^{\beta}, {}^{O}G_2^{\alpha}, {}^{O}G_2^{\beta}$——组元 1,2 在 α 相和 β 相中标准状态偏摩尔自由能；

　　　$^{E}G_1^{\alpha}, {}^{E}G_1^{\beta}, {}^{E}G_2^{\alpha}, {}^{E}G_2^{\beta}$——组元 1,2 在 α 相和 β 相中的过剩偏摩尔自由能。

在理想溶液中有 $^{E}G_1 = 0$，由 4 个方程解 4 个未知数，可以求解出温度与成分的关系，从而计算出相图。但在非理想溶液中 $^{E}G_1 \neq 0$，且是组成的函数，故在一般情况下，特别是针对多元多相体系方程并不具有单一的解，而必须运用尝试法进行逐步逼近的数值计算，这就更加需要运用计算机这个工具及相应的软件进行求解，常规人工计算已不能满足实际需求。

5.1.2　相图数据库与计算软件

集成热化学数据库（Integrated Thermochemical Database）不仅包含了经过用 CALPHAD 方法优化评估具有高度热力学自洽性的热力学数据和先进的计算软件，而且能为社会迅速提供数据和程序服务。当今国际上最重要的热化学数据库和相图计算软件是 Thermo Calc 和 FACTSage，正在发展的新一代相图计算软件是 PANDAT。其中 Thermo Calc 发展历史较长，在后面我们将对 Thermo Calc 的基本组成和应用进行较为详细的介绍。

（1）Thermo Calc

以 HillertM，SundmanB，JanssonB 等的著作与论文为基础，由 1981 年推出 Thermo-Calc 第一版至目前在微软视窗界面上运行的 TCW4，经过几十年的努力，Thermo-Calc 软件已成了数据齐全、功能众多的、在国际上得到广泛应用（尤其是合金体系）的相图计算软件包。该软件包包含了欧洲共同体热化学学科组（SGTE：Scientific Group Thermodata Europe）的 SGTE 纯物质（SSUB）、溶液（SSOL）和二元合金（BIN）数据库以及众多的合金和材料数据库：TC 不锈钢/合金（TC-Fe2000）、TCAB 镍基超合金（TC-Ni）、铝基合金 Al（TT-Al）、钛基合金（TT-Ti）、镁铝基合金（TT-Mg）、镍铝基合金（TT-Ni）数据库。Thermo-Calc 软件含有各种功能模块 13 个，主要有用于多元复相平衡和相图计算的 POLY-3、用于评估热力学参数的 PARROT、用于处理 Gibbs 自由能的 GIBBS_ENERGY_SYSTEM、用于数据库操作的 DATABASE_RETRIEVAL、用于分步模拟化学反应的 REACTOR_SIMULATOR_3、用于以 Scheil 模型模拟凝固过程的 SCHEIL_SIM-ULA2TION、分别处理位势相图和 E-pH 图的 POTENTIAL_DIAGRAM 和 POURBAIX_DIA-GRAM，以及简易处理二元和三元相图的 BINARY_DIA2GRAM_EASY 和 TERNARY_DIAGRAM 等。在 Thermo-Calc 基础上开发的 DICTRA 是材料热力学和动力学软件相结合的范例，已在材料烧结、热处理和表面处理等领域获得了成功的应用。

（2）FACTSage

FACTSage 软件包具有 20 多年历史,是由两个软件在 2001 年有机融合而成的,一个是由加拿大蒙特利尔大学 PeltonA. D 和 BaleW. C 教授领导的研究组开发的相图软件 FACT Win/F *A*C*T*,另一个是德国 GTT 公司的 Hack K 和 Eriksson G 博士研制的相图软件 Chemsage/SOLGASMIX,其最新版本为 FACTSag Version5. 3. 1（2004. 11）。该软件包在微软视窗界面上运行,具有优异的提供系统信息、数据库、计算和管理功能,使用方便。近十多年来通过加拿大、德国、美国、澳大利亚等国的国际合作,FACTsage 软件包中的溶液数据库包含有 S-SO_4-PO_4-CO_3-F-Cl-I-OH-H_2O 稀溶质的 SiO_2-CaO-Al_2O_3-Cu_2O-FeO-MgO-Na_2O-K_2O-TiO_2-Ti_2O_3-Fe_2O_3-ZrO_2- CrO-Cr_2O_3-NiO-B_2O_3-PbO-ZnO 熔体/玻璃体系经过精确评估的热力学数据,是目前国际上公认的最好的炉渣/玻璃数据库之一。此外,陶瓷固溶液、熔盐以及浓溶液模型参数等特色也很鲜明。值得着重指出的是 FACTSag 软件包中的 Equilib 模块应用自由能最小算法和 ChemSage 的热化学功能为使用者提供了一个强大的多元多相平衡计算平台,在复杂化学平衡计算和过程模拟领域具有良好的国际声誉。

（3）PANDAT

从 20 世纪 90 年代起,美国威斯康星大学 Chang A Y（张永山）教授为首的研究组注意到了若干相图计算软件（如 Lukas 程序）基于局部平衡算法（localminimizationalgorithm）,而且使用者需要专门的技巧和输入设定的初值,不仅使用不便,而且难以完全避免局部平衡的出现,使计算失真。为此陈双林、Chang A Y 等充分讨论了稳定相平衡计算的重要性。在此基础上,1996 年 Chang A Y 创建了 CompuTherm LLT 公司致力于运用 C + +语言研究 Windows 界面的新一代多元相图计算软件 PANDAT,其核心是 Pan-Engine-PANDAT 的计算引擎,具有系统信息管理和热力学与相平衡计算的功能。PANDAT 软件包的最大优点是,即使自由能函数在一定成分范围内具有多个最低点的情况下,未必具有相图计算专业知识和计算技巧的使用者也能无需设定计算初值使用 PANDAT 软件自动搜索多元多相体系的稳定平衡。

5.1.3　Thermo-Calc 软件在相图计算中的应用

（1）Thermo-Calc 软件系列组成、基本功能及应用领域

Thermo-Calc 系列软件包括:经典热力学计算软件 TCC（Thermo-Calc Classic）、Windows 版本热力学计算软件 TCW（Thermo-Calc for Windows）、扩散模拟软件 DICTRA、热力学计算二次开发平台 TC-Interfaces 和材料数据库等。

1）TCC

TCC 是 Thermo-Calc 软件的经典版本（DOS 版本）,具备通用、计算灵活的特点。TCC 被用户认定为很好的多元体系热力学与相图计算软件。如今全球已经有多个教育和工业用户选择了 TCC。TCC 由于众多的功能,它已被广泛用于材料科学与工程领域。经过 30 多年的发展和精炼,TCC 已成为很好的热力学计算软件。TCC 内置了许多专业模块,运用功能强大的求解器和后处理功能,TCC 可以计算单质、化合物、液体、固溶相、水溶液、气体混合物、聚合物及其他更多物质的热力学性能。TCC 可以处理多元体系,还可用它计算多元体系的性能曲线或相图来研究一种元素的变化对不同相的影响。TCC 可以完成材料科学与工程领域众多的计算,其主要功能如下:

- 相图（二元、三元、等值截面、等温截面等）（可设置 5 个以上独立变量）

- 单质、化合物、固溶相的热力学性能
- 化学反应的热力学性能
- 性能曲线（相分数、吉布斯自由能、焓、热熔、体积等）（可计算 40 种以上成分）
- 亚平衡、次平衡
- 水溶液运动性
- 特别值（如 To，A3 温度，绝热温度 T，冷淬因素，$\partial T / \partial X$ 等）
- 钢铁表面、钢铁/合金精炼的氧化层形成
- 腐蚀、循环、重熔、烧结、煅烧、燃烧中的物质形成
- CVD 图、薄膜成型
- CVM 计算、化学有序—无序
- 稳态反应热力学
- 数据库的制订与修正
- 卡诺循环模拟
- 其他任何平衡态的计算模拟

2）TCW

　　TCW 是 Thermo-Calc 软件的 Windows 版本，它为初学者和非专业用户进行高级热力学计算提供了快捷和有效的通用计算工具。用户只需输入很少的初始条件（如成分等），便可运用 Windows 操作界面中的菜单、按钮进行多元相图及性能计算，并可通过 TCW 的绘图功能将计算结果进行直观的描述。TCW 和 TCC 使用同样的计算引擎和数据库，TCW 注重的是友好的操作界面，而 TCC 强调的是功能的灵活性。最新版本的 TCW 4 通过先进的图表编辑功能可实现最新版 TCC R 的众多计算功能。结合友好的绘图界面和计算引擎，其基本功能与应用领域如下：

- 相图（二元、三元、等值截面、等温截面等）（可设置 3 个以上独立变量）
- 单质、化合物、固溶相的热力学性能
- 性能曲线（相分数、吉布斯自由能、焓、热熔、体积等）（可计算 20 种以上成分）
- 挥发物的化学势、偏气压（大于 1 000 种物质）
- S-G 凝固模拟以及考虑固溶相中的间隙反扩散计算
- 多元合金液相面计算
- 热力学因素、驱动力
- 多相平衡（可计算 20 种以上成分）
- 亚平衡、次平衡
- 特别值（如 To，A3 温度，绝热温度 T，冷淬因素，$\partial T / \partial X$ 等）
- 钢铁表面、钢铁/合金精炼的氧化层形成
- 热液作用、变质、爆发、沉淀、风化过程的演变
- 腐蚀、循环、重熔、烧结、煅烧、燃烧中的物质形成
- CVD 图、薄膜成型

3）TC-Interfaces

　　用户可运用 TC-Interfaces 进行二次开发，从而制作具备特殊计算功能的个性软件，其基本功能有：计算相的数量和组成、计算液相和固相线温度、计算热化学性能、计算驱动力、计算

扩散系数和计算无隔阂转变热力极限(包括平衡感觉阻碍和准对位条件下的转化)。TC-Interfaces 包含 TC-API(Thermo-Calc 应用程序平台)、TQ(热力学计算平台)和 TC MATLAB ® Toolbox 3 种程序平台供用户进行二次开发。其中 TC-API 和 TQ 必须在 Thermo-Calc 和 Thermo-Calc 数据库各自的特点是:

①TC 应用程序平台(TC-API)。开发语言为 FORTRAN 和 C,可在 PC-Linux 和 PC-Windows 环境中运行。相对于 TQ-I,采用 FORTRAN 和 C 语言编写的 TC-API 更加方便易用,同时 TC-API 包含了 Thermo-Calc 中建立的众多功能。它可直接处理 TDB,POLY-3 和 POLY-3 后处理模块的大部分命令及 GES5 模块中的重要命令。TC-API 适合于开发 windows 环境下的热力学和动力学计算功能。

②热力学计算平台(TQ-I)。TQ-I 开发语言为 FORTRAN,可在几乎所有的平台中运行,如 PC-Linux,PC-Windows,UNIX 等。TQ-I 类似大多数精确计算应用程序,是运用 FORTRAN 开发的专用时间临界程序。TQ-I 可获取如 Thermo-Calc 中的大部分数值,如温度、压强、体积、化学势和扩散系数等。TQ-I 中的子程序和函数注重的是严谨和清晰,而非操作简便。TQ-I 的突出特点是将来只需对源程序作微小的改变便可将开放的程序进行扩展。

MATLAB 的 TC 工具箱:基于 MATLAB 的 TC 二次开发工具箱目前可在 PC-Windows 环境中运行。由于 TC MATLAB 工具箱可以在 MATLAB 环境中进行数据读取和平衡计算,这个开发平台可以让用户将自己的研究成果快速地用图形展示出来。当前版本的 TC MATLAB 工具箱包含了 50 多种命令,其中包括 DICTRA 的一部分操作命令。运用 MATLAB 已有的许多功能函数,TC MATLAB 工具箱表现得非常紧凑和简单。该工具箱的使用必须先安装 MATLAB。

4)DICTRA

DICTRA 是用于模拟多元合金扩散控制转换的通用软件包。DICTRA 的核心是多元扩散方程的数值解,它运用热力学计算软件 Thermo-Calc 操作界面。扩散模拟是以评估热力学和动力学数据库为基础,利用必要的热力学和动力学数据库,DICTRA 可模拟包含 10 种以上元素材料的扩散过程。

DICTRA 的发展重点已聚集到运用理论方法评估热力学和动力学数据库,从而使计算模拟能更接近于真实条件而发挥合金的实用价值。扩散模拟可应用于一维空间和 3 种不同的几何形状,包括圆柱,球形间和平面,这足以模拟很多扩散现象,如圆柱几何可以用于模拟管壁中的扩散和合金棒中的析出作用。

DICTRA 是瑞典皇家理工学院 60 多年的研究结果,并已经经过了 20 多年的发展,第一个商业版本的 DICTRA 于 1995 年推出。如今 DICTRA 已成为材料开发和加工的研究工具,并已被全球许多科研人员和工程师所使用。

DICTRA 已经被用于解决许多科学和工程应用问题,如:

◆ 钢铁中的凝固和微观偏析

◆ 烧结碳化物的烧结梯度

◆ Ni 基合金中析出相的长大

◆ 钢铁的渗碳和脱碳

◆ 高温合金的渗碳

◆ 钢铁的渗氮和脱氮

◆ 钢铁中的奥氏体/铁素体扩散转变

◆CCT 曲线和 TTT 曲线

◆涂层和基体间的相互扩散

◆铁合金中的珠光体长大

◆其他功能(可参考用户手册)

5)Thermo-Calc 数据库

Thermo-Calc 数据库种类丰富,它是 Thermo-Calc 系列软件应用的基础,读者需要了解这些数据库的种类、具体库的名称和描述(见表 5.1),一方面是为了购买 Thermo-Calc 软件时合理选购数据库的需要,另一方面能为在具体应用软件时正确地选用数据库打下良好的基础。Thermo-Calc 可提供以下应用领域的数据库:

● 钢铁与铁合金

● Ni 基超合金

● Al/Ti/Mg 合金

● 气体、纯无机/有机物、普通合金

● 炉渣、液态金属、熔盐

● 陶瓷、硬质材料

● 半导体、合金焊料

● 材料加工,过程冶金与环境相关

● 水溶液、材料腐蚀和湿法冶金体系

● 矿石、地球化学与环境

● 核材料、核燃料与核废物

表 5.1　Thermo-Calc 数据库列表

名　称	数据库描述
A. TCW/TCC 免费数据库	
PURE4	SGTE 单质元素数据库(v4.4 2003): 包含 99 种元素和 2 种同位素。
PSUB	TC 免费单质数据库(V1.1 2003): Cu-Fe-H-N-O-S 中纯单质数据库。
PBIN	TC 免费二元合金数据库(V1.1 2003): 包含 14 种元素(Ag-Al-C-Co-Cr-Cu-Fe-Mn-Mo-N-Nb-Ni-O-Pb-S-Si-Sn-Ti-V-W-Zn),40 种二元体系,特别为 BIN 模块设计。
PTER	TC 免费三元合金数据库(V1.1 1998/2003): 包含 7 种元素(Al-C-Cr-Fe-Mg-Si-V),3 个三元体系,特别为 TERN 模块设计。
PKP	Kaufman 二元合金数据库(V1.1 2003): 包含 14 种元素的二元体系(Al-B-C-Co-Cr-Cu-Fe-Mn-Mo-Nb-Ni-Si-Ti-W)。

续表

名　称	数据库描述
PCHAT	Chatenay-Malabry Post-transitional 二元合金数据库(V1.1 1998/2003): 包含11种过渡区元素的二元合金体系数据,包括气体相数据(Au-Bi-Cd-Ge-Sb-Se-Si-Sn-Te-Tl-Zn)。
PAQ2	TC 免费水溶液数据库(V2.2 2006): 包含一个水溶液相、一个混合气体相和一些固体和固溶相,11 种元素(H-O-C-N-S-Cl-Na-Fe-Co-Ni-Cr),特别为 POURBAIX 模块设计。
A. TCW/TCC 免费数据库	
PION	TC 免费氧化离子溶液数据库(V1.1 2003): 包含 Ca-Si-O 体系中的氧化离子溶液数据。
PG35	ISC Grou PIII-V 二元半导体数据库(V1.1 1994/2003): 包含 15 种二元体系(Al-As-Ga-In-P- Sb)。
PGEO	Saxena 矿石数据库(V1.1 2003): 包含 15 种元素组成的矿石数据(Al-C-Ca-H-K-Fe-Mg-Mn-N-Na-Ni-S-Si-Ti-O)。
B. TCW/TCC 免费数据库,但需要缴纳一定的数据分配费用	
COST2	COST507 轻合金数据库(V2.1 2003): 包含 192 种轻合金固溶相(Al-B-C-Ce-Cr-Cu-Fe-Li-Mg-Mn-N-Nd-Ni-Si-Sn-V-Y-Zn-Zr)。
USLD1	NIST 焊料数据库(V1.1 1999): 包含了 Ag-Bi-Cu-Pb-Sb-Sn 体系固溶合金相数据。
C. 商业数据库	
通用化合物和溶体数据库	
SSUB4	SGTE 单质数据库(V4.0 2004): 包含大约 5 000 种浓缩化合物和气态元素,包含 93 种元素(Ag-Al-Am-As-Au-B-Ba-Be-Bi-Br-C-Ca-Cd-Ce-Cl-Co-Cr-Cs-Cu-Dy-Er-Es-Eu-F-Fe-Fm-Fr-Ga-Gd-Ge-H-He-Hf-Hg-Ho-I-In-Ir-K-Kr-La-Li-Lu-Mg-Mn-Mo-N-Na-Nb-Nd-Ne-Ni-Np-O-Os-P-Pa-Pb-Pd-Pm-Po-Pr-Pt-Pu-Ra-Rb-Re-Rh-Rn-Ru-S-Sb-Sc-Si-Sm-Sn-Sr-Ta-Tb-Tc-Te-Th-Ti-Tl-Tm-U-V-W-Xe-Y-Yb-Zn-Zr)2 种同位素(D & T)。
SSOL2	SGTE 溶体数据库(V2.1 2003): 通用经典的数据库,包含大量非理想状态下的溶解相数据,包含 78 种元素(Ag-Al-Am-As-Au-B-Ba-Be-Bi-C-Ca-Cd-Ce-Co-Cr-Cs-Cu-Dy-Er-Eu-Fe-Ga-Gd-Ge-Hf-Hg-Ho-In-Ir-K-La-Li-Lu-Mg-Mn-Mo-N-Na-Nb-Nd-Ni-Np-O-Os-P-Pa-Pb-Pd-Pr-Pt-Pu-Rb-Re-Rh-Ru-S-Sb-Sc-Se-Si-Sm-Sn-Sr-Ta-Tb-Tc-Te-Th-Ti-Tl-Tm-U-V-W-Y-Yb-Zn-Zr)。
SSOL4	SGTE 溶体数据库(V4.9 2005):SSOL2 数据库的升级版本
TCBIN	二元溶体数据库(V1.0 2006): 包含 67 种元素(Ag-Al-As-Au-B-Ba-Bi-C-Ca-Cd-Ce-Co-Cr-Cs-Cu-Dy-Er-Eu-Fe-Ga-Ge-H-Hf-Hg-Ho-In-Ir-K-La-Li-Mg-Mn-Mo-N-Na-Nb-Nd-Ni-O-Os-P-Pb-Pd-Pr-Pt-Rb-Re-Rh-Ru-S-Sb-Sc-Se-Si-Sn-Sr-Ta-Tb-Te-Ti-U-V-W-Y-Zn-Zr)。

续表

名 称	数据库描述
C. 商业数据库	
专业合金数据库	
TCFE5	TCS 钢铁/Fe 数据库(V5.0 2006): 包含所有的二元合金体系,一部分三元合金体系及富 Fe 多元合金数据。20 种元素(Fe-Al-B-C-Co-Cr-Cu-Mg-Mn-Mo-N-Nb-Ni-O-P-S-Si-Ti-V-W)。
TCNI1	TC Ni 基超合金数据库(V1.1 2003): 包含所有重要的合金相和 7 种元素(Ni-Al-Co-Cr-Ti-W-Re)。
TTA6	TT Al 合金数据库(V6 2007): 包含 22 种元素(Al-Co-Ca-Cr-Cu-Fe-La-Mg-Mn-Ni-Pb-Si-Se-Sr-Sn-Ti-V-Zn-Zr-B-C)。
TTTi3	TT Ti 合金数据库(V3.0 2006): 包含 21 种元素(Ti-Al-Cr-Cu-Fe-H-Mo-Mn-Nb-Ni-Re-Ru-Si-Sn-Ta-V-Zr-C-O-N-B)。
TTTiAl	TT TiAl 基合金数据库: 包含 13 种元素(Ti-Al-Cr-Mn-Mo-Nb-Si-Ta-V-W-Zr-O-B)。
TTMg4	TT Mg 合金数据库(V4 2007): 包含 16 种元素(Mg-Al-Ca-Cu-Ce-Fe-Gd-La-Mn-Nd-Si-Se-Sr-Zn-Zr-Y)。
TTNi7	TT Ni 基超合金数据库(V7 2006): 包含 22 种元素(Ni-Al-Co-Cr-Cu-Fe-Hf-Mo-Mn-Nb-Re-Ru-Si-Ta-Ti-V-W-Zr-B-C-O-N)。
TTNiFe	TT NiFe 基超合金数据库: 包含 13 种元素(Ni-Fe-Al-Co-Cr-Mo-Nb-Si-Ti-Zr-B-C-N)。
炉渣、熔岩、氧化物、离子溶液、焊料、半导体	
SLAG2	TC 含 Fe 炉渣数据库(V2.2 2006): 包含液态炉渣、氧化物、硅酸盐、硫化物、氟化物、磷酸盐和气体等数据,30 种元素(Ag-Al-Ar-B-C-Ca-Co-Cr-Cu-F-Fe-H-Mg-Mn-Mo-N-Na-Nb-Ni-O-P-Pb-S-Si-Sn-Ti-U-V-W-Zr)。
SALT	SGTE 熔盐数据库(V1.0 1993): 包含 $Cs-Li-K-Na-Rb-F-Cl-Br-I-SO_4-CO_3-CrO_4-OH$ 体系中的众多二元和三元体系数据。
ION2	TCS 离子溶液数据库(V2.3 2006): 包含许多氧化物、硅酸盐、碳化物、氮化物、硫化物和砷化物数据,17 种元素(Ag-Al-Bi-Ca-Cr-Cu-Fe-La-Mg-Ni-Si-Sr-O-C-N-S-As)。
NOX2	NPL 氧化溶液数据库(V2.0 2002): 包含 Al-Ca-Fe-Mg-Si-O 体系氧化物和硅酸盐数据。
NSLD2	NPL 焊料熔体数据库(V2.3 2004): Ag-Al-Au-Bi-Cu-Ge-In-Pb-Sb-Si-Sn-Zn 体系中的固溶相数据。
SEMC2	TC 半导体数据库(V2.1 2003): 包含 Al-As-Ga-In-P-Sb-Pb-Sn-C-H 体系中 15 种二元体系和 18 种三元体系。

名　称	数据库描述
	C. 商业数据库
	材料加工,过程冶金与环境相关
TCMP2	TCS 材料加工数据库(V2.42006): 包含液态炉渣、金属熔体及大量固相和气体相数据,35 种元素(Ag-Al-Ar-B-Bi-C-Ca-Cd-Cl-Co-Cr-Cu-F-Fe-H-K-Mg-Mn-Mo-N-Na-Nb-Ni-O-P-Pb-S-Sb-Si-Sn-Ti-U-V-W-Zn),同时可用于材料回收、重熔、烧结、煅烧、燃烧和其他处理过程。
TCES	TCS 烧结/煅烧/燃烧数据库(V1.1 2003): 包含 30 种元素的众多固相和气相数据(Al-As-Br-C-Ca-Cd-Cl-Cr-Cu-F-Fe-H-Hg-I-K-Mg-Mn-N-Na-Ni-O-P-Pb-S-Sb-Si-Sn-Te-Ti-Zn)。
	水溶液、矿石、核材料数据库
TCAQ2	TCS 水溶液数据库(V2.3 2006): 包含 350 种无机/有机物阳离子、阴离子和复杂化合物数据,76 种元素(Ag-Al-Ar-As-Au-B-Ba-Be-Br-C-Ca-Cd-Ce-Cl-Co-Cr-Cs-Cu-Dy-Er-Eu-F-Fe-Ga-Gd-H-He-Hg-Ho-I-In-K-Kr-La-Li-Lu-Mg-Mn-Mo-N-Na-Nb-Ne-Nd-Ni-O-Os-P-Pb-Pd-Pr-Pt-Ra-Re-Ru-S-Sb-Sc-Se-Si-Sm-Sn-Sr-Tb-Tc-Th-Tl-Tm-U-V-W-Xe-Y-Yb-Zn-Zr)。连同 SSUB、SSOL、NSOL、TCFE、SLAG、ION、TCNI、TCMP、TCES、TTAl/Ti/Mg/Ni 和 GCE 数据库可用于解决众多低温—低压—低浓度体系的众多问题。
AQS2	TGG 水溶液数据库(V2.4 2006): 包含 1 500 种无机/有机物阳离子、阴离子和复杂化合物数据,83 种元素(Ag-Al-Ar-As-Au-B-Ba-Be-Bi-Br-C-Ca-Cd-Ce-Cl-Co-Cr-Cs-Cu-Dy-Er-Eu-F-Fe-Fr-Ga-Gd-H-He-Hf-Hg-Ho-I-In-K-Kr-La-Li-Lu-Mg-Mn-Mo-N-Na-Nb-Nd-Ne-Ni-O-P-Pb-Pd-Pm-Pr-Pt-Ra-Rb-Re-Rh-Rn-Ru-S-Sb-Sc-Se-Si-Sm-Sn-Sr-Tb-Tc-Th-Ti-Tl-Tm-U-V-W-Xe-Y-Yb-Zn-Zr)。连同 SSUB、SSOL、NSOL、TCFE、SLAG、ION、TCNI、TCMP、TCES、TTAl/Ti/Mg/Ni 和 GCE 数据库可用于解决众多低温-低压-低浓度体系的众多问题。
GCE2	TGG 地球科学/环境数据库(V2.2 2004): 大约包含 600 中矿石(单质和溶液)的数据,46 种元素(Ag-Al-Ar-As-Au-B-Ba-Be-Br-C-Ca-Cd-Cl-Co-Cr-Cs-Cu-F-Fe-Ga-Gd-H-Hg-I-K-Li-Mg-Mn-Mo-N-Na-Ni-O-P-Pb-Rb-S-Se-Si-Sn-Sr-Ti-U-V-W-Zn)。
NUMT2	AEA 纯放射物质数据库(v2.0 1999): 包含 596 种冷凝和气体单质相,15 种放射元素(Ba-Ce-Cs-I-La-Mo-Pd-Pr-Pu-Rh-Ru-Sr-Te-U-Zr)和 44 种元素(Ag-Al-Am-B-Ba-Bi-C-Ca-Cd-Ce-Cl-Co-Cr-Cs-Eu-F-Fe-H-I-In-Kr-La-Mg-Mn-Mo-Na-Nb-Nd-Ni-O-Pd-Pr-Pu-Rh-Ru-Sb-Si-Sn-Sr-Tc-Te-U-Xe-Zr)。
NUOX4	AEA 核氧化溶体数据库(V4.0 1999): 包含 UO_2 + x-ZrO_2-SiO_2-CaO-Al_2O_3-MgO-BaO-SrO-La_2O_3-CeO_2-Ce_2O_3 体系全部的二元和三元体系数据。
NUTA	AEA Ag-Cd-In 三元体系数据(V1.0 1991): 包含 Ag-Cd-In 三元体系全部数据,它是控制核反应堆的重要棒材。
NUTO	AEA U-Zr-Si-O 金属及金属氧化物溶液数据库(V1.0 1996): 包含 U-Zr-Si-O 体系全部数据。

(2)在相图计算中的应用举例

Thermo-Calc 系列软件中 TCC 和 TCW 都可以进行相图计算,前者是基于 DOS 的版本,后者是基于 Windows 的版本,鉴于目前的读者对 DOS 系统不太熟悉,为了使读者以较快的速度了解该软件的基本功能,为将来深入学习打下基础,这里采用 TCW4 举例,首先来了解 TCW4 主界面(见图 5.1)下的常用操作,然后介绍二元与三元相图计算的基本方法。

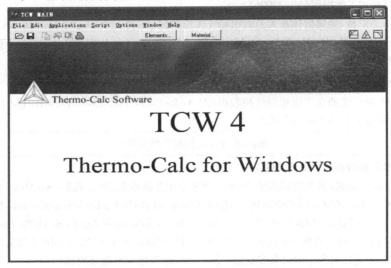

图 5.1　TCW 的主界面

在已安装 Thermo-Calc 的计算机上通过单击"开始→所有程序→Thermo-Calc→TCW4"打开 TCW,主界面如图 5.1 所示。主要菜单的功能及操作见图 5.2(a)~(h)。

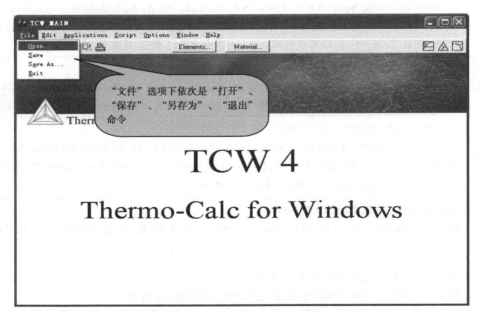

(a)

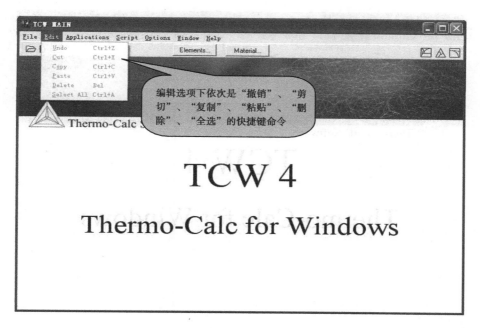

(b)

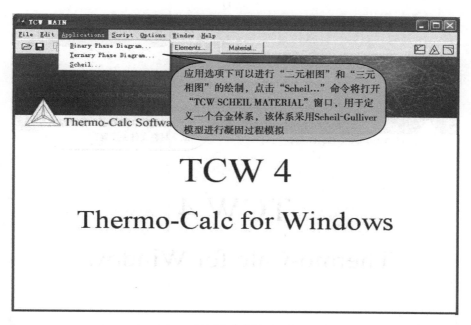

(c)

(d)

(e)

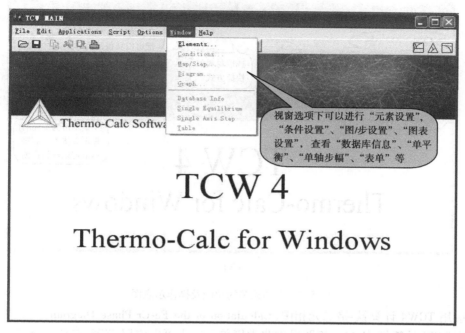

(f)

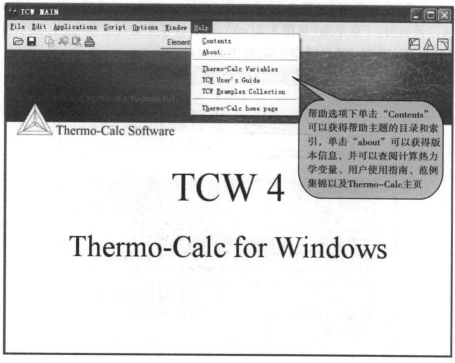

(g)

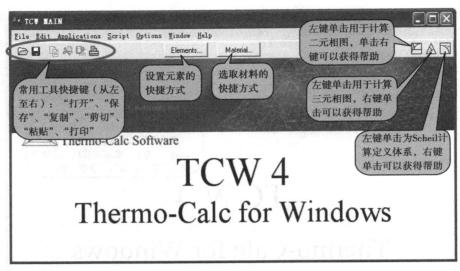

(h)

图5.2 主要菜单的功能及操作示意图

1）应用TCW4计算铁-铬二元相图（Calculation of the Fe-Cr Phase Diagram）

应用TCW计算铁-铬二元相图操作非常简单。首先可以应用TCW定义一个二元体系，然后计算二元相图，还可以对局部进行调整获取其他信息。操作步骤如下：

第一步，在TCW主界面（见图5.1）中单击应用"Application"选项卡下的"Binary Phase Diagram"（二元相图）子菜单条（见图5.2(c)），或者直接单击右上角的 ⊟（二元相图）图标（见图5.2(h)），进入选择元素的操作界面，如图5.3(a)所示。

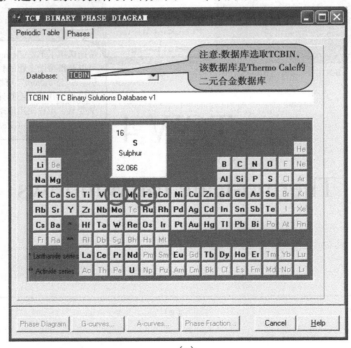

(a)

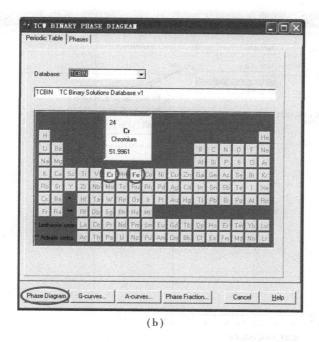

（b）

图 5.3 TCW BINARY PHASE DIAGRAM 窗口示意图

第二步,在元素周期表中找到 Cr 和 Fe,单击选中,单击左下方的"Phase Diagram"(见图 5.3(b)),就获得了铁-铬相图,如图 5.4 所示。

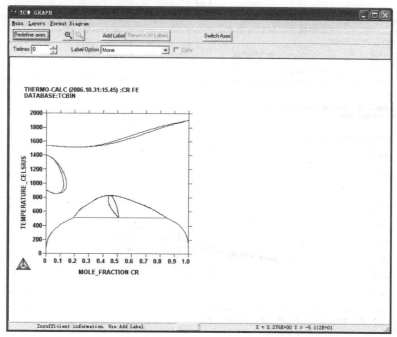

图 5.4 Fe-Cr 二元相图

第三步,在计算得到的二元相图中进行局部处理,以获得更详细的相关信息,例如稳定相的标注、相图的局部放大等。其操作见图 5.5(a)~(e)。

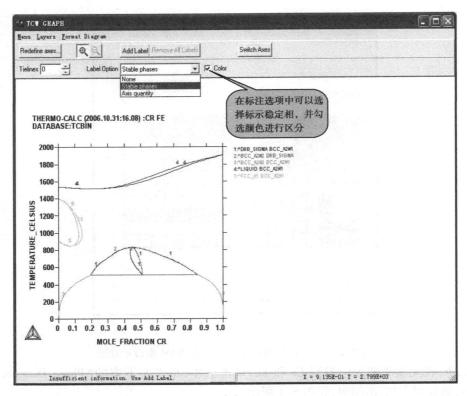

(a)

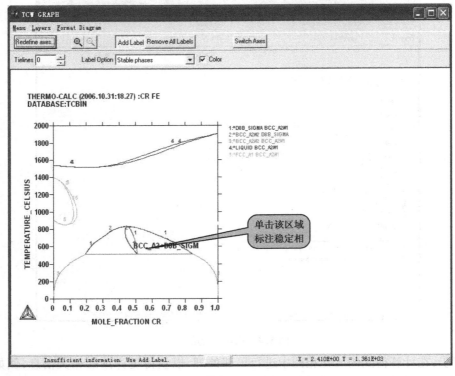

(b)

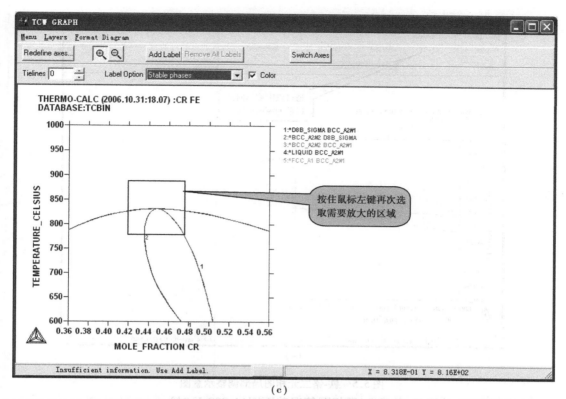

(c)

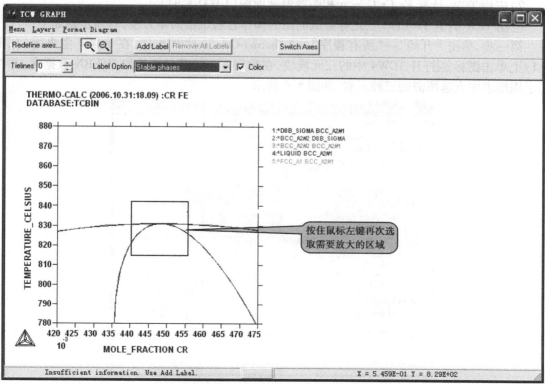

(d)

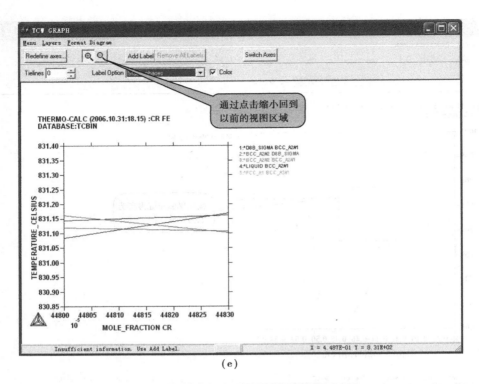

图 5.5　铁-铬二元相图局部调整示意图

2)应用 TCW 计算 Fe-Cr-C 三元相图等温截面图(1 000 K 时)

应用 TCW 计算 Fe-Cr-C 三元等温截面图的操作过程也很简单方便,具体步骤如下:

第一步,单击"开始"→"所有程序"→"Thermo-Calc"→"TCW4",在 TCW4 主界面(见图 5.1)上单击图标△打开 TCW4 中的三元模块,在数据库下拉菜单中选取 PTERN 数据库,并在元素周期表中点选所需的三种元素,如图 5.6 所示。

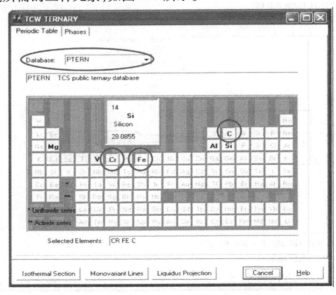

图 5.6　TCW4 三元相图计算界面

　　第二步,单击图 5.6 中的"Isothermal Section"(等温截面)按钮进入温度选择界面。

　　第三步,当温度工具选项出现时(见图 5.7),输入需要计算的温度"726.85 ℃"(1 000K)。(可以在 TCW 主窗口中的 Options/Unit 菜单中将默认单位更改为 K)。单击"next"后即可获得计算结果,如图 5.8 所示。

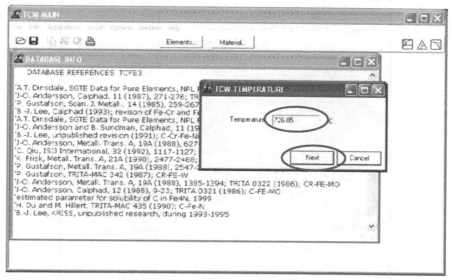

图 5.7　温度选择界面

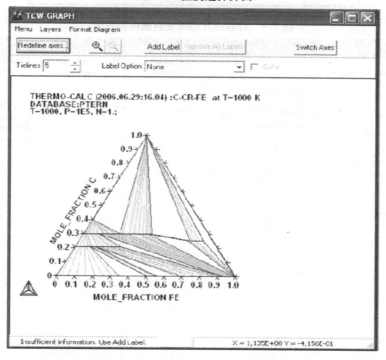

图 5.8　Fe-Cr-C 三元等温截面图

3)应用 TCW 计算 Fe-8Cr-C 三元相图垂直截面图(Fe-8Cr-C 系统等值线的计算)

　　其操作过程比等温截面要复杂,具体步骤如下:

第一步,元素选择。在 TCW4 主界面上(见图 5.1),单击 Elements 按钮,得到如图 5.9 所示界面,在该界面上进行数据库和元素的选择。数据库使用默认数据库或者从数据库列表中选取"PTERN"。从元素周期表中选取需要的 Fe,C,Cr,然后单击"next"按钮,得到条件设置和信息显示两个窗口,见图 5.10。

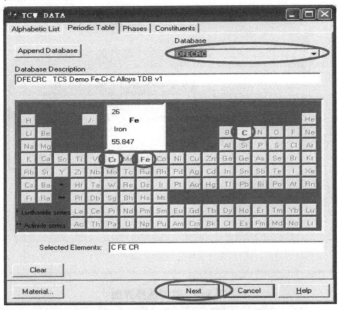

图 5.9　计算三元相图垂直截面图界面

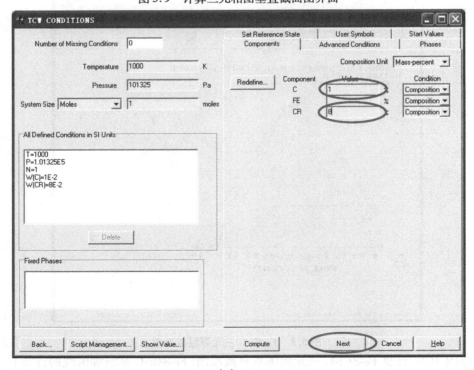

(a)

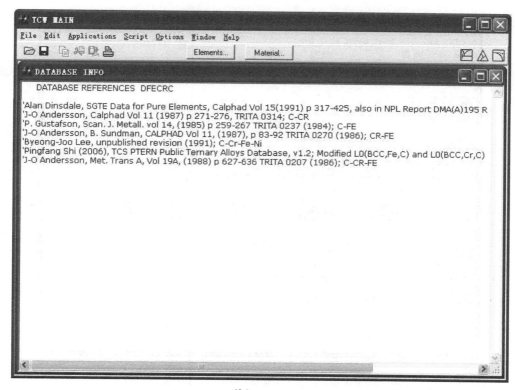

(b)

图 5.10　条件设置和信息显示界面

(a)条件设置　(b)信息显示

　　第二步,元素成分。在"TCW CONDITIONS"(条件设置)窗口中,分别设置 C 和 Cr 的浓度为:1% 和 8%(见图 5.10),接受默认温度,单击"next"后继续,得到绘图参数定义界面"TCW MAP/STE PDEFINTION"和相关信息窗口,如图 5.11 所示。

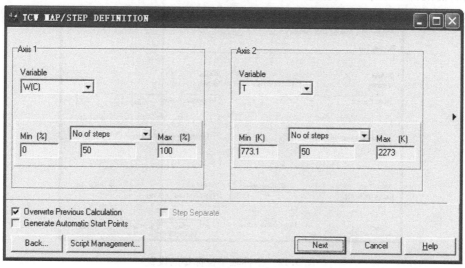

(a)

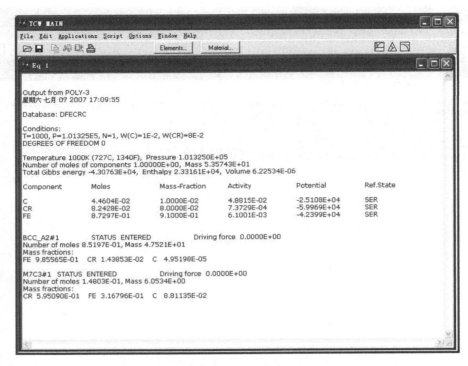

（b）

图 5.11　绘图参数定义和信息显示窗口

（a）绘图参数定义界面　（b）相关信息显示窗口

　　第三步，图形参数坐标设置。在 TCW MAP/STE PDEFINITION 窗口（图 5.11（a））中，进行绘图坐标以及最大值和最小值设置，否则选用系统默认值，然后单击"next"按钮，进入实际绘图坐标单位标签设置窗口，见图 5.12。绘图坐标显示了默认的 X, Y 坐标，再次单击"next"按钮，得到所需的计算结果——垂直截面图的基本形式，见图 5.13。

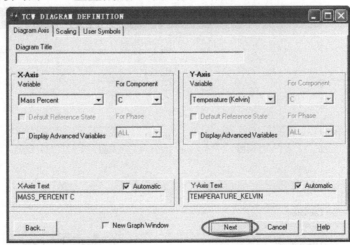

图 5.12　坐标轴单位标签的设置

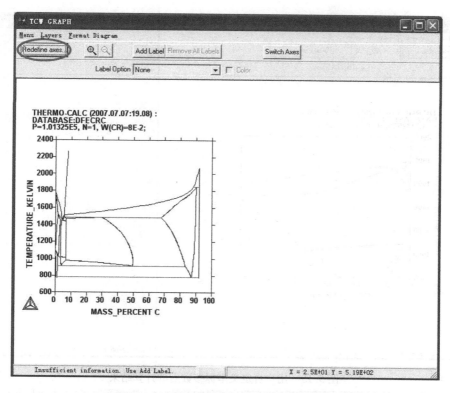

图 5.13　系统默认坐标参数后的计算结果

　　第四步,具体坐标轴大小的定义。单击图 5.13 界面上的"Redefine axes"按钮,得到"TCW DIAGRAM DEFINITION"窗口(见图 5.14),并选取"Scaling"选项卡,进行 X 和 Y 轴的设置。在该选项卡中将 X 轴最小值和最大值定义为 0 和 3,Y 轴定义为 800 和 2 000,单击"next"按钮,得到用户自定义坐标轴大小后的垂直截面图的基本形式,见图 5.15。

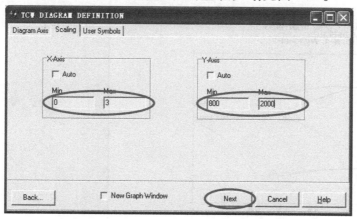

图 5.14　坐标参数的定义

　　第五步,稳定相标定。在图 5.15 所示的界面中的"Label Option"下拉菜单中选择"Stable phases"(稳定相),并勾选"Color",操作示意见图 5.16(a)、(b)。得到最终计算结果:Fe-8Cr-C 三元相图垂直截面图,见图 5.17。

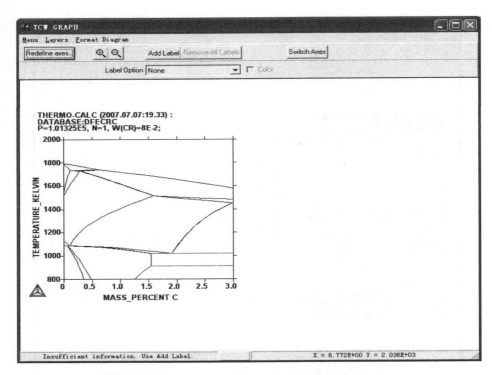

图 5.15　用户自定义坐标参数后的计算结果

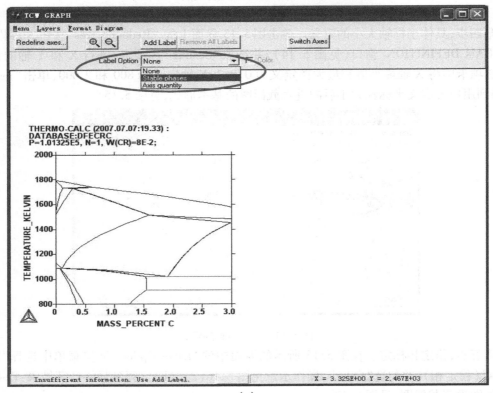

（a）

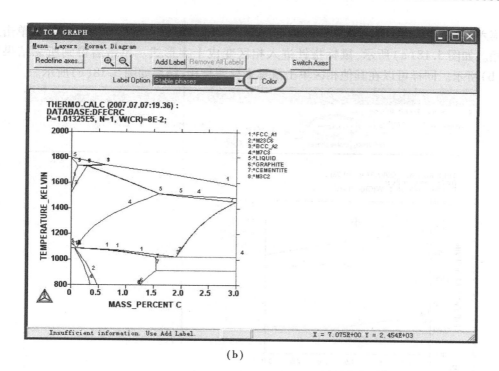

(b)

图 5.16　稳定相标定

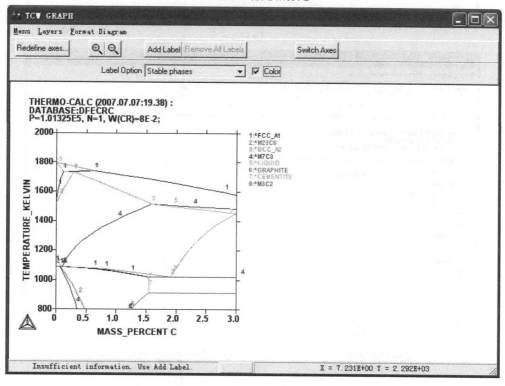

图 5.17　Fe-8Cr-C 三元相图垂直截面图

第六步,局部区域的物相标定。可以通过单击"Add Label",然后在需要的相区单击来标明物相。如图 5.18(a)所示,鼠标指针进入相区变成十字形式。单击后得到所需结果如图 5.18(b)所示。同样可以在其他相区单击鼠标来标明物相,结果如图 5.18(c)所示。

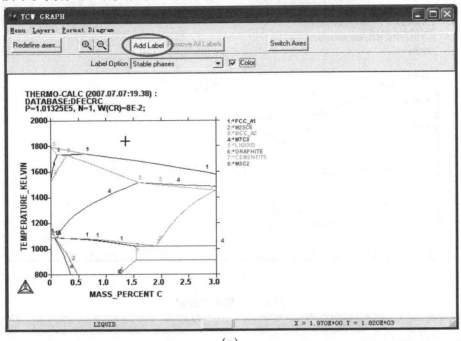

(a)

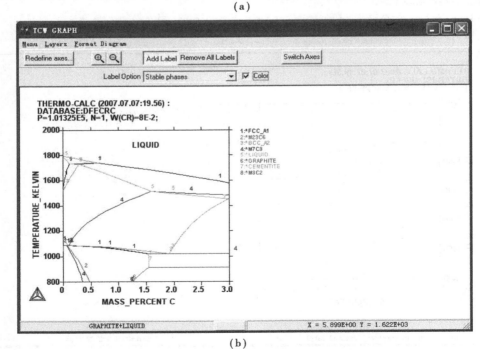

(b)

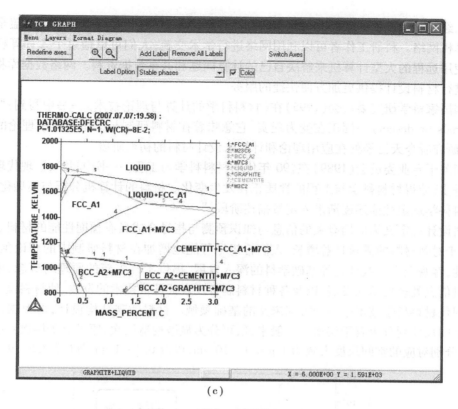

(c)

图 5.18　局部区域的物相标定

5.2　材料设计理论及实践

5.2.1　材料设计概论

材料微观结构设计的发展建立在这些基础理论的完善和发展、计算机信息处理技术的建立和发展、先进的材料生产和设备的发展之上。物理学和化学的发展,特别是固体理论、量子化学和化学键理论的发展,使人们对材料的结构和性能的关系有了系统了解,对材料制备、加工和使用过程中的物理化学变化也有了较深的认识,这就为材料设计打下了理论基础。同时人工智能、模式识别、计算机模拟、知识库和数据库等技术的发展,使人们能将物理、化学理论和大批杂乱的实验资料沟通起来,用归纳和演绎相结合的方式对新材料研制做决策,为材料设计的实施提供了行之有效的技术和方法。以材料数据库和知识数据库为基础,构建了多种类型的材料设计专家系统,为材料的设计提出了有力的工具。先进的材料制备技术如急冷(Splat Crating)、分子束外延(MBD)、有机金属化合物气相沉积、离子注入、微重力制备等,可制造出过去不能制备的"人造材料(Anificial Materials)",如超晶格、纳米相、亚稳相、准晶等,为材料设计开拓了新的应用园地,将传感器、人工智能技术、自控技术相结合,发展材料的智能加工(Intelligent Processing),为材料制备和加工方法的优化设计开辟了新方向。

当前,国际上的材料数据库正朝着智能化和网络化的方向发展。世界上几乎每一个发达国家都已经相继建成了国家级的科研和教育计算机网络,并在此基础上互联成覆盖全球的国际性计算机网络。科研工作者可以利用网络进行学术交流,人们可以通过个人计算机作为终端直接使用远程的大型计算机来解决自己的计算问题和共享数据资料。网络数据库将给科研工作者进行材料设计提供更加方便快捷的服务。

美国国家科学研究委员会(1995)在《材料科学的计算与理论技术》一书中写到:"材料设计(materials by design)一词正在变为现实,它意味着在材料研制与应用过程中理论的分量不断增长,研究者今天已经处在应用理论和计算来设计材料的初期阶段。"

美国若干专业委员会(1989)在《90年代的材料科学与工程》一书中写到:"现代理论和计算机的进步,使得材料科学与工程的性质正在发生变化。材料的计算机分析与模型化的进展,将使材料科学从定性描述逐渐进入定量描述阶段。"

材料设计可定义为应用有关的信息与知识预测与指导合成具有预期性能的材料。近几十年来,由于对新材料的需求日益增长,人们希望尽可能地增加在材料研制中的理论预见性,减少盲目性,客观上由于数理化等基础学科的深入发展,提供了许多新的原理与概念,更重要的是计算机信息处理技术的发展,以及各种材料制备及表征评价技术的发展,使材料设计日益发展成为现代材料科学技术中一个方兴未艾的基础领域。材料微观结构设计,可根据设计对象及涉及空间尺寸划分为若干层次。一般来说,可分为显微构造层次、原子分子层次及电子层次等,它们分别对应的空间尺度大致为 1 μm,1~10 nm,以及 0.1~1 nm 等(见图 5.19)。

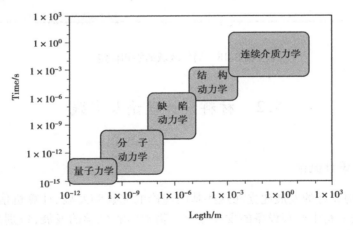

图 5.19　材料设计的范畴与层次

材料设计大体上可分成以下几大类:

①在数据库和知识库基础上,利用计算机进行性能预报。

②利用计算机模拟揭示材料微观结构与性能的关系。

③在突破已知理论或总结实验规律的基础上,提出新概念并采用新技术研制新材料。在这方面一个很成功的例子是半导体超晶格材料的设计,即所谓"能带工程",或称"原子工程"。它通过人工设计和调控材料中的电子结构,由组分不同的半导体超薄层交替生长而成多层异质周期结构材料,从而极大地推动了半导体激光器的研制。

④深入研究各种条件下材料的生长过程,探索和开创合成材料的新途径,如将有机、无机和金属3大类材料在原子、分子水平上混合而构成所谓"杂化(Hybrid)"材料的构思设想。

⑤选定重点目标,组织多学科力量联合设计某种新材料。如日本在 20 世纪 80 年代中期针对航天防热材料的要求而提出的"功能梯度材料(FGM)"的设想和实践。

利用计算机对真实的系统进行模拟"实验"、提供实验结果,指导新材料研究,是材料设计的有效方法之一。材料设计中的计算机模拟对象遍及从材料研制到使用的全过程(见图5.20),包括合成、结构、性能、制备和使用等。随着计算机技术的发展和人类对物质不同层次的结构及动态过程理解的深入,可以用计算机精确模拟的对象日益增多。在许多情况下,用计算机模拟比进行真实的实验要快、要省,可根据计算机模拟结果预测有希望的实验方案,以提高实验效果。

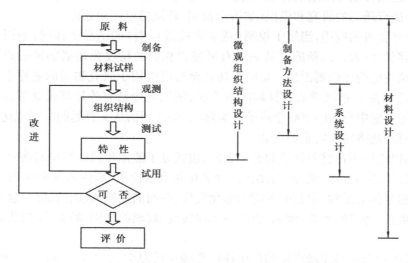

图 5.20　材料设计的工作范围

材料科学中一些发展极快的过程,用现有的测试技术无法监测的问题,可以借助计算机模拟技术进行详尽的研究,从而超越过去只能根据过程的最终状态的测试结果进行推论的传统研究方法的局限。目前,美国 BIOSYM Tmlmologes 公司已经研制出多套材料的计算机模拟软件,如电子、光学和磁性材料的模拟软件(Software for Electm, Optical and Mix Materials Simulation,简称 EOM),固态化学研究软件(Software for Solid State Chemistry Research)、模拟无机材料的结构和性能的软件(Simulating the Structures & Properties of Inorganic Materials)、聚合物体系的性能预测和分析软件(property Prediction & Analysis of Polymer Systems)等。应用这些软件,已经解决了不少实际问题。总之,计算机模拟在材料科学中已被证明是一个不可估价的研究工具,有人直接称材料科学中的计算机模拟为计算机材料科学。1992 年末,关于计算机模拟的两本专业性杂志问世,一本是 lop(Institute of Physics Publishing)出版的 *Modeling and Simulation in Materials Seience and Engineering*,另一本是由 Elsevier Seience Publishers B. V. 出版的 *Computational Materials Science*。这也是材料科学领域正面临一场研究方法变革的重要标志之一。

材料研究的分析和建模按传统方法可大致分为 3 类不同的领域,是由所考察材料的性质在什么尺度上划分的。凝聚态物理学家和量子化学家处理的微观尺度范围是最基本的模型,此时材料的原子结构起显著作用;一类是在唯象的层次上,许多最复杂的分析在中间尺度上进行,即连续的模型;最后是宏观尺度,此时大块材料的性能被用作制造过程及使用模型的输入量。历史上,这 3 种层次的研究为不同领域的科学家——应用数学家、物理学家、化学家、冶金学家、陶瓷学家、机械工程师、制造工程师等分别进行。由于材料性质的研究是在不同尺度层次上进行的,计算机模拟也可根据模拟对象的尺度范围而划分为若干层次。一般说来,可分为电子层次(如电子结构)、原子分子层次(如结构、力学性能、热力学和动力学性能)、微观结构层次(如晶粒生长、烧结、位错、极化和织构等)以及宏观层次(如铸造、焊接、锻造和化学气相沉积)等。正因为计算机模拟技术可以从微观上研究原子间的相互作用,对于一些现有的观测手段无法直接观察到的过程,如各种组织形成的规律、凝固过程、非晶态的形成、固态相变中原子间的相互运动和晶体缺陷及其运动、晶界构造、裂纹的产生和扩展过程等问题都可以用计算机模拟方法进行透彻的研究和模拟(如寿命预测、环境稳定性和老化等)。

由于巨型计算机的应用,当用于规则(或非常接近规则)的结晶固体时,利用计算机已经达到了定量预测的能力。最新的进展表明有可能以相似的精度描述诸如缺陷附近的晶体形变、表面和晶粒边界的非规则图像。新的方法甚至有可能用于研究物质的亚稳态或严重无序状态。最近,已经提出总能量从头算起的新方法,能用现今已有的计算机处理原子的较大排列,如在一个超晶胞中有 $50 \sim 100$ 个原子。实际上,如果新的从头算起的方法能达到预期的精度,大批的材料问题将转为定量的问题。

计算机模拟已应用在材料科学的各个方面,包括分子液体和固体结构的动力学、水溶液和电解质、胶态分子团和胶体、聚合物的结构、力学和动力学性质、晶体的复杂结构、点阵缺陷的结构和能量、超导体的结构、沸石的吸附和催化反应、表面的性质、表面的缺陷、表面的杂质、晶体生长、外延生长、薄膜的生长、液晶、有序—无序转变、玻璃的结构、黏度、蛋白质动力学、药物设计等。

传统制造业中新材料或新产品的产生往往要经历反复尝试的过程,这种迂回的研制方式耗时耗材。如果通过计算机预先仿真设计出材料的组分或显微结构,则可能为材料提供性能预报,这无疑对材料开发、制备和应用起到明显加速作用。"虚拟制造技术"这一先进制造技术的诞生,明确指出了计算机仿真材料设计的重要地位和广阔前景。

目前,显微结构层次上的材料设计远远落后于原子——电子尺度和宏观层次设计取得的进展,国内极少见到对材料进行显微结构层次模拟和设计的研究报道。然而,由于显微组织与性能之间具有直接对应关系,显微结构虚拟设计是材料虚拟制造技术中的必备环节,在材料研制中占有相当重要的地位,极有必要加强这方面的研究和尝试。材料的计算机仿真设计可以归属产品虚拟设计和制造的研究领域,而产生显微组织的可视化计算机图形技术则是虚拟现实技术中的一种。本文即利用此技术设计一系列显微组织模型,初步探索显微结构层次上材料设计的新途径,并可望对材料及其制备工艺的优化起到一定预测和指导作用。

(1)材料显微组织设计的三维计算机图形技术

Monte Carlo 仿真技术是对材料显微组织进行可视化图像设计的一种有效手段。现已开发出二维和三维系统单、复相材料组织及其演变的 Monte Carlo 仿真算法,尤其是三维仿真算法,因其简便、灵活和高效的特点,已在国际上获得重视。

三维 Monte Carlo 仿真算法的构成分为以下几个部分:

①将三维空间离散成大量微小间距的二维平面,每一平面再离散成大量正方形微元。每一微元赋值以代表其取向状态的随机数,晶界面微段存在于不同取向的微元之间。

②定义所取微元的邻居,作为再取向状态的选择范围和考察能量变化时取向组态的包容

对象。

③逐一取二维平面并依次取每一平面上的微元作再取向尝试。新取向选为该微元邻居取向状态之一。晶界附近微元更换取向则导致晶界迁移,即晶粒长大。

④以微元取向组态能量变化为标准判断微元重新取向是否成功。当取向组态能量降低时,该微元实现重新取向;当能量升高时,该微元保持原取向状态;当能量不变时,该微元重新取向并保持原状态的概率均等。

⑤引入三维空间的周期性边界条件,模拟连续、完整的立体多晶材料。视仿真设计单、复相材料显微组织的需要建立初始三维微元阵列。对于单相组织,所有微元均由晶粒构成;对于复相组织,初始微元阵列由基体晶粒微元和一定数量、一定形状和尺寸、一定空间分布状态的第二相微元构成,根据基体和第二相组织演变相互制约的物理基础,修正微元更换取向的有效取向概率。

对于显微组织几何模型设计,除了 Monte Carlo 方法外,还可以利用一般计算机图形、图像处理技术进行仿真设计。

（2）单、复相材料显微组织模型

1）单相材料显微组织及其演变

图5.21示出三维单相材料正常晶粒长大的显微组织在二维截面的形态及其演变过程。晶粒之间因晶体取向不同而呈现不同衬度,衬度反差越大表明晶粒间取向差异越大。图下数字表示晶粒长大进行的时间。MCS 为 Monte Carlo 仿真的时间单位。

对上述组织的定量分析表明,仿真的组织演变过程可以与真实过程建立确定的对应关系,因而,能够利用仿真的组织演变定量预报实际的显微组织演变进程,以及实际生产中所用表征参量的动力学变化特征。

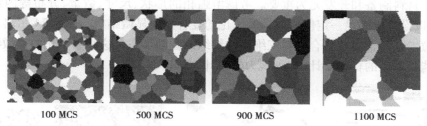

100 MCS   500 MCS   900 MCS   1100 MCS

图5.21 三维单相材料正常晶粒长大的截面显微组织

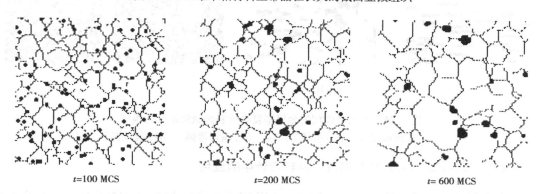

$t=100$ MCS $t=200$ MCS $t=600$ MCS

图5.22 含有不稳定第二相粒子的复相显微组织及其演变

2）复相材料显微组织及其演变

第二相性质不同,复相组织及其演变特征可能明显不同。图5.22示出含有不稳定第二相粒子的三维复相材料显微组织及其演变过程。当对材料进行加工处理时,如果温度过高或时间过长,粒子发生熔解和(或)粗化,极易导致尺寸粗大的不均的显微组织,这种现象在退火、时效等处理中常因工艺控制不当而发生。

图5.23则表示在一定条件下沿基体晶界析出第二相粒子,如果在材料处理条件下粒子保持稳定,基体晶粒尺寸就可以得到有效控制,如此细小、均匀的复相组织必然能够满足工业应用上的高强度和良好韧性的性能要求。

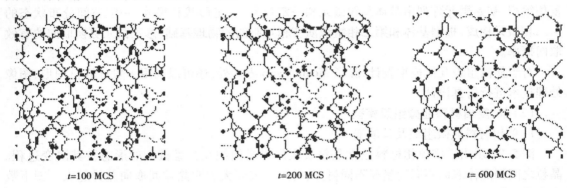

| $t=100$ MCS | $t=200$ MCS | $t=600$ MCS |

图5.23　保持晶界析出第二相粒子稳定性的复相显微组织及其演变

3）复合材料显微组织

由于复合材料具有可设计性及结构、材料、工艺不可分性的特点,对显微组织、结构的设计和优化对于材料制备和开发尤为重要。考虑增强相的形状、尺寸、数量、分布等因素与基体有机组合,可以设计出满足一定使用要求的优化的复合材料显微结构。图5.24示出长、短纤维、晶须和颗粒增强的金属基复合材料三维显微组织的截面形态。这些数字化的显微组织可作为与具体性能相联系的材料设计(如细观力学设计)的几何模型。

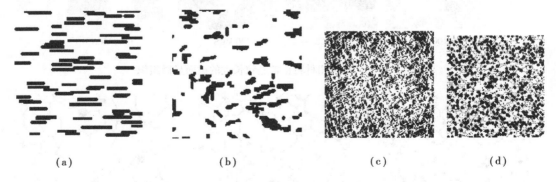

（a）　　　　　　　（b）　　　　　　　（c）　　　　　　　（d）

图5.24　不同增强相的金属基复合材料显微组织几何模型
（a）长纤维增强　（b）短纤维增强　（c）晶须增强　（d）颗粒增强

5.2.2　Materials Studio 软件及其在材料设计中的应用

由分子模拟软件界的领先者——美国 ACCELRYS 公司在2000年初推出的新一代模拟软件 Materials Studio,将高质量的材料模拟带入了个人电脑(PC)的时代。

Materials Studio 是 ACCELRYS 公司专门为材料科学领域研究者所设计的一款可运行在 PC 上的模拟软件,它可以帮助你解决当今化学、材料工业中的一系列重要问题。支持 Windows98,NT,Unix 以及 Linux 等多种操作平台的 Materials Studio 使化学及材料科学的研究者们能更方便地建立三维分子模型,深入地分析有机、无机晶体、无定形材料以及聚合物。

任何一个研究者,无论他是否是计算机方面的专家,都能充分享用该软件所使用的高新技术,它所生成的高质量的图片能使你的讲演和报告更引人入胜。同时他还能处理各种不同来源的图形、文本以及数据表格。

多种先进算法的综合运用使 Materials Studio 成为一个强有力的模拟工具。无论是性质预测、聚合物建模还是 X 射线衍射模拟,都可以通过一些简单易学的操作来得到切实可靠的数据。灵活方便的 Client-Server 结构还使得计算机可以在网络中任何一台装有 NT,Linux 或 Unix 操作系统的计算机上进行,从而最大限度地运用了网络资源。

ACCELRYS 的软件使任何研究者都能达到和世界一流工业研究部门相一致的材料模拟的能力。模拟的内容囊括了催化剂、聚合物、固体化学、结晶学、晶粉衍射以及材料特性等材料科学研究领域的主要课题。

Materials Studio 采用了大家非常熟悉的 Microsoft 标准用户界面,它允许通过各种控制面板直接对计算参数和计算结构进行设置和分析。

Materials Studio 是一个采用服务器/客户机模式的软件环境,它为你的 PC 机带来世界最先进的材料模拟和建模技术。

Materials Studio 使你能够容易地创建并研究分子模型或材料结构,使用极好的制图能力来显示结果。与其他标准 PC 软件整合的工具使得容易共享这些数据。

Materials Studio 的服务器/客户机结构使得 Windows NT/2000/XP,Linux 和 UNIX 服务器可以运行复杂的计算,并把结果直接返回到桌面。

Materials Studio 采用材料模拟中领先的十分有效并广泛应用的模拟方法。Accelry's 的多范围软件结合成一个集量子力学、分子力学、介观模型、分析工具模拟和统计为一体的容易使用的建模环境。卓越的建立结构和可视化能力和分析、显示科学数据的工具支持了这些技术。

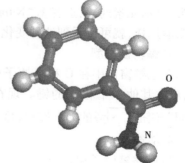

例 5.1　画一个苯酰胺

介绍 Materials Visualizer 中画结构的工具。使用模块: Materials Visualizer。

化学家每天都要处理很多种类的小分子和中间物。所以容易地创建模型对建模环境都是很重要的。苯酰胺是典型的小分子结构。以下通过建立它的结构来学习 Materials Studio。苯酰胺的结构如图 5.25 所示:

图 5.25　苯酰胺(Benzamide)的结构

1)创建 3D 文档

从菜单中选择“File”→“New...”打开 New Document 对话框。选择 3D Atomistic Document(三维原子文档),单击“OK”按钮,便建立了一个三维窗口,工程管理器中显示建立了名为“3D Atomistic Document. xsd”的文件。在工程管理器这个文件名上右击鼠标,选择“Rename”改名。键入“my_benzamide”的新名字,按回车键。选择“File”→“Save”命令,或按标准工具条中的按钮▣。这样就在 my quickstart 文件夹(每个工程都对应一个同名的文件夹)中建立了名为"my_benzamide. xsd"的文件。

2)改变到 Ball and Stick 球棍模型显示方式

在三维窗口中右击鼠标,选择"Display Style",打开 Display Style 对话框,在 Atom 选项卡上设置。Materials Studio 能在任何显示方式下添加原子。

3)画环和原子链

在草画工具条上单击"Sketch Ring"按钮▣·,鼠标移到三维窗口,变为铅笔形状提示处于草画模式。鼠标旁的数字表示将要画的环包括的原子数目。可以通过按 3~8 的数字键改变。确保这个数字为 6,在三维窗口中单击,画出一个有 6 个 C 原子的环。如果按住 Alt 键单击,便产生共振键。

现在单击草画工具条"Sketch Atom"按钮▣,这是通用添加原子工具,可加入任何元素,默认加入 C 原子。如下操作可在环上加入两个 C 原子:在环上移动鼠标,当一个原子变为绿色时单击,键的一端就在这个原子上,移动鼠标再单击就加入了一个 C 原子,再移动,并双击。这样在环上就加入了两个原子。

结束添加原子的方法是在最后一个原子位置单击,然后按 ESC 键。注意,新加入的原子的化学键已经自动加上。注意:可以按"Undo"按钮▣取消错误操作。

4)加入氧原子

按"Sketch Atom"按钮▣旁的向下按钮,显示可选元素,选择氧"Oxygen",在支链上移动鼠标,当其变为蓝色显示时单击,这个原子就有了一个化学键,移动鼠标并双击,就加入了 O 原子。在 3D 窗口工具条上按▣按钮,进入选择模式。

5)编辑元素类型

单击链末端的 C 原子选定,选定的对象用黄色显示。按"Modify Element"按钮▣·旁的箭头,显示元素列表,选择氮"Nitrogen",选定的原子就变为氮原子。单击三维窗口中空白区域取消选择,就可以看到这种变化了。

6)编辑键类型

在三维窗口中在 C 和 O 原子中间单击选定"C—O"键,选定的键以黄色显示。按下 Shift 键,单击其他 3 个相间的键。现在选定了 3 个"C—C"键和一个"C—O"键。单击"Modify Bond"按钮▣·旁的向下按钮,显示键类型的下拉列表,选择"Double Bond"双键。

取消选定。

7)调整氢原子和结构

现在可以给结构自动加氢。单击"Adjust Hydrogen"按钮▣·,自动给模型加入数目正确的氢原子。

单击"Clean"按钮▣,调节结构的显示,它调整模型原子的位置,以便键长、键角和扭矩显示得合理。

8)Kekule 和共振键转变

Materials Studio 的计算键工具可以容易地在 KeKule(开库勒)和共振显示模式间转变。

选择"Build"→"Bonds"命令,打开"Bond Calculation"对话框。在 Bonding Scheme(键模

168

式)选项卡中,Option 部分选中"Convert representation to checkboxKekule",空格里默认显示,选择"Resonant"。按对话框底部的"Calculate"(计算)按钮。

C 环以共振方式显示。本例中要以 Kekele 方式显示,所以选择"Edit"→"Undo"命令,或者按标准工具条中的按钮 ,取消刚才的计算。关闭 Calculate Bonds 对话框。

9)查看修改键长

可以使用草画工具条 Measure/Change 工具来查看修改距离、角度和扭矩等。

图 5.26　Measure/Change tool

单击 Measure/Change 按钮旁的向下按钮,如图 5.26 所示,选"Distance"(距离),然后鼠标在氧原子上移动,直到它以蓝色凸出显示时单击。以同样方式单击和氧原子成键的 C 原子。这样便建立了一个距离监视器,以埃为单位显示键长。

鼠标在三维窗口中空白处向下拖动,增加 C—O 键长度,再按"Clean"按钮。监视器的数值显示出当前的长度。

最后,单击"Rotation Mode"(旋转模式)按钮,拖动鼠标,以不同角度查看模型。距离监视器的颜色在活动时为红色,不活动时为蓝色。

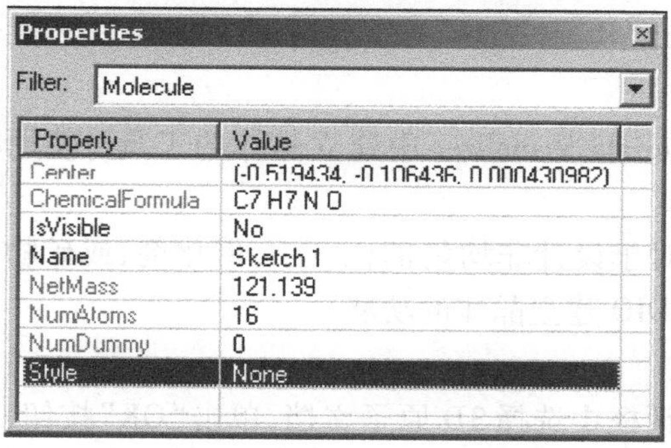

图 5.27　Properties Explorer

可以使用 Properties Explorer(属性管理器)查看创建的模型的有关信息。选择"View"→"Explorers"→"Properties Explorer"命令打开属性管理器。属性管理器一般停靠在窗口左边。可以在它的标题栏拖动取消停靠或者停靠在其他地方。

单击属性管理器中的 Filter 下拉菜单,选择"molecule"(分子),如图 5.27 所示。

中心坐标(第一行)的值可能不同,这取决于在窗口哪个位置开始画结构。拖动两列中间的分割条可以改变两列的宽度。

在模型中选定一个原子,属性管理器就会自动显示有关它的信息。可以在属性管理器中直接修改属性。在属性管理器中,双击"BondType"(键类型)行,就出现了编辑键类型对话框。单击向下箭头,显示不同键的类型,选择"Double",单击"OK"按钮,选定的键就变为双键了。单击按钮 取消刚才的更改。关闭文档,保存结果。

例5.2　建立晶体　这里介绍在 Materials Visualizer 中建立晶体的方法。使用模块:Materials Visualizer 。

药剂、农业化学品、颜料、特殊化学产品和炸药,都需要经历一个处理晶体材料的过程。能够建立这些结构的模型可以帮助我们更好地了解它们,控制它们的性质,如溶解度、保质期、形态、生物利用率、颜色、冲击敏感性蒸汽压力和密度。广泛使用的尿素是一种简单的分子晶体材料。

1)打开分子晶体文档

选择"File"→"Import"命令,打开导入文档对话框。选择"Examples"→"Documents"→

"3D Model"→"urea. msi"文件,单击"Import"导入。一个包含尿素晶体相结构的三维窗口显示出来,工程管理器中出现"urea. xsd"文件。

2)计算氢键

选择"Build"→"Hydrogen Bonds"命令,打开"Hydrogen Bond Calculation"对话框。注意到可以为计算氢键设置不同的模式和键的几何参数,也可以创建或保存自己的模式。在此例子中,使用默认参数,单击"Calculate"按钮开始计算,氢键将以蓝色虚线显示在晶胞中。

计算氢键也可以通过位于原子和键工具条上的"Calculate Hydrogen Bonds"按钮。

关闭计算氢键对话框。

3)调整晶体晶胞显示范围

在尿素文档的三维窗口中右击,从快捷菜单中选择"Display Style"显示方式命令。切换到Lattice 选项卡,改变晶胞显示方式。在 Display 部分,A 行最大值改为"2.0",B,C 行同样改变。Display 部分用于自定义显示单元的数目,现在应显示 $2 \times 2 \times 2$ 的晶格,氢键将显示得更清楚。

4)改变晶格显示方式

在 Lattice 部分,选择"None"。关闭"Display Style"对话框。

5)检查结构的氢键

旋转氢键网格。为了能看得更清楚,可以单击"Reset View"按钮,使用上下左右键每次旋转45°。关闭并保存文档。

例5.3 建立 α 石英晶体。这里介绍在 Materials Visualizer 中建立晶体的工具,使用模块:Visualizer。

无机晶体的建模是另一个重要的领域,尤其对于设计非均匀催化、浮石催化剂、或矿物开采。下面创建 α—石英,介绍了 MATERIALS STUDIO 建立晶体的功能。

1)建立 α 石英晶体

选择"File"→"New..."命令,在新建文档对话框中选择 3D 原子文档,单击"OK"按钮,打开一个三维窗口。工程管理器显示创建了一个"3D Atomistic Document. xsd"的文件。在文件名上右击,选择改名命令,键入新名"my_quartz_alpha",按回车键。选择"File"→"Save"命令保存文件,或者按标准工具条上的保存按钮。这样就创建了名为"my_quartz_alpha. xsd"的文件。

选择"Build"→"Crystals"→"Build Crystal..."命令,打开"Build Crystal"对话框。在 Space Group(空间群)选项卡中 Enter grou P 文本框内输入"p3221",按 TAB 键,也可以从下拉列表中选择空间群或者输入空间群序号。

在 Lattice Parameters (晶格参数)中输入 α 石英 a 和 c 轴的晶格参数:$a = 4.910$,$c = 5.402$。一旦空间群输入后,b,α,β,γ 的晶格参数将自动设置。单击"Build"按钮,一个定义了晶格参数的空晶格出现在三维窗口中。

2)加入 Si 和 O 原子

现在加入 Si 和 O 原子。由于对成形已经确定了,只需加入一个 Si 和一个 O 原子,对称位置的原子自动产生。

选择"Build"→"Add Atoms"命令,打开"Add Stoms"对话框。也可以通过单击"Add Atoms"按钮打开这个对话框。在 Options 部分,不要选择"Test for bonds as atoms are created"。在此选项选定时，Materials Studio 会在建立晶体过程中自动加入键。Materials Studio 也有一个灵活的 Bond Calculation 工具，可以选择、编辑、定义键参数。此例中使用自动选项就行了。

仍然是在 Options 部分，把 Coordinate system（坐标系统）设为"Fractional"。回到 Atoms 选项页，元素列表中选择"Si"，键入 a，b 和 c 的值 $a = 0.480\ 781$，$b = 0.480\ 781$，$c = 0.0$。单击"Add"按钮，一个 Si 原子和它的对称位置原子就加入晶胞中了。

在 Atoms 选项页，选择"O"元素，键入 a，b 和 c 的值，$a = 0.150\ 179$，$b = 0.414\ 589$，$c = 0.116\ 499$。单击对话框底部"Add"按钮，一个氧原子和它对称位置的原子就被加入了。关闭"Add Atoms"对话框。

3）比较晶体的两个版本

下面比较 Materials Studio 结构库中的 α—石英和建立的石英。

选择"File"→"Import..."命令，打开"Import Document"对话框。选择"Examples"→"Documents"→"3D Model"→"quartz_alpha. msi"文件并导入。工程管理器中一个名为"quartz_alpha. xsd"的文件就建立了。

关闭其他打开的窗口，只留"my_quartz_alpha"和"quartz_alpha"两个窗口，选择"Window"→"Tile Vertically"命令。在每个文档窗口中使用"Reset View"按钮 ⌂。使用上下左右键移动使它们在同一个方向上，比较它们是否相同。

在 my_quartz_alpha 窗口中右击鼠标，选择"Display Style"命令，打开"Display Style"对话框。在 Lattice 选项页选择"In-Cell"方式，关闭对话框。现在相邻晶胞中的原子删除了，这样两个结构才以同种方式显示。

注意：这种功能也能通过"Build"→"Crystals"→"Rebuild Crystal"菜单，单击 Rebuild Crystal 对话框中的"Rebuild"按钮完成，保存并关闭文件。

例 5.4　建立聚甲基丙烯酸甲酯，这里介绍 Materials Visualizer 中建立高聚物的工具。使用模块：Materials Visualizer。

聚甲基丙烯酸甲酯（PMMA）是一种重要的商业化的热塑性材料，尤其对于玻璃业。它是典型的自由基聚合物，使用臭氧、偶氮化合物、热或光引发反应。此例中将使用 Materials Studio 中创建高聚物的工具建立 20 个单元的全同立构的 PMMA，后继部分将模拟研究它的性质。

1）建立全同立构 PMMA

Materials Studio 提供建立均聚物、嵌端共聚物、无规共聚物和 dendrimer 的选项。

选择"Build"→"Build Polymers"→"Homopolymer"菜单，打开"Homopolymer"（均聚物）对话框。在 Polymerize（聚合）选项页单击"Lirary"下拉菜单，选择"acrylates"（丙烯酸酯）。在 Repeat Unit（重复单元）下拉菜单中选择"methyl_methacrylate"，现在看到 Tracticity 下拉菜单，可以建立全同、间同或无规的形式。选择"Isotactic"（全同）。在 Chain length（链长）文本框中输入"20"。

选择"Advanced"（高级）选项页，设置 Torsion（转矩）为"60"，这样就设置了创建 20 个单元的全同 PMMA。单击"Build"按钮，关闭对话框，一个名为"Polymethyl_methacrylate. xsd"三维文档就建立了，在一个三维窗口显示出它的结构。单击"clean"按钮 ▦，整理成一个合理的几何结构。一般地,还有其他的几何优化,如使用 Discover 模块的 Minimize(最小化)功能。

2)选定标识单个单元

首先改变结构的显示方式。在三维窗口中右击鼠标,从快捷菜单中选择"Display Style"。在 Atom 选项页单击"Line"选项,结构的显示方式变为线形。

在 PMMA 结构中选定任一原子(可能需要放大一下才行),选定的原子以黄色显示。在三维窗口中右击鼠标,选择"Select Repeat Unit methyl_methacrylate"(选择 PMMA 的重复单元)。这样就选定了一个重复单元,它们用黄色凸出显示。

回到显示选项对话框的 Atom 选项页,单击"Ball and Stick"按钮,关闭对话框。这样使选定的重复单元以球棍模型显示。

保持重复单元选定,在文档空白处右击鼠标,在快捷菜单中选择"Label"(标识)命令,打开 Label 对话框。在 Object Type(对象类型)下拉选项中选择"Repeat Unit"(重复单元)。在 Properties(属性)中选择"Name"(名称)。在 Font 字体对话框中设置大小为"24",颜色设为"green"。最后单击"Apply"(应用)按钮。选定的重复单元上就出现了名字标识。

3)研究结构

在 the Polymethyl_methacrylate 三维窗口中空白处单击,取消选择。练习缩放、旋转和平移结构。

思考题与上机操作实验题

5.1 简要说明计算机辅助设计在材料设计中的作用及意义。

5.2 举例说明国内外材料设计软件的应用情况。

5.3 简述 Thermo-calc 软件的组成、功能和操作过程。

5.4 应用 Thermo-calc 软件绘制 Fe-C 相图。

5.5 应用 Thermo-calc 软件绘制 Fe-C-Cr 三元相图垂直截面(成分含量自由选择)。

5.6 简述 material studio 软件的组成、功能和操作过程。

5.7 应用 material studio 软件建立 P_2O_5,SiO_2 的晶体结构模型及衍射图样。

第 **6** 章
人工神经网络及 Matlab 语言
在材料科学与工程中的应用

人工神经网络是模拟人类大脑思维方法解决一些不易解决的复杂问题的数学模型,特别适合解决多因素影响方面的难题,它既可以用电子线路来实现,也可以用计算机程序来模拟。近几年来人工神经网络方法在材料科学与工程中得到了越来越多的应用。

Matlab 语言是目前在计算机上运用人工神经网络方法求解相关问题的最佳计算机语言工具之一,学习掌握 Matlab 语言的基本使用对运用人工神经网络方法解决材料科学与工程研究中的相关问题有非常积极的作用。

6.1　人工神经网络的基本知识

6.1.1　人工神经网络的理论基础

人工神经网络理论基础主要包括 PDP 模式、网络拓扑和混沌理论等。

PDP(Parallel Distributed Processing)模式是一种认知心理的平行分布式模式,是一种接近人类思维推论的模式。人脑中知识的表达是采用分布式的表达结构,人脑的控制是实行分布式的控制方式,因此,相互作用、相互限制是 PDP 模式的基本思想,平行分布是 PDP 模式的基本构架。

PDP 模式的实施需要一种合理的表示方法,其中一种表示方法便是人工神经网络表示法,即采用类似于大脑神经网络的体系结构。在这种基本体系结构下,人工神经网络经过学习训练,能适应多种知识体系。

1)网络理论

连接型网络模型的特点是网络中的每个神经元只记存少量的信息。它们只对输入的数据进行简单的逻辑运算或算术运算,并把结果送到有关连线上。这些操作均由神经元自主进行,不受外部程序决定。

人脑认知过程不仅是一个高度平行的网络结构,也是一个分层的网络结构。信号由低层次的网络往高层次的网络传递。而网络中各神经元的连接机制用网络拓扑来表征,它可分为超立方体拓扑、最邻近网络拓扑及群图等。

2）混沌理论

在人工神经网络计算机中,需要处理大量的知识和数据,神经元的数量一般在几万到一百万个之间,对这种事先进行交连的学习会产生一种奇特的群体现象,称为混沌现象。最早的混沌现象是在流体力学中发现的,即在液体对流体模型的三阶常微分方程组中,在一定参数范围内会出现非同期的无序的输出。

根据 PDP 模式建立起来的人工神经网络,当神经元采用非线性模式时,整个人工神经网络可以看作一个非线性系统,进而可看作一个耗散系统,由此,混沌理论提出的原理和方法都可以用在人工神经网络中。

6.1.2　人工神经元模型和网络结构

（1）人工神经元模型

人工神经元模型的基本单元为人工神经元。学者 McCulloch 和 Pitt 曾定义了一种经典的人工神经元模型,称为 M-P 模型,它是一个多输入、单输出的非线性单元,是对生物神经元的简化和模拟,其结构如图 6.1 所示。

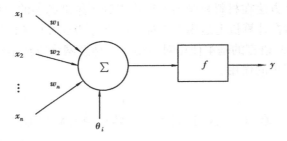

图 6.1　人工神经元结构示意图

如图所示,假设一神经元具有 n 个从其他神经元传来的输入,各输入信号分别为 $x_1, x_2, \cdots, x_n$,即 $X = [x_1, x_2, \cdots, x_n]$。

w_{ji} 表示从 j 神经元到 i 神经元的连接强度。对于激发状态,w_{ji} 取正值,而处于抑制状态,w_{ji} 则取负值,即 $W = [w_{1i}, w_{2i}, \cdots, w_{ni}]$。

θ_i 表示神经元的偏置（也称阈值）。y_i 为神经元输出,该输入、输出关系可描述为

$$net_i = \sum_{j=1}^{n} w_{ji}x_j + \theta_i \tag{6.1}$$

$$y_i = f(net_i) = f(\sum_{j=1}^{n} w_{ji}x_j + \theta_i) = f(W \cdot X^{\mathrm{T}} + \theta) \tag{6.2}$$

其中,f 为传递函数,又称激发或激励函数,可为线性函数,更多是非线性函数。以下是常用的 3 种神经元传递函数。

1）阈值型函数

阈值型函数也称阶跃函数,其函数表达式见式（6.3）,曲线如图 6.2（a）所示,其输出只有 0 和 1 两个值,除了模式识别之外,其他方面都用得较少。

$$f(x) = \begin{cases} 1 & x \geqslant 0 \\ 0 & x < 0 \end{cases} \tag{6.3}$$

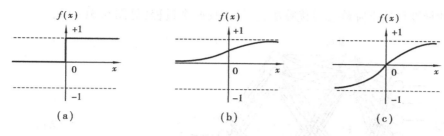

图 6.2　几种常用的传输函数

2)S 形函数

S 形函数(见图 6.2(b)),通常是在(0,1)或(−1,1)内连续取值的单调可微分的函数,常用指数或正切等一类 S 形曲线来表示。式(6.4)是一种常规的 S 形函数:

$$f(x) = \frac{1}{1 + e^{-\beta x}} \tag{6.4}$$

当 x 趋于无穷时,S 形曲线趋近于阶跃函数,通常情况下 β 取值为 1。

3)双曲正切函数

在一般应用中,常用双曲正切函数来取代常规 S 形函数,因为 S 形函数的输出均为正值,而双曲正切函数的输出值可正可负,见图 6.2(c)。式(6.5)为双曲正切函数的表达式:

$$f(x) = \frac{1 - e^{-\beta x}}{1 + e^{-\beta x}} \tag{6.5}$$

(2)人工神经网络模型

人工神经网络模型是在人工神经元模型的基础上构建的,其在不同角度与背景下有着多种定义,下面是两种典型的定义:

定义 1　人工神经网络模型是完成认知任务的算法,在数学上可定义为具有下述性质的有向图:

①节点状态变量 net_i 与节点 i 有关;

②权值 w_{ij} 与两节点 i 和 j 之间的连接有关;

③阈值 θ_i 与节点 i 有关;

④节点 i 的输出 $O_i = f_i[o_j, w_{ij}, \theta_i, (j \neq i)]$ 取决于连接到节点 i 的那些节点的输出 o_j, w_{ij} 和 θ_i 以及作用函数 f_i。

定义 2　(由著名神经网络学者 T. Kohonen 教授提出)神经网络是由简单单元组成的广泛并行互连的网络,能够模拟生物神经系统的真实世界物体所作出的交互反应。

神经网络模型发展至今,出现的模型种类已达数十种。按网络结构可分为前馈型和反馈型;按学习方式可分为有导师和无导师两种。其中误差反向传播(Error backpropagation,简称 BP)网络是目前应用最广的网络之一。

6.1.3　误差反向传播神经网络模型

(1)误差反向传播网络的数学基础

图 6.3(a)是一个全连接的多层神经网络结构示意图,它由 3 层结构组成,包括输入层、隐层(又称中间层)及输出层,其中隐层可以是单隐层,也可为多隐层。误差反向传播网络就是典型的多隐层前馈型有导师学习神经网络,也即采用 BP 算法的神经网络。标准的 BP 算法是

一种简单的梯度最速下降静态寻优算法,包括正反两个过程(见图6.3(b)):

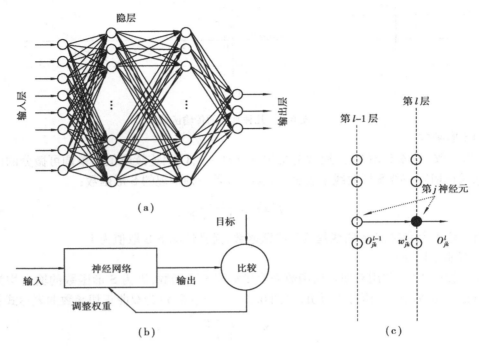

图6.3 神经网络模型结构及其工作原理示意图

①正向过程,输入信息从输入层经中间隐层逐层计算并传向输出层,在输出层的输出是对应输入模式的网络响应。

②反向过程,当输出达不到期望输出时,误差转向反向传播,按照减小期望输出与实际输出的误差的原则,从输出层经中间隐层,层层修正网络权值及阀值,并将修正结果反馈给输入层。随着正反两过程的循环进行,网络对输入模式响应的正确率也不断提高,误差逐步达到允许的范围,或者训练次数达到预先设计的次数则停止训练。

首先令 $\boldsymbol{P} = [p_1, p_2, \cdots, p_m]^{\mathrm{T}}$、$\boldsymbol{T} = [t_1, t_2, \cdots, t_n]^{\mathrm{T}}$ 分别为网络的输入及目标输出向量,而 $\boldsymbol{O} = [o_1, o_2, \cdots, o_n]^{\mathrm{T}}$ 为网络输出向量。然后假设给定 N 个样本 $\{(x_k, y_k) \mid x \in \mathbf{R}^m, y \in \mathbf{R}^n, (k = 1, 2, \cdots, N)\}$,任一个节点 i 的网络输出为 O_i,对某一个输入为 x_k,网络目标输出 y_k,节点 i 的输出为 O_{ik}。现在研究第 l 层的第 j 个节点(见图6.3(c)),当输入第 k 个样本时,节点 j 的输入为

$$net_{jk}^l = \sum_j w_{ij}^l O_{jk}^{l-1} + \theta_j^l \tag{6.6}$$

式中 O_{jk}^{l-1}——$l-1$ 层输入第 k 个样本时,第 j 个单元节点的输出。

因此,对于第 l 层的第 j 个单元节点,输入第 k 个样本时的输出为

$$O_{jk}^l = f(net_{jk}^l) = f(\sum_j w_{ij}^l O_{jk}^{l-1} + \theta_j^l) \tag{6.7}$$

$\hat{y}_{jk}$ 是节点 j 输入第 k 个样本的实际输出,而 y_{jk} 是网络输入第 k 个样本的目标输出,则节点 j 上产生的误差为

$$E_k = \frac{1}{2} \sum_j (y_{jk} - \hat{y}_{jk})^2 \tag{6.8}$$

对于 N 个样本来说,节点 j 的网络误差不大于期望误差 ε,则有

$$E = \frac{1}{2N} \sum_{k=1}^{N} E_k \leqslant \varepsilon \tag{6.9}$$

显然,该误差是节点 j 输入的函数,而且也与连接权值有着密切的关系,因此,将误差 E_k 分别对其相应的输入(net_{lk}^l)和权值(w_{jk}^l)求导,可得

$$\delta_{jk}^l = \frac{\partial E_k}{\partial net_{jk}^l} \tag{6.10}$$

$$\frac{\partial E_k}{\partial w_{jk}^l} = \frac{\partial E_k}{\partial net_{jk}^l} \cdot \frac{\partial net_{jk}^l}{\partial w_{jk}^l} = \frac{\partial E_k}{\partial net_{jk}^l} \cdot O_{jk}^{l-1} \tag{6.11}$$

当然,第 l 层并不一定就是输出层,下面需进行简单讨论:

①若节点 j 为输出单元,则

$$O_{jk}^l = \hat{y}_{jk}$$

$$\delta_{jk}^l = \frac{\partial E_k}{\partial net_{jk}^l} = \frac{\partial E_k}{\partial \bar{y}_{jk}^l} \cdot \frac{\partial \bar{y}_{jk}^l}{\partial net_{jk}^l} = -(y_{jk}^l - \hat{y}_{jk}) \cdot f(net_{jk}^l) \tag{6.12}$$

②若节点 j 不是输出单元,则

$$\delta_{jk}^l = \frac{\partial E_k}{\partial net_{jk}^l} = \frac{\partial E_k}{\partial O_{jk}^l} \cdot \frac{\partial O_{jk}^l}{\partial net_{jk}^l} = \frac{\partial E_k}{\partial O_{jk}^l} \cdot f'(net_{jk}^l) \tag{6.13}$$

式中　O_{jk}^l ——送到下一层(即第($l+1$)层)的输入,计算 $\frac{\partial E_k}{\partial O_{jk}^l}$ 要从第($l+1$)层算回来。对于第

($l+1$)层的第 m 个单元:

$$\frac{\partial E_k}{\partial O_{jk}^l} = \sum_m \left(\frac{\partial E_k}{\partial net_{jk}^l} \cdot \frac{\partial net_{jk}^l}{\partial O_{jk}^l} \right) = \sum_m \left(\frac{\partial E_k}{\partial net_{mk}^{l+1}} \cdot w_{mk}^{l+1} \right) = \sum_m (\delta_{mk}^{l+1} \cdot w_{mk}^{l+1}) \tag{6.14}$$

由以上式(6.13)和式(6.14)可以得到

$$O_{jk}^l = \sum_m (\delta_{mk}^{l+1} \cdot w_{mk}^{l+1} \cdot f'(net_{jk}^l)) \tag{6.15}$$

基于上述数学推导,误差反向传播算法的一般步骤如下:

①随机选定初始权值 $W(0)$ 。

②正向计算过程:计算每层各单元的 O_{jk}^{l-1} , net_{jk}^l 和 $\bar{y}_k$, $k=2,3,\cdots,N$;反向计算过程:对每层的各单元计算 δ_{jk}^l , $l=L-1,\cdots,3,2$ 。

③根据式(6.16)修正权值,其中 η 为步长(常称为学习速率),且 $\eta > 0$,

$$W(k+1) = W(k) + \eta\left(-\frac{\partial E}{\partial W(k)} \right) \tag{6.16}$$

④若误差 $E \leqslant \varepsilon$ 停止,否则转至②。

(2)误差反向传播网络模型的设计

神经网络的设计主要包括网络结构、传输函数、初始权值、学习规则(即学习算法)及期望误差等几个方面。

1)网络结构

在网络结构的设计中,首先要确定的是输入层和输出层的单元数。这取决于实际研究的问题,通常由采集到的训练样本所决定。其次是要确定网络的层数,也即中间隐层的数目。目前常见的网络大多是 3～4 层,也即单隐层或双隐层网络。对于大多数实际问题来说,采用单

隐层就已足够,但在处理某些复杂问题时,仍有必要采用更多层的网络。其原因是采用 3 层网络来实现某些较复杂函数时,往往需要大量的隐层节点,而采用多层网络可有效地减少隐层节点数。

不管采用单隐层或双隐层建模,都应清楚两个问题:增加中间隐层数可能会进一步减小误差、提高精度,但同时也会使网络复杂化,从而导致网络训练时间大大增加。另外,中间层增加后,局部最小误差也随之增加,使得网络在训练过程中容易陷入局部最小误差而无法摆脱,其权系数也因此而难以调整到最小误差处。

由此可见,采用合适的隐层处理单元是非常重要的,这是网络成败的关键。相对于增加隐层而言,增加隐层中的神经元数也可提高网络精度,而且其训练效果可能更容易观察和调整,所以一般情况下应该优先考虑增加隐层中的神经元数。

不过,目前并没有确切的方法和理论指导如何选取模型的隐层数及隐层中的神经元数。除了有不少经验公式可供参考之外(如表 6.1 所示),在具体的设计过程中,通常的做法是采用不同的隐层数或者不同的隐层神经元数进行训练之后,凭借对其训练样本或测试样本的误差评价来择优选取。

表 6.1　常见的确定隐层单元数的经验公式

序号	经验公式	序号	经验公式
1	$\begin{cases} n \geq m, h = h + 0.618(n-m) \\ n < m, h = m - 0.618(m-n) \end{cases}$	11	$h = \sqrt{0.43nm + 2.54n + 0.12m^2 + 0.77m + 0.35 + 0.51}$
2	$h = \sqrt{nm} + (2 \sim 10)$	12	$h = (n+m)/2 + a, 1 \leq a \leq 10$
3	$h = \sqrt{nm} + a, a = 0 \sim 10$	13	$h = (n+m)/2 + a, 1 \leq a \leq 10$
4	$h = \sqrt{n+m} + a, 1 \leq a \leq 10$	14	$h = 2m + 1$
5	$h \geq \sqrt{n+m} + a, 0 \leq a \leq 10$	15	$h \geq Nm/(n+m)$
6	$h = \sqrt{n+m} + a, 0 \leq a \leq 10$	16	$h > Nm/(n+m)$
7	$h = \sqrt{nm}$	17	$h = N/(10n + 10m)$
8	$h = \sqrt{n/m}$	18	$h = \log_2 n$
9	$h = \sqrt{n+m} + 2$	19	$N < \sum_{i}^{n} C_h^i$
10	$h = \sqrt{n+m} + 2$	20	$\begin{cases} h_1 = mR^2 \\ h_2 = mR \end{cases}, \quad R = \sqrt[3]{n/m}$

注:h——单隐层时的中间隐层单元数;

　　h_1——双隐层时的第一隐层的单元数;

　　h_2——双隐层时的第二隐层单元数;

　　n——输入层的单元数;

　　m——输出层的单元数;

　　a, R——常数;

　　N——样本容量。

2）传输函数的选择

常用的 BP 网络的传输函数有 S 形函数或双曲正切函数，有时也会用到线性函数。当网络的最后一层采用曲线函数时，输出被限制在一个很小的范围内，如果采用线性函数则输出可为任意值。除了这 3 个最常用的函数之外，如果需要的话也可以自己创建其他可微的传输函数。

3）初始权值的选取

由于所研究问题的非线性，使得初始值的选取对于学习是否会陷入局部最小，是否能够收敛，以及训练时间的长短均有很大关系。太大的初始值会使加权后的输入落在激活函数的饱和区，从而导致其导数非常小，进而使得权值的调节过程几乎停顿下来。为了避免上述现象的发生，一般希望经过初始加权后的每个神经元的输出值都接近于零，这样可以保证每个神经元的权值都能够在它们的模型激活函数变化最大之处进行调节。因此，初始权值一般取 −1 ~ 1 之间的随机数。但对此并没有一致看法，不少研究对初始权值随机赋值，并未限制在任何范围之内，因为很多时候只关心网络是否收敛，是否具有良好的预测能力，而训练过程和时间均是次要的。

4）学习规则（即学习算法）

经典的误差反向传播算法实质就是梯度最速下降静态寻优算法，它最重要的参数是学习速率。学习速率的大小对算法的成败起关键作用。过大的学习速率可能会导致系统不稳定，而过小的学习速率又将会使训练速度变慢，并且难以保证网络最终收敛于最小误差值。学习速率一般应在 0 ~ 1 之间，但具体该如何选择尚无理论依据。

应当指出的是，原始的 BP 算法在实际应用中已很难胜任，因此在发展过程中涌现了很多改进算法。

为了解决学习速度较慢及其难以选择的问题，一般可以采取变步长法寻优，也即学习速率自适应调整策略，如式（6.17）所示：

$$\eta(t+1) = \beta\eta(t) \tag{6.17}$$

式中　β——常数，当 $\Delta E < 0$ 时，$\beta > 1$；当 $\Delta E > 0$ 时，$\beta < 1$。其中 ΔE 为训练样本均方误差的变化量。

此外，最速下降静态寻优算法在修正权值 $W(k)$ 时，只按照 k 时刻的负梯度方向进行，并没有考虑到以前积累的经验（即以前时刻梯度方向），见式（6.16），因此往往容易陷入局部极小、收敛速度慢和引起振荡效应等不良结果，学者 Rumelhart，Hinton 和 Williams（1986 年）建议在权值调节过程中增加"惯性量"，见式（6.18）。

$$W(k+1) = W(k) + \eta\left[(1-\alpha)\left(-\frac{\partial E}{\partial W(k)}\right) + \alpha\left(-\frac{\partial E}{\partial W(k-1)}\right)\right] \tag{6.18}$$

式中　$W(k+1)$、$W(k)$ 和 $W(k-1)$——第 $t+1$ 次、第 t 次和第 $(k-1)$ 次迭代的权值修正量；

　　　η,α——比例因子；

　　　$-\dfrac{\partial E}{\partial W(k)}$、$-\dfrac{\partial E}{\partial W(k-1)}$——样本均方误差对权值的负梯度。

上述惯性量也称动量因子或动量项系数，和学习速率一样，是误差反向传播算法的重要参数，它能有效抑制振荡的发生，但值得注意的是，抑制是以牺牲收敛速度为代价的。这看起来是一个谬论，但只要采取合理的训练策略，就有可能取得良好的训练效果。比如在误差曲面平缓区域采用较大的学习速率,并加入动量项;而在误差变化剧烈区域则采用较小学习速率,并甩掉动量项。当然,动量项系数的加入也不能完全克服上述缺点,但在实际应用过程中,往往是取得满意的结果即可。

除了上述两种改进途径,人们还提出了不少基于非线性优化的训练算法,例如基于非线性最小二乘法的 Levenberg-Marquardt(LM)算法。LM 算法实为改进的牛顿法,根据迭代结果动态调整阻尼因子,即动态调整迭代收敛方向,可使每次迭代误差函数有所下降,从而使学习时间缩短,收敛速度加快,并且可以提高网络精度,特别适合均方误差性能函数的网络训练,也是目前应用较多的算法之一。

此外,贝叶斯规范化算法(Bayesian Regularization,BR)也是应用较多的反向传播算法之一,它是对 LM 算法的改进和完善,一般而言,采用贝叶斯规范化算法较容易获得易于推广的网络。

几种常用误差反向传播算法及其主要参数如表 6.2 所示。对其主要参数如学习速率或动量项系数的选取,目前均没有可行的指导方法,只有一些经验的取值范围可供参考,如表 6.3 所示,但很多研究并没有参照这些取值范围。

表 6.2　误差反向传播网络的学习规则及其主要参数

序号	学习算法	主要参数
1	基本的梯度最速下降算法	学习速率
2	带动量项的最速下降算法	学习速率、动量项系数
3	带自调整学习速率回传的梯度递减算法	学习速率
4	带动量项及自调整学习速率回传的梯度递减算法	学习速率、动量项系数
5	Levenberg-Marquardt 算法	学习速率、动量项系数
6	贝叶斯规范化算法	学习速率、动量项系数

表 6.3　主要学习参数的取值范围及经验取值范围

主要参数	取值范围	经验取值范围
学习速率	$0 < \eta < 1$	$\eta = 1/\sqrt{h}$ $0.01 \leqslant \eta \leqslant 0.8$ $\eta = 0.9\eta$
动量项系数	$0 < \alpha < 1$	$\alpha = 0.8\alpha$ $0.6 < \alpha < 0.95$

5)期望误差的选取

对比于初始权值和学习参数,期望误差是较次要的参数。但是在网络设计过程中,应该确定一个比较合适的期望值。所谓"合适"是相对于所需要的隐层的节点数及实际问题而言的。因为较小的期望误差是要以增加隐层的节点及训练时间为代价获得的。一般情况下,作为对比可以同时对两个或多个不同期望误差的网络进行训练,然后通过综合考虑来选择。

6.2　人工神经网络在材料科学与工程中的应用

6.2.1　在材料设计和成分优化中的应用

在材料科学与工程领域,影响材料的性能和使用的因素多而复杂,特别是新材料,其组分、工艺、性能和使用之间的关系、内在规律复杂,尚不清楚,材料的设计都涉及这些关系。人工神经网络能从已有的实验数据中自动归纳出规律,并可以利用经训练后的人工神经网络直接进行推理,适用于对材料结构和成分的优化设计。国内学者蔡煜东等采用人工神经网络 BP 模型对过渡金属元素选取有代表性的 54 个样本,构成模式空间,并选取两类样本:具有氧心结构的三核簇合物及不具有氧心结构的三核簇合物,选取其中 46 个样本作为神经网络的学习教材,经过学习,网络能完全正确地识别这些样本,建立了化合物、金属元素参数与氧心结构(非氧心结构)之间的复杂对应关系,将 8 个未知样本让网络对其进行识别,实际输出和期望输出完全一样,并且具有容错能力强、识别速度快捷的特点。目前,很多作者将材料的合金成分及热处理温度作为网络的输入,材料的力学性能作为网络的输出来建立反映实验数据内在规律的数学模型,利用各种优化方法实现材料的设计。东北大学的学者张国英等在实验的基础上,提出将材料(Co-Ni 二次硬化钢)的力学性能($\sigma_{0.2}$,σ_s,δ,K_{IC},ψ)及部分合金成分(Nb,Ti,Co)作为网络的输入量,材料的其他合金成分(C,Ni,Cr,Mo)及热处理温度(时效、淬火)作为网络的输出,采用反向传播算法(BP)建立了 $8 \times 16 \times 6$ 网络结构,利用这个反映实验数据内在人工神经网络的数学模型,根据对材料的力学性能要求,直接确定各种合金成分含量和热处理温度,克服了各种优化方法计算量大,难于寻找最优解的缺点,进而为研究高性能钢材,合理使用合金元素,尽量降低实验成本提供了有效的手段。

6.2.2　在材料力学性能预测中的应用

材料力学性能是结构材料最主要的性能。力学性能受材料组织结构、成分、加工过程的影响,是一个影响因素较多的量。近年来,采用人工神经网络的方法预测材料的力学性能取得较好的效果。例如学者 Myllylcoski 用生产线上获得的数据,建立了能较准确地预测轧制带钢力学性能的人工神经网络模型。该神经网络模型能用来评价加工工艺参数的影响,因而可用来指导改变加工工艺参数以获得所要求的力学性能。有学者根据控轧 C-Mn 钢的显微组织与力学性能数据,用人工神经网络模型建立了显微组织和力学性能之间的关系。显微组织包括铁素体、珠光体、奥氏体的体积分数和铁素体晶粒尺寸,预测的力学性能有延伸率 s、屈服强度 σ 和抗拉强度 σ_b。神经网络模型具有较好的学习精度和概括性,能够用来预测热轧带钢的力学性能。南京航天大学的学者李水乡等采用人工神经网络 BP 算法,将编织工艺参数作为人工神经网络的输入,将弹性模量及强度性能作为输出,建立了编织工艺参数与力学性能的 ANN 关系模型。这种关系模型对于三维编织复合材料的实验、生产和应用、工艺参数的选取以及理论模型的研究都有重要的参考价值。通过对比显示,其实际实验结果与 ANN 预测结果的模拟效果令人满意。西北工业大学的学者刘马宝等人以铝合金 LY12CZ 为例,在实验数据的基础上,利用人工神经网络首次建立了预测经超塑变形后的材料的室温性能指标,并且充分反映超塑变形工艺参数对其室温机械性能变化的影响规律。

6.2.3 在相变特性预报中的应用

相图特性、等温转变曲线、连续冷却转变曲线等是选择材料热加工工艺的重要依据,它们与热材料的化学成分、加热温度、冷却速度等多种因素有关。多年来,人们通过研究建立了许多经验回归公式。经验回归公式一般精确度低,使用时还有严格的限制,人工神经网络在这些方面已有应用。与热力学和动力学方法预测相变相比,人工神经网络方法不需要知道相变的具体过程和热力学参数,而是以已有的实验数据为基础,经训练后进行推理,适用于已有大量数据积累的场合。

（1）TTT 和 CCT 曲线的预测

过冷奥氏体等温转变曲线（TTT 曲线）一般通过实验测定。有学者采用多层 BP 网络也实现了 TTT 曲线的预测。网络是 4 层 BP 网络,合金元素 C,Mn,Ni,Cr,Mo 的含量和奥氏体化温度作为网络的输入,奥氏体转变开始和终了时间作为网络的输出,中间隐层的单元数分为 10 和 20。在 550 ~ 770 ℃ 之间以 25 ℃ 为间隔建立了 7 个网络,训练后的网络分别用来预测 7 个温度的奥氏体转变开始和终了时间,将这些点连接起来就是 TTT 曲线。一般来说,合金元素含量增加和奥氏体晶粒尺寸增大总是推迟转变时间。所建立的神经网络还能用来研究单个合金元素含量变化对 TTT 曲线的形状和位置的影响。

由于连续冷却转变比较复杂和测试上的困难,还有许多钢的 CCT 图没有测定。学者 Wang Jianjun 等用人工神经网络方法建立了 CCT 图,研究了含碳量和冷却速率对 CCT 曲线的影响。所用的神经网络有 12 个输入单元,分别输入奥氏体化温度,C,Si,Mn,Cr,Cu,P,S,Mo,V,B 和 Ni 的含量。一个具有 12 个神经元的隐层,输出层输出 128 个数据。选择了 151 个 CCT 图训练神经网络。实验钢材料成分为 0.4% Si,0.8% Mn,1.0% Cr,0.003% P, 0.002% S,含碳量在 0.1% ~ 0.6% 之间变化。用训练好的网络预测了试验钢材的 CCT 曲线。结果表明,随着含碳量增加,铁素体、贝氏体和马氏体转变开始的温度降低,但含碳量对珠光体转变结束温度的影响小。含碳量延长了铁素体形成孕育期,但加速了珠光体生长。预测的结果与热力学模型结果相符,说明人工神经网络方法是可靠和有效的。

（2）Ms 点的预测

马氏体转变开始点 Ms 是钢热处理中的重要相变点。Ms 点的高低主要受合金元素的影响,奥氏体温度和晶粒大小的影响较小,可以忽略。已经建立了许多 Ms 点的计算公式,但这些公式只反映了合金元素对 Ms 点的线性影响,没有考虑合金元素的相互作用。Vermeulen 建立了预测含钒钢 Ms 点的人工神经网络。网络的输入是 C,Si,Mn,P,S,Cr,Mo,Al,Cu,N,Ni 和 V 12 个元素的含量,共 12 个输入单元,网络输出是 Ms 点。为确定中间层的单元数,选择了几个不同的单元数。从 164 种含钒钢中取 144 个作为训练数据,20 个用来进行检验,判定网络的有效性,最终确定 12 × 6 × 1 网络最好。使用相同的数据,将最好的网络预测结果与一些线性回归公式和偏最小二乘法回归公式进行了比较。结果表明神经网络的预测精度比线性回归公式高 3 倍,比偏最小二乘法回归公式高 2.5 倍。神经网络还可以用来分析元素交互作用的影响。

（3）氧化物系相图若干特性的预报

氧化物系相图是陶瓷、水泥、炉渣和矿物岩石学研究的基础,其中包含众多的中间化合物。若能预报氧化物相图中的若干特征,则对相图的测量和有关材料的设计大有益处。国内有些学者对 45 种 MO 和 M_2O_3（M 代表金属元素）间 1：1 配比形成化合物及 21 种不形成 1：1 中间化合物的氧化物系作为人工神经网络的训练集进行训练。结果预报了一批未列入训练集的 1：1 复氧化物，并由一些新发现的化合物证实了预报结果正确，还预报了一批未列入训练集的不形成 1：1 中间化合物的氧化物系，其中也有一些新测量的相图证实了预报结果。

6.2.4　人工神经网络用于材料的检测

（1）超声无损检测缺陷定征方法

定量化检测是无损检测的发展方向，近年来，神经网络理论的发展及其在模式识别领域中的成功应用，为超声无损检测的定量化开辟了新的途径。学者刘伟军等以焊缝中裂纹、夹杂及气孔 3 类缺陷的分类为例，给出了一种以径向基函数神经网络（RBFN）为基础的缺陷特征分类方法。RBFN 网络可利用简单核函数形成的重叠区域产生任意形状的复杂决策域，学习能力强、速度快，是一种性能优越的非线性预测器和分类器。进行脆性材料临界断裂的声发射预报岩石、混凝土类脆性材料在整个断裂过程中都伴有声发射产生，并且在断裂的临界状态下，不同的声发射特征都表现出相应的异常/模式。国内学者纪洪广等以混凝土为研究对象建立了用于实现材料临界断裂声发射识别的多层前馈反向传播神经网络模型，为神经网络在声发射领域里的应用和材料断裂的声发射诊断技术探索了一条新的途径。

（2）光纤智能复合材料自诊断系统

现有的各种无损检测方法在研究复合材料结构时不能实现实时监测，而在光纤智能材料与结构中，光纤阵列的选择及阵列输出信号的分析处理是非常重要且困难的。学者杨建良等根据模体积失配效应与微弯原理，提出城墙型式光纤应变传感器阵列，并结合人工神经网络处理阵列输出的传感信号，研制出适用于复合材料结构状态监测与损伤估计用的光纤智能复合材料自诊断系统。

（3）结构缺损的识别

在工程中正确、快速地识别结构缺损，对保证结构的安全运行，预防事故的发生都有着重要的意义。

张悦华等用小波分析与人工神经网络相结合的方法，对结构缺损进行了识别。敲击缺损试件后产生的振动信号由传感器获取，经数据采集系统采集，适当处理后进行小波变换，形成人工神经网络的训练样本，并对所建网络进行训练，利用在训练样本中加入随机噪声的方法对网络的识别精度进行了讨论，证明以小波分析为基础的人工神经网络方法是结构缺损识别的一种很有前途的方法。

（4）材料疲劳的预测

国外学者 Y. AI-Assaf 等利用人工神经网络研究了在张力和压力下单取向的玻璃纤维复合物薄片的疲劳行为，利用前馈网络，建立了输入数据和至疲劳时的循环数之间的模型。虽然仅使用了很少的实验数据进行学习，但结果可与当前使用的其他材料疲劳寿命的预测方法相当。国外学者 Pidaparti 等用人工神经网络的方法研究在不同加载频率下材料的疲劳裂纹发展与加载周期之间的关系。用所得到的实验数据对人工神经网络进行培训，经过培训后的神经网络可以预测具有裂纹的 7075 铝合金样品板的加载周期和裂纹发展之间的关系。神经网络可以概括不同加载频率下裂纹发展和加载周期之间的关系，而且此模型可以预言任意负载下材料的裂纹发展行为。

6.3　Matlab 的基本使用方法

　　Matlab 是一门计算机编程语言,诞生于 20 世纪 70 年代,由 MathWork 公司推出,编写者是 Cleve Moler 博士和他的同事,取名来源于 Matrix Laboratory,本意是专门以矩阵的方式来处理计算机数据,它把数值计算和可视化环境集成到一起,非常直观,而且提供了大量的函数,使其越来越受到人们的喜爱,工具箱越来越多,应用范围也越来越广泛,从 1985 年推出 1.0 版本到目前的 7.0 版本,功能越来越强。下面介绍其基本的情况与实用方法。

6.3.1　Matlab 的主要功能

(1)数值计算和符号计算功能

　　Matlab 以矩阵作为数据操作的基本单位,还提供了十分丰富的数值计算函数。Matlab 和著名的符号计算语言 Maple 相结合,使得 Matlab 具有符号计算功能即用字符串进行数学分析,允许变量不赋值而参与运算,用于解代数方程、微积分、复合导数、积分、二重积分、有理函数、微分方程、泰勒级数展开、寻优等,可求得解析符号解。

(2)绘图功能

　　Matlab 提供了两个层次的绘图操作:一是对图形句柄进行的低层绘图操作,二是建立在低层绘图操作之上的高层绘图操作——二维、三维绘图。使用 plot 函数可随时将计算结果可视化。

(3)图形化程序编制功能

　　Matlab 具有程序结构控制、函数调用、数据结构、输入输出、面向对象等程序语言特征,而且简单易学、编程效率高。

(4)Matlab 工具箱

　　Matlab 包含两部分内容:基本部分和各种可选的工具箱。Matlab 工具箱分为两大类:功能性工具箱和领域型工具箱。利用它们,可以实现不同的功能。主要有以下类型:

- Matlab 主工具箱
- 符号数学工具箱
- SIMULINK 仿真工具箱
- 控制系统工具箱
- 信号处理工具箱
- 图像处理工具箱
- 通讯工具箱
- 系统辨识工具箱
- 神经元网络工具箱
- 金融工具箱

6.3.2　基本操作

　　第一次启动 Matlab 后,将进入 Matlab 7.0 默认界面,如图 6.4 所示。

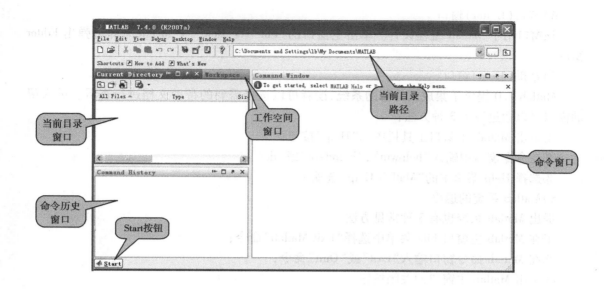

图 6.4　Matlab 的默认主界面(主窗口)

Matlab 集成环境包括 Matlab 主窗口、命令窗口、工作空间窗口、命令历史窗口和当前目录窗口,除此以外,还可以启动编辑窗口和帮助窗口,各窗口功能及相关操作简介如下:

1)Matlab 主窗口

该窗口是 Matlab 的主要工作界面。主窗口除了嵌入一些子窗口外,还主要包括菜单栏和工具栏。主窗口左下角还有一个"Start"按钮,单击该按钮会弹出一个菜单,选择其中的命令可以使用 Matlab 产品的各种工具,并且可以查阅 Matlab 包含的各种资源。

2)命令窗口(Command Window)

该窗口是 Matlab 的主要交互窗口,用于输入命令并显示除图形以外的所有执行结果。在命令提示符后键入命令并按下回车键后,Matlab 就会解释执行所输入的命令,并在命令后面给出计算结果。在命令行窗口输入的 Matlab 命令,可以是一个单独的 Matlab 语句,也可以是一段利用 Matlab 编程功能实现的代码。

3)工作空间窗口(Workspace)

此空间是 Matlab 用于存储各种变量和结果的内存空间。在该窗口中显示工作空间中所有变量的名称、大小、字节数和变量类型说明,可对变量进行观察、编辑、保存和删除。

4)命令历史窗口(Command History)

该窗口自动保留自安装起所有用过的命令的历史记录,并且还标明了使用时间,从而方便用户查询。而且,通过双击命令可进行历史命令的再运行。如果要清除这些历史记录,可以选择 Edit 菜单中的"Clear Command History"命令。

5)当前目录窗口(Current Directory)

该窗口是指 Matlab 运行文件时的工作目录,只有在当前目录或搜索路径下的文件、函数才可以被运行或调用。在当前目录窗口中可以显示或改变当前目录,还可以显示当前目录下的文件并提供搜索功能。

6）编辑（Editor）窗口

该窗口用于 Matlab 编程设计。单击主窗口的"File"→"New"→"M-File"，即可弹出 Editor 窗口。

7）帮助（Help）窗口

Matlab 7.0 提供了集成式的帮助系统，读者可以选择需要的帮助文档进行查看。进入帮助窗口可以通过以下 3 种方法：

①单击 Matlab 主窗口工具栏中的"Help"按钮；

②在命令窗口中输入"helpwin"，"helpdesk"或"doc"；

③选择 Help 菜单中的"Matlab Help"选项。

8）Matlab 系统的退出

退出 Matlab 系统也有 3 种常见方法：

①在 Matlab 主窗口 File 菜单中选择"Exit Matlab"命令；

②在 Matlab 命令窗口输入"Exit"或"Quit"命令；

③单击 Matlab 主窗口的关闭按钮。

6.3.3　Matlab 语言基础

（1）变量、运算符、函数、表达式

1）变量

变量的名字必须以字母开头（不能超过 19 个字符），之后可以是任意字母、数字或下划线，变量名称区分字母的大小写，变量中不能包含标点符号。

2）运算符

算术运算符：+ 、- 、* （乘）、/（左除）、\（右除）、^（幂）

关系运算符：< （小于）、> （大于）、<= （小于等于）>= （大于等于）、== （等于）、~= （不等于）

逻辑运算符：&（ 与）、|（或）、~（非）

赋值运算符： =

3）函数

Matlab 有很多基本函数可用，还有很多涉及矩阵运算的函数可直接使用，使矩阵运算变得非常简单。在此不详细介绍，有兴趣的读者可参考相关文献。

（2）命令基本形式

以"》"开头一行一条命令，超过一行可以用续行符"…"，基本形式如下：

　　》控制命令或语句或程序段

如果不要立即显示结果，可以在命令后加"；"如下所示：

　　》语句 1；语句 2；……. 语句 n；

（3）语句（命令）

1）控制语句

①for 循环。for 循环的一般形式为：

　　for 循环变量 = 表达式 1：表达式 2：表达式 3

　　循环语句体

　　　　end
　②while 循环。while 循环的一般形式为：
　　　　while 表达式
　　　　循环语句体
　　　　end
　③if 语句。if 语句一般的形式为：
　　　　if 表达式 1
　　　　语句体 1
　　　　elseif 表达式 2
　　　　语句体 2
　　　　else
　　　　语句体 3
　　　　end
　④switch-case 语句。switch 语句根据表达式的值来执行相应的语句，一般形式为：
　　　　switch 表达式（标量或字符串）
　　　　case 值 1，
　　　　语句体 1
　　　　case {值 2.1，值 2.2，…}
　　　　语句体 2
　　　　……
　　　　otherwise，
　　　　语句体 n
　　　　end
　2）绘图语句
　在这里不详述，通过以下两命令可以得到相关的绘图语句：
　help graph2d，可得到所有画二维图形的语句（命令）；
　help graph3d，可得到所有画三维图形的语句（命令）。

6.3.4　Matlab 程序设计初步

　用 Matlab 语言编写的程序称为 M 文件。M 文件分为 M 脚本文件和 M 函数文件。M 脚本文件可直接由 Matlab 解释执行，而 M 函数文件则必须通过调用执行。未加说明时，M 文件通常是指脚本文件。

　（1）M 文件的建立

　M 文件是一个文本文件，它可以用任何编辑程序来建立和编辑，而一般常用且最为方便的是使用 Matlab 提供的文本编辑器。

　为建立新的 M 文件，有 3 种方法可以启动 Matlab 文本编辑器：

　①菜单操作。从 Matlab 主窗口的"File"→"New"→"M-file"命令，屏幕上将出现 Matlab 文本编辑器窗口。

　②命令操作。在 Matlab 命令窗口输入命令"edit"，启动 Matlab 文本编辑器后，输入 M 文

件的内容并存盘。

③命令按钮操作。单击 Matlab 主窗口工具栏上的"New M-File"命令按钮,启动 Matlab 文本编辑器后,输入 M 文件的内容并存盘。

Matlab 程序(M 文件)的基本组成结构如下:

% 说明

清除命令:清除 workspace 中的变量和图形(clear,close)

定义变量:包括全局变量的声明及参数值的设定

逐行执行命令:指 Matlab 提供的运算指令或工具箱提供的专用命令

……

控制循环:

逐行执行命令 } 包含 for,if then,switch,while 等语句

……

end

绘图命令:将运算结果绘制出来

当然更复杂的程序还需要调用子程序(函数),或与 simulink 以及其他应用程序结合起来。

(2)脚本文件的编写

脚本文件的编写相对简单,基本没有格式上的约束,整个文件分为执行和注释两部分,所有注释内容以符号"%"开头,函数名、输入及输出参数均不用定义,其文件名即为文件调用时的命令名。

(3)函数文件的编写

函数文件具有标准的基本结构,在调用时函数接受输入参数,然后执行并输出结果。用 help 命令可以显示函数文件的注释说明。其基本结构如下:

①函数定义行(关键字 function)。形如

function[out1 ,out2 ,⋯] = filename(in1 ,in2 ,⋯)

输入和输出(返回)的参数个数分别由 nargin 和 nargout 两个 Matlab 保留的变量来给出。

②第一行帮助行,即 H1 行。以"%"开头,作为 lookfor 指令搜索的行。

③函数体说明及有关注解。以"%"开头,用以说明函数的作用及有关内容。

④函数体语句。包含函数的全部计算代码,由它来完成所设计的功能。

以上 4 部分中,第 1 和第 4 部分必不可少,其余两部分可以省略,但为了增强程序的可读性和便于以后修改,应养成良好的注释习惯。

例 6.1 求半径为 r 的圆的面积和周长的 m 函数文件。

```
function [ s,p ] = circle( r)
% CIRCLE calculate the area and perimeter of a circle of radii r
% r        radii of a circle
% s        area of a circle
% p        perimeter of a circle
s = pi * r * r;
p = 2 * pi * r;
```

（4）M 文件的运行

函数调用的一般格式是：［输出实参表］＝函数名（输入实参表）

要注意的是，函数调用时各实参出现的顺序、个数应与函数定义时形参的顺序、个数一致，否则会出错。如运行例 6.1 中，只需在命令窗口中输入［s,p］＝circle（）语句，其中括号内输入设定的半径数值，按回车键即可得到结果。函数调用时，先将实参传递给相应的形参，从而实现参数传递，然后再执行函数的功能。

6.4　Matlab 神经网络工具箱及其使用

6.4.1　概述

Matlab 神经网络工具箱（Neursl Network Toolbox）以神经网络理论为基础，利用 Matlab 语言编写出线性、竞争性等典型神经网络激活函数，通过对激活函数的调用，实现对选定网络输出的计算。

Matlab 7.0 对应的神经网络工具箱的版本号为 Version 4.0.3，其涉及的网络模型有：感知器模型、线性滤波器、BP 网络模型、控制系统网络模型、径向基网络模型、自组织网络、反馈网络、自适应滤波和自适应训练等。

目前，神经网络工具箱中提供的神经网络模型主要应用于以下 4 个方面：

①函数逼近和模型的拟合；

②信息处理和预测；

③神经网络控制；

④故障诊断。

6.4.2　神经网络工具箱通用函数

神经网络工具箱中提供了丰富的工具函数。其中一些函数是特别针对某一种类型的神经网络的，如感知器的创建函数、BP 网络的训练函数等；而另外一些函数则是通用的，几乎可以用于所有类型的神经网络，如神经网络仿真函数，初始化函数和训练函数等。表 6.4 列出了神经网络中的一些比较重要的通用函数的基本用途，更深入的内容请读者阅读参考文献列出的相关书籍。

表 6.4　神经网络工具箱的通用函数

函数类型	函数名称	函数用途
神经网络仿真函数	sim	针对给定的输入，得到网络输出
神经网络训练函数	train	调用其他训练函数，对网络进行训练
	trainb	对权值和阈值进行训练
	adapt	自适应函数
神经网络学习函数	learnp	网络权值和阈值的学习
	learnpn	标准学习函数
	revert	将权值和阈值恢复到最后一次初始化时的值

续表

函数类型	函数名称	函数用途
初始化函数	init	对网络进行初始化
	initlay	多层网络的初始化
	initnw	利用 Nguyen-Widrow 准则对层进行初始化
	initwb	调用制订的函数对层进行初始化
神经网络输入函数	netsum	输入求和函数
	netprod	输入求积函数
	concur	使权值向量和阀值向量的结构一致
传递函数	harlim	硬限幅函数
	hardlims	对称硬限幅函数
其他	dotprod	权值求积函数

6.4.3 BP 网络的神经网络工具箱函数

BP 网络的全称为 Back-Propagation Network，即反向传播网络。BP 网络是利用非线性可微分函数进行权值训练的多层网络。它包含了神经网络理论中最为精华的部分，由于其结构简单、可塑性强，故在函数逼近、模式识别、信息分类及数据压缩等领域得到了广泛的应用。BP 网络的常用函数如表 6.5 所示。

表 6.5　BP 网络的常用函数

函数类型	函数名称	函数用途
前向网络创建函数	newcf	创建级联前向网络
	newff	创建前向 BP 网络
	newffd	创建存在输入延迟的前向网络
传递函数	logsig	S 形的对数函数
	dlogsig	logsig 的导函数
	tansig	S 形的正切函数
	dtansig	tansig 的导函数
	purelin	纯线性函数
	dpurelin	Purelin 的导函数
学习函数	learngd	基于梯度下降法的学习函数
	learngdm	梯度下降动量学习函数
性能函数	mse	均方误差函数
	msereg	均方误差规范化函数
显示函数	plotperf	绘制网络的性能
	plotes	绘制一个单独神经元的误差曲面
	plotep	绘制权值和阀值在误差曲面上的位置
	errsurf	计算单个神经元的误差曲面

6.4.4　BP 网络的 Matlab 实现

BP 人工神经网络的一个重要功能就是信息处理和预测,利用 Matlab 实现 BP 网络的相关操作主要有以下 4 部分:

①数据操作。包括数据的导入、导出,对于工具箱来说,还包括数据的存储、删除等相关操作。

②网络模型的创建。设定网络类型、层数、每层神经元个数、传递函数、用于模型训练的函数类型等相关参数。

③训练。包括确定输入向量、目标向量以及训练步数、训练目标、动量项系数等训练相关参数。

④仿真。主要是确定输入向量和目标向量。

6.5　应用实例:基于 BP 网络的镁合金 AZ61B 晶粒尺寸模型的构建及仿真

6.5.1　数据收集及整理

本例采用 AZ61B 合金高温压缩试验的实际测量数据 16 组。其原始数据见表 6.6。

工艺参数包括:压缩变形温度、应变速率。

测量数据包括:再结晶晶粒尺寸(本示例采用)和流变应力(读者可作为练习用)。

表 6.6　AZ61B 镁合金热等温压缩试验结果

序号 \ 项目	变形温度/℃	应变速率/s⁻¹	再结晶晶粒尺寸/μm	流变应力/MPa
1	300	0.01	11.181 5	87.197 8
2	350	0.01	11.778 2	56.800 2
3	400	0.01	12.551 3	41.900 2
4	450	0.01	13.374 2	32.500 0
5	300	0.10	10.854 7	111.000 0
6	350	0.10	11.394 4	72.212 3
7	400	0.10	12.116 0	51.447 4
8	450	0.10	12.899 7	36.700 1
9	300	1.00	9.857 5	129.999 4
10	350	1.00	10.807 3	90.113 5
11	400	1.00	11.343 3	65.771 1
12	450	1.00	11.992 7	45.900 2
13	300	5.00	9.585 0	158.038 7
14	350	5.00	10.362 5	110.639 8
15	400	5.00	10.854 7	80.332 2
16	450	5.00	11.614 7	55.699 9

6.5.2　BP 网络模型的设计

（1）网络结构

首先要确定的是输入层和输出层的单元数,这通常由采集到的训练样本决定;其次是要确定网络的层数,也即中间隐层的数目。目前常见的网络大多是 3～4 层,也即单隐层或者双隐层网络。对于大多数实际问题来说,采用单隐层就已足够。对于中间隐层的神经元数的选择,目前并没有确切的方法和理论指导,一般在参考有关经验公式(见表 6.1)的基础上,采用不同的隐层神经元数进行训练之后,凭借对其训练样本或测试样本的误差评价来择优选取。

本例所用的人工神经网络包括 3 层:输入层、中间层(隐含层)及输出层。输入层有两个节点,为变形温度和应变速率。输出层有一个节点,为再结晶晶粒尺寸。本例确定隐层最佳神经元数为 11,这样就建立了结构为 2-11-1 的网络模型。

（2）传输函数的选择

常用的 BP 网络的传输函数有 S 形函数和双曲正切函数,有时也会用到线性函数。当网络的最后一层采用曲线函数时,输出往往被限制在一个很小的范围内,如果采用线性函数,则输出可为任意值。

根据本例数据非负及非线性的实际,中间层传输函数选取双曲正切函数,输出层的传输函数为线性函数。

（3）学习算法的选择

算法是模型的核心,离开了算法,模型不过是一具"空壳"。本书的神经网络是基于 BP 算法构建的,BP 算法在发展过程中涌现了很多学习规则,如梯度最速下降静态寻优算法等。基于非线性最小二乘法的 Levenberg-Marquardt(LM)算法,根据迭代结果动态调整阻尼因子,可使每次迭代误差函数有所下降,从而使学习时间缩短,收敛速度加快,并且可以提高网络精度,特别适合均方误差性能函数的网络训练,是目前应用较多的算法之一。算法的正常工作还跟一些参数的正确设定分不开,误差反向传播算法的主要参数为学习速率和动量项系数,目前均没有确切的指导方法,只有一些经验的取值范围可供参考。

本例所建立的再结晶晶粒尺寸的人工神经网络为反向传播网络(BP 网络),采用 LM 算法。

（4）期望误差的选取

在网络设计过程中,应该确定一个比较合适的期望值。所谓"合适"是相对于所需要的隐层的节点数及实际问题而言的。因为较小的期望误差是要以增加隐层的节点及训练时间为代价获得的。一般情况下,作为对比可以同时对两个或多个不同期望误差的网络进行训练,然后通过综合考虑来选择。

本例由于所用数据样本较少,网络结构简单,而且选用的 LM 算法收敛速度极快,训练时间上几乎不会有影响,因此期望误差直接采用默认值 0。

6.5.3　数据的预处理

除了网络结构及训练参数,样本的数据模式也是影响网络性能的重要因素。不管是何种样本,何种数据模式,在参与模型的训练之前,都必须经过预处理。数据的预处理通常是指归一化处理,是模型训练过程中关键的第一步。采用何种预处理方式一般是由模型传输函数的定义域决定的。目前相关研究中所采用的预处理公式并不完全一致,但大都是为了将样本数据处理到 0～1 或者 –1～1 的空间。经预处理过的数据通过模型后的输出也是服从相应的 0～1 或者 –1～1 分布的,因此必须经过反预处理变换才可得到原物理空间的实际预测值,反预处理的方法由相应的预处理公式反推即得。

本例采用式(6.19)对数据进行归一化预处理,使其归于[0,1]之间,而网络输出值经式(6.20)的反归一化处理即可得到网络的实际预测值。

$$x_N = \frac{x - x_{\min}}{x_{\max} - x_{\min}} \tag{6.19}$$

$$x = x_{\min} + x_N(x_{\max} - x_{\min}) \tag{6.20}$$

式中　x_N——归一化处理后的数据(式 6.19 中)或者网络计算输出值(式 6.20 中);

　　　x——样本数据(式 6.19 中)或者反归一化处理后的数据(式 6.20 中);

　　　$x_{\min}$——样本数据中的最小值;

　　　$x_{\max}$——样本数据中的最大值。

参与训练时,样本一般应按不同比例分为不同样本类型。

本例将样本数据分为训练样本和测试样本两部分,根据得到的实验数据模式,将第 5～8 组数据作为测试样本(4 组),随意选了第 11 组作为仿真数据(1 组),其余作为训练样本(11 组)。处理结果如表 6.7 所示。

表 6.7　AZ61B 镁合金热等温压缩试验数据归一化处理结果

编号	变形温度/℃	应变速率/s^{-1}	再结晶晶粒尺寸 /μm	流变应力/(N·mm^{-2})	样本类型
1	0.000 0	0.000 0	0.421 3	0.435 7	训练
2	0.333 3	0.000 0	0.578 8	0.193 6	训练
3	0.666 7	0.000 0	0.782 8	0.074 9	训练
4	1.000 0	0.000 0	1.000 0	0.000 0	训练
5	0.000 0	0.018 0	0.335 1	0.625 3	测试
6	0.333 3	0.018 0	0.477 5	0.316 3	测试
7	0.666 7	0.018 0	0.668 0	0.150 9	测试
8	1.000 0	0.018 0	0.874 7	0.033 5	测试
9	0.000 0	0.198 4	0.071 9	0.776 6	训练
10	0.333 3	0.198 4	0.322 5	0.458 9	训练
11	0.666 7	0.198 4	0.464 0	0.265 0	仿真
12	1.000 0	0.198 4	0.635 4	0.106 7	训练
13	0.000 0	1.000 0	0.000 0	1.000 0	训练
14	0.333 3	1.000 0	0.205 2	0.622 4	训练
15	0.666 7	1.000 0	0.335 1	0.381 0	训练
16	1.000 0	1.000 0	0.535 6	0.184 8	训练

为接下来的工具箱操作作准备,需将归一化后的数据样本按类型分别建立相应的 Excel 表格,见表 6.8。表格命名规则如下:rgs,fs 分别为再结晶晶粒尺寸、流变应力的英文首字母缩写;p,n 分别表示原始输入、目标;pn,tn 则分别表示归一化后的输入、目标;xl,cs,fz 分别为训

练、测试、仿真拼音首字母缩写。如"rgstnxl"是指在结晶晶粒尺寸归一化后的训练样本的目标数据部分,如表 6.8 所示,在 Matlab 里即为一个 1×12 的矩阵。

表 6.8 数据样本处理后建立的相关 Excel 表格

pnxl. xls										
0.000 0	0.333 3	0.666 7	1.000 0	0.000 0	0.333 3	1.000 0	0.000 0	0.333 3	0.666 7	1.000 0
0.000 0	0.000 0	0.000 0	0.000 0	0.198 4	0.198 4	0.198 4	1.000 0	1.000 0	1.000 0	1.000 0
pncs. xls										
0.000 0	0.333 3	0.666 7	1.000 0							
0.018 0	0.018 0	0.018 0	0.018 0							
pnfz. xls										
0.666 7										
0.1984										
rgstnxl. xls										
0.421 3	0.578 8	0.782 8	1.000 0	0.071 9	0.322 5	0.635 4	0.000 0	0.205 2	0.335 1	0.535 6
rgstncs. xls										
0.335 1	0.477 5	0.668	0.874 7							
rgstnfz. xls										
0.464 0										

6.5.4 人工神经网络工具箱实现

(1)数据导入

启动 Matlab 的人工神经网络工具箱,出现 Network/Data Manager 窗口后,单击 ⎣ Import… ⎤ 将出现"Import to Network/Data Manager"窗口,如图 6.5 所示。

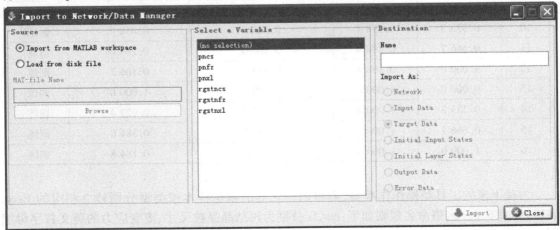

图 6.5 Import to Network/Data Manager 窗口

图中左侧可见数据的导入方法有两种,第一种需先在主界面 Current Directory 处选定当前路径,即选择计算机上存放输入数据和目标数据的绝对路径,然后在工作空间(Workpace)里选择 Input data 图标分别导入,完成此步后,在本窗口中即可看见已导入的数据名称,接着单击选择数据名称,在"name"项会自动生成相同文件名,在"Import as"项作出相应选择,pn 类数据都是"Input Date",tn 类数据都是"Target Date",最后单击"Import"按钮即可。

第二种方法就是选择"Load from disk file":从磁盘导入。此法简便快捷,但经常由于版本问题不能顺利实现,故用第一种方法较好,而且养成选择路径和熟练运用工作空间的习惯对 Matlab 的高级使用大有裨益。

在这里使用第一种方法,此处只导入了用于再结晶晶粒尺寸建模及训练的相关数据,数据成功导入后,会在 Network/Data Manager 窗口对应区域显示。

（2）神经网络模型的创建

在 Network/Data Manager 窗口单击"New",将弹出创建神经网络模型的"Create Network or data"窗口,根据网络模型设计,此处欲建立一个二输入单输出、具有三层结构、每层神经元个数分别为 2,11,1 的 BP 网络。其学习规则为"TRAINLM",输入层和隐层之间的传递函数为"TANSIG",隐层和输出层之间的传递函数选用"PURELIN",按照前面所述操作在窗口相应部分进行选择,未提及处均采用默认值。

设定好各项后,如图 6.6 所示。

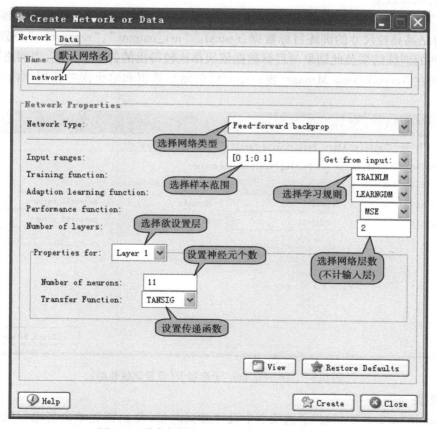

图 6.6　设定好的"Create Network or data"窗口

单击"Create"即创建网络,接着在"Network/Data Manager"窗口可看见网络名称"network1";单击"View",可以看见刚刚设计好的BP网络模型,如图6.7所示。

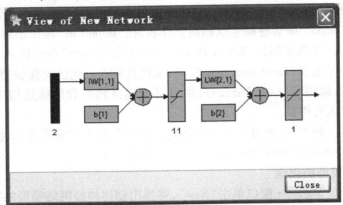

图6.7　创建的BP网络结构

(3)网络的训练

先在Network/Data Manager窗口单击选择网络"network1",再单击窗口下方的"Open"按钮,或者双击"net",都将弹出"Network:network1"窗口,接下来的操作都在这个窗口完成。

1)设置训练数据

单击"Train"选项卡,在直接出现的"Training Info"子选项卡中选择好作为训练的输入数据:pnxl;再结晶晶粒尺寸的训练目标数据:rgstnxl。"net_outputs"、"net_errors"分别是指网络训练后得到的训练结果及此结果与目标数据依次作比较得出的各输出误差,当网络训练完毕,它们将出现在Network/Data Manager窗口中对应的输出数据和输出误差数据框内。如图6.8所示。

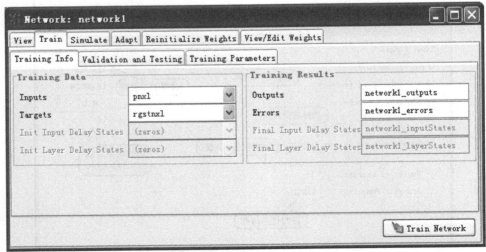

图6.8　"Training Info"子选项卡(设置训练数据)

2)设置测试数据

在"Validation and Testing"子选项卡中设置测试向量(集),需先单击复选框激活选项区,本例未涉及确认向量。如图6.9所示。

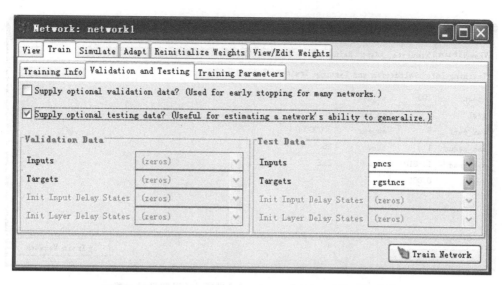

图 6.9　"Validation and Testing"子选项卡（设置测试数据）

3）设置训练参数

在"Training Parameters"子选项卡中设定网络训练参数，各参数含义及缺省值对应如表6.9所示，本例均采用默认设置，如图 6.10 所示。

表6.9　网络各项训练参数说明

项　目	功　能	参　数
epochs	训练步数	缺省值为100
goal	网络性能目标	缺省值为0
max_fail	最大验证失败次数	缺省值为5
mem_reduc	权衡计算雅可比矩阵时占用的内存空间和计算速度	缺省值为1
min_grad	性能函数的最小梯度	缺省值为 1e－10
mu	Marquardt 调整参数	缺省值为 0.005
mu_dec	mu 的下降因子	缺省值为 0.1
mu_inc	mu 的上升因子	缺省值为 10
mu_max	mu 的最大值	缺省值为 1e＋10
show	两次显示之间的训练次数	缺省值为 25
time	最长训练时间（以秒计）	缺省值为 Inf（无穷）

4）初次训练

单击窗口右下角的"Train Network"按钮，网络开始第一次训练，当弹出新的图形界面窗口"Training with TRAINLM"时，第一次网络训练完毕。不同网络和学习函数的图形界面有所不同；同一网络和相同学习函数的网络，每次训练得到的图示也是不同的。为分析网络模型训练效果，以一张用 Trainlm 算法得到的动态图为例说明，如图 6.11 所示。图示横坐标代表训练步数，纵坐标代表均方误差性能，其值越小说明网络训练效果越好。可见，由于采用的是收敛速

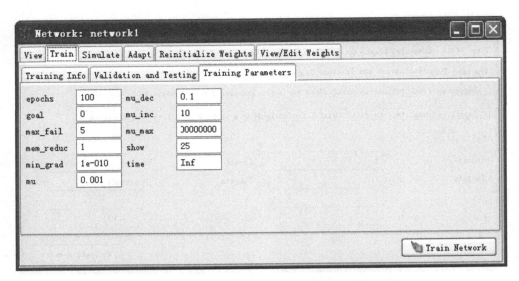

图 6.10 "Training Parameters"子选项卡(设置训练参数)

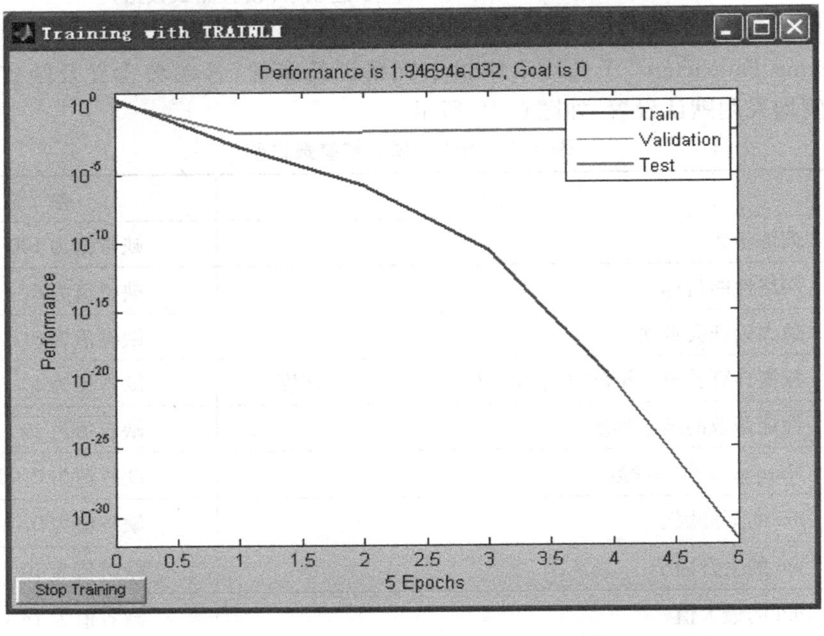

图 6.11 采用 Trainlm 算法得到的训练效果

度极快的 LM 算法,当训练步数仅为 5 步时训练停止,但训练集误差性能已达到 10^{-30} 数量级,网络模型对提供的样本数据的训练效果极好。

5)重设权值多次训练

训练的实质就是不断调整权值以提高网络模型的精度。初始权值是伴随网络模型的创建随机生成的,但之后的每一次训练都需要重新设定权值。在"Reinitialize Weights"选项卡中单击"Initialize Weights"按钮重新初始化权值,如图 6.12 所示。再在"Train"选项卡中单击训练,如此反复即可完成多次训练。通过对比每次训练生成的均方误差性能即可选择出精度较高的网络模型。

影响模型精度的因素很多,有时调整了的权值可能引起训练陷入局部误差,函数不能正常

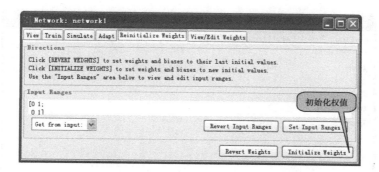

图 6.12　"Reinitialize Weights"子选项卡(初始化权值)

收敛等,因此,进行多次训练对于生成高精度的模型是很有必要的。对于本例,由于数据样本较少,误差性能最好达到 10^{-30} 左右数量级,这样才可能取得较好的仿真效果。

本例采用的具体权值见下面所列,若要使用本例权值,在"View/Edit Weight"选项卡中对应复制粘贴就可以了,每置换一组需单击"Set Weight"按钮以示确定。

本例权值

iw[1,1]:[8.4217 -3.8224;9.1781 -1.1205; -4.5423 8.0315;7.6878 -5.0416;
4.7937 7.9991; -9.2835 -0.5322;1.9984 -9.0654; -2.9406 -8.7481;8.2175 4.3541;
-9.2661 -0.3945; -0.82353 -9.1929]

iw[2,1]:[0.029005 0.13047 0.10774 0.17362 -0.33782 -0.073439 -0.37456 0.081757
-0.065079 -0.20289 0.32521]

b[1]:[-7.0085; -7.8546;1.0045; -3.6036; -7.2855;4.8475;4.4782;4.1812;
-3.3937;1.2037;0.25823]

b[2]:[0.72251]

(4)网络的仿真

网络的仿真可实现预测功能。单击选择"Simulate"选项卡,需设置输入数据和目标数据,本例以再结晶晶粒尺寸的第 11 组数据作演示,数据如表 6.10 所示。当然,如果使用新的输入数据,且没有可参考的目标结果,则不用设置目标数据,也没有仿真误差。

表 6.10　用于仿真的数据样本

项　　目	变形温度/℃	应变速率/s^{-1}	再结晶晶粒尺寸/μm
原始数据	400	1.00	11.343 3
归一化后	0.666 7	0.198 4	0.464 0
对应 Excel 表格名	pnfz(仿真输入数据)		rgstnfz(仿真目标)

特别指出的是,因仿真输出数据及输出误差默认名和训练时的输出默认名一样,为避免覆盖,常把仿真输出数据名改为"network1_simoutputs",输出误差名改为"network1_simerrors"。如图 6.13 所示。

单击"Simulate Network",即可在"Network/Data Manager"窗口中对应的输出数据和输出误差数据框内看见仿真结果及仿真误差。双击"network1_simoutputs"(网络输出)可见仿真结果为:0.492 19(见图 6.14);双击"net work1_simerrors"(网络误差)可见仿真结果与目标0.464 0

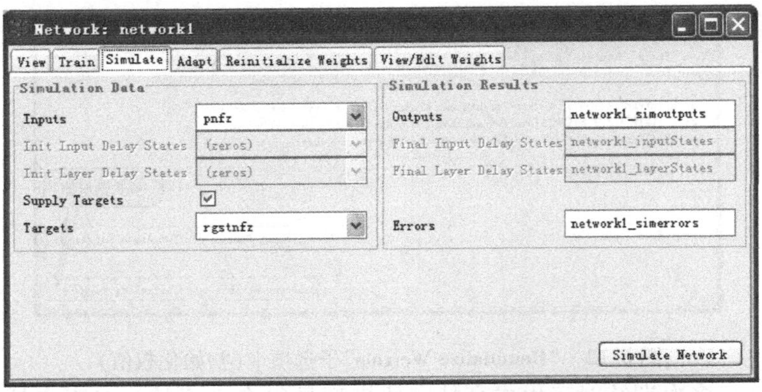

图 6.13 "Simulate"选项卡(仿真)

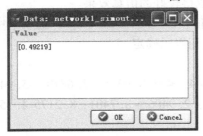

图 6.14 网络输出窗口

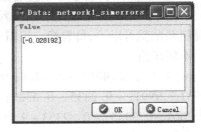

图 6.15 网络误差窗口

仅相差 −0.028 19,(见图 6.15)。说明网络仿真效果比较理想。

注:由于工具箱处理的是归一化后的数据,因此返回值也是归一化范围内的数据,其并不能直接执行反归一化操作。如果要看到实际值,还需在 Matlab 主界面环境执行反归一化,即把归一化值转换成实际值(式 6.20)。不过在执行这些语句前,还需把工具箱中的数据导入到 Matlab 工作空间才行。

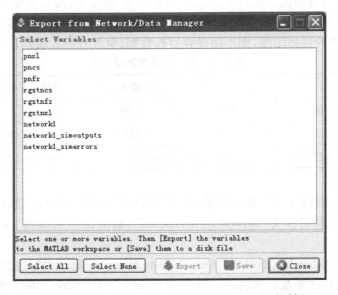

图 6.16 "Export from Network/Data Manager"对话框

（5）**数据导出**

通过单击 Network/Data Manager 窗口中下部的 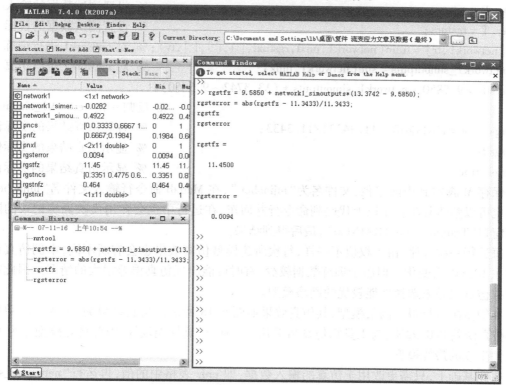 按钮，弹出"Export from Network/Data Manager"对话框（见图 6.16），单击选择"Select All"按钮，再选择"Export"就可以把各类数据导出到主界面的"Workpace"里了。

（6）**数据的反归一化**

根据数据的反归一化公式（式 6.20），已知样本数据中的最小值为 9.585 0，最大值为 13.374 2，代入各相应值，即可得出反归一化语句。在此基础上，还可计算仿真结果与样本值（11.343 3）的误差百分比，因此，在 Matlab 主环境命令行中输入以下 4 条语句：

$rgstfz = 9.5850 + network1\_simoutputs * (13.3742 - 9.5850)$；　% 反归一化 network1_simoutputs

$rgsterror = abs(rgstfz - 11.3433)/11.3433$；　　　　　　% 计算仿真结果的实际误差

　　$rgstfz$　　　　　　　　　　　　　　　　　　　　　% 显示仿真结果的实际值

　　$rgsterror$　　　　　　　　　　　　　　　　　　　　% 显示仿真结果的实际误差

并运行，最终结果如图 6.17 所示。Abs( )是 Matlab 求绝对值函数。

图 6.17　计算仿真结果及仿真误差

可见，经工具箱预测返回的再结晶晶粒尺寸仿真结果为 11.450 0，单位为 μm，与样本值 13.374 2 μm 的误差是 0.94%，再次说明通过工具箱，本例所建模型的仿真效果比较理想。

6.5.5　M 文件的方法求解

利用工具箱操作可顺利实现人工神经网络的建立、训练及仿真，明朗简单，容易理解，大大减轻了使用者的负担,但其不能直接支持绘图功能,而且步骤繁多的选择操作既费时又容易出错,各选项往往只提供常用参数供选择,这对于研究工作来说是很不利的,因此对于具有较高要求的用户来说,往往选择自己编制 M 文件的方法。

首先仍是数据的导入,导入后可用相关函数进行预处理,若需利用特殊的预处理方式,只能提前完成,导入时导入预处理后的数据。其次,建立 M 文件,输入欲实现的各个步骤的函数语句并保存。最后运行命令行至结束。其实数据的导入也可以编程实现,但本例重点并不在此,且前面的 Matlab 环境已导入了数据,此处无须重复。

下面分别谈谈用 M 脚本文件和 M 函数文件的方法求解的全部过程。

(1) M 脚本文件

就本例来说,只涉及最基本的工具箱操作及回归分析,如果仅需完成上述工作,相应语句比较简单,可编写 M 脚本文件,程序如下:

```
network1 = newff([0 1;0 1;],[11 1],{'tansig' 'purelin'},'trainlm');
                                        % 创建名为"network1"的网络模型,设置建模各个参数
tv. P = pncs;                           % 设置测试数据的输入
tv. T = rgstncs;                        % 设置测试数据的目标
[network1,tr] = train(network1,pnxl,rgstnxl,[],[],[],tv); % 对 network1 进行训练
network1_simoutputs = sim(network1,pnfz);        % 对 network1 进行仿真
rgstfz = 9.5850 + network1_simoutputs * (13.3742 − 9.5850);
                                        % 反归一化 network1_simoutputs
rgsterror = abs(rgstfz − 11.3433)/11.3433;       % 计算仿真结果的实际误差
rgstfz                                  % 显示仿真结果的实际值
rgsterror                               % 显示仿真结果的实际误差
```

保存 M 脚本到当前路径,文件名为"mjiaoben",在 Matlab 命令行输入文件名"mjiaoben",当然也可以整体复制粘贴以上代码到命令行并回车,在运行中也会弹出反映训练记录的图形界面窗口"Training with TRAINLM",最后得到结果。

每运行一次程序,由于权值不一样,每次所建模型仿真效果也会有所不同,本例仿真误差基本在 10% 以内变化。但由于训练数据较少,有时可能出现仿真误差很大的情况。因此本例可根据仿真误差来选择性能较优的网络模型。

本例多次运行得一网络模型,其仿真效果如图 6.18 所示。仿真结果为 11.448 2,单位为 μm,仿真误差是 0.92%,与工具箱仿真结果几乎一样,仿真性能较好,因此将此模型作为 M 脚本文件生成的最优模型。

在此基础上,只需更改用于仿真的输入数据,即 pnfz 表格中的值,再运行"network1_simoutputs = sim(network1,pnfz);"语句,即可预测其他实验条件下的再结晶晶粒尺寸。

为方便以后继续使用模型,可选择 File 菜单下的"Save Workspace As",可将包含此模型的工作空间保存至硬盘,本例命名为"mjiaoben"。

(2) M 函数文件

M 脚本文件只是完成固定工作,对于要实现不同输入数据的预测功能,每次计算并更改 pnfz 表格中的值太过烦琐,因此应编写 M 函数文件。M 函数文件可完成包括归一化、数据导入在内的一系列操作,它是一个完整的程序,和 Matlab 其他函数一样,在运行时 Matlab 工作空

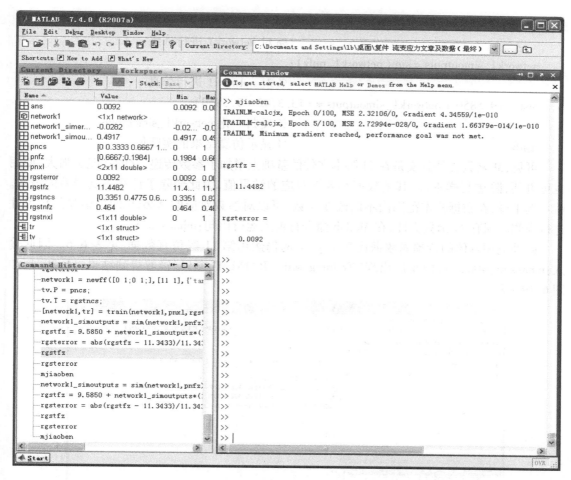

图 6.18　运行 M 脚本文件结果显示界面

间并不体现该函数各中间值。本例的 M 函数文件语句如下：

function mhanshu(x,y)　　% 定义镁合金 AZ61B 的再结晶晶粒尺寸预测函数为 mhanshu

double pnfz = zeros(2,1);　% 定义一个 2 行 1 列元素全为 0 的矩阵 pnfz,为接收输入参数

$\qquad\qquad\qquad\qquad$x,y

x = (x - 300)/(450 - 300);　　　　　　　% 对输入的变形温度数据进行归一化

y = (y - 0.01)/(5 - 0.01);　　　　　　　% 对输入的应变速率数据进行归一化

pnfz = [x,y]';　　　　　　　　　　　　% 把归一化后的输入数据传递给 pnfz

network1 = newff([0 1;0 1;],[11 1],{'tansig' 'purelin'}, 'trainlm');

$\qquad\qquad\qquad\qquad$% 创建名为"network1"的网络模型,设置建模各个参数

pnxl = xlsread('pnxl. xls');　　　　　　% 读取 Matlab 当前目录下 pnxl. xls 的数据

rgstnxl = xlsread('rgstnxl. xls');　　　% 读取 Matlab 当前目录下 rgstnxl. xls 的数据

pncs = xlsread('pncs. xls');　　　　　　% 读取 Matlab 当前目录下 pncs. xls 的数据

rgstncs = xlsread('rgstncs. xls');　　　% 读取 Matlab 当前目录下 rgstncs. xls 的数据

tv. P = pncs;　　　　　　　　　　　　　% 设置测试数据的输入

tv. T = rgstncs;　　　　　　　　　　　　% 设置测试数据的目标

[network1,tr] = train(network1,pnxl,rgstnxl,[ ],[ ],[ ],tv);

           % 对 network1 进行训练

network1_simoutputs = sim(network1,pnfz);

           % 对 network1 进行仿真

rgstfz = 9.5850 + network1_simoutputs * (13.3742 − 9.5850);

           % 反归一化 network1_simoutputs

rgstfz   % 显示仿真结果的实际值

可见,M 函数文件其实是在 M 脚本文件的基础上增加了参数传递,它的功能更强大,使用也更方便,除仿真样本外,其他数据都未知对应的结果值,因此删除了计算仿真误差的语句。就本例来说,在数据样本范围内不断改变参数,可以对参数对应的 AZ61B 的再结晶晶粒尺寸进行预测。保存 M 函数文件,在 Matlab 命令行输入运行语句:mhanshu(x,y)。

此处应用具体的待预测数据代替 x,y,本例仍然用第 11 组仿真数据,见表 6.6。因此输入:mhanshu(400,1),回车后出现"Training with TRAINLM"窗口,接着得到结果:11.2074,如图 6.19 所示。

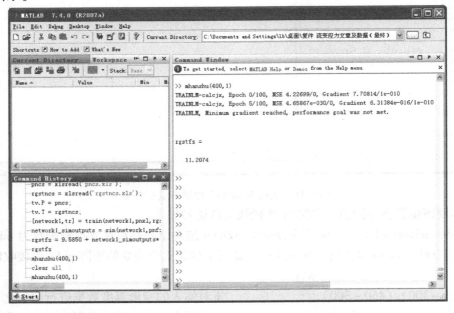

图 6.19 运行带参数的 mhanshu 函数的结果显示窗口

可见,仿真结果为 11.207 4,单位为 μm,可计算得与已知样本值 11.343 3 μm 的误差为 1.2%,说明利用编制 M 文件的方法可以成功地实现神经网络工具箱的建模及仿真功能,且效果一样较好,不过在处理给定问题时,编程方法在工作效率上具有优势明显,程序调试、参数修改及拓展均非常方便。

注意:有时用仿真数据预测时,程序返回的再结晶晶粒尺寸和已知仿真目标相差很大,这是因为影响模型精度的因素很多,本例数据样本较少是最主要的原因。其次是模型参数、预处理方式对其都会有影响;每一次训练都会引起权值的变化,有些权值则可能会使训练陷入局部误差,函数不能正常收敛。因此,在样本量少时,模型应进行多次训练和预测,从结果的分布中选择出现最密集的结果,求其均值作为最终预测值。

思考题与上机操作实验题

6.1 BP 神经网络设计主要考虑哪几方面？基本原则是什么？

6.2 利用表 6.6 中的实验数据，运用 matlab 工具进行基于 BP 网络的镁合金 AZ61B 流变应力模型的构建及仿真练习。

6.3 上网查找文献搜集某种合金成分与性能实验数据，并采用 BP 神经网络，运用 Matlab 神经网络工具箱上机建立该合金成分与性能之间的关系模型。

第7章

材料科学与工程中的数据库与专家系统应用

7.1 数据库在材料科学与工程中的应用

数据库是利用计算机对各种类型的数据进行收集、分类、存储、检索和传输的方法和技术，在材料科学与工程中应用广泛，计算机在材料科学与工程中的各种应用很多时候都必须建立在使用材料数据库的基础上，材料数据库也是科学数据库的重要组成部分是 CAD，CAE，CAM，CIMS 等的重要支柱。因此我们有必要了解数据库的基本知识、材料数据库的建立发展及应用情况。

7.1.1 数据库的基本知识

（1）数据库系统的组成

数据库应用系统简称为数据库系统（DataBase System，DBS），是一个计算机应用系统。它由计算机硬件、数据库管理系统（DBMS）、数据库、应用程序和用户等部分组成。数据库管理系统（DataBase Management System，DBMS）是指负责数据库存取、维护、管理的系统软件，是建立使用数据库的核心。

（2）数据模型

数据模型是指数据库中数据与数据之间的关系。任何一个数据库管理系统都是基于某种数据模型的。数据库管理系统常用的数据模型有层次模型、网状模型和关系模型 3 种。层次模型是用树型结构来表示数据之间的联系，可以表示一对一联系和一对多联系。网络模型是用网络结构来表示数据之间的联系，可以表示多对多的联系。关系模型是把数据结构看成一个二维表，每个二维表就是一个关系，关系模型是由若干个二维表格组成的集合。目前基于关系模型开发的数据库应用非常广泛，相关详细深入的知识请参考有关专门书籍。

（3）数据库的设计方法概述

由于信息结构复杂，应用环境多样，在相当长的一段时期内数据库设计主要采用手工试凑法。使用这种方法与设计人员的经验和水平有直接关系，数据库设计成为一种技艺而不是工程技术，缺乏科学理论和工程方法的支持，工程的质量难以保证，常常是数据库运行一段时间后又不同程度地发现各种问题,增加了系统维护的代价。十余年来,人们努力探索,提出了各种数据库设计方法,这些方法运用软件工程的思想和方法,提出了各种设计准则和规程,都属于规范设计法。

规范设计法中比较著名的有新奥尔良(New Orleans)方法。它将数据库设计分为 4 个阶段:需求分析(分析用户要求)、概念设计(信息分析和定义)、逻辑设计(设计实现)和物理设计(物理数据库设计)。其后,S. B. Yao 等又将数据库设计分为 5 个步骤,I. R. Palmer 等主张把数据库设计当成一步接一步的过程,并采用一些辅助手段实现每一过程。

基于 E-R 模型的数据库设计方法、基于 3NF(第三范式)的设计方法、基于抽象语法规范的设计方法等,是在数据库设计的不同阶段上支持实现的具体技术和方法。

规范设计法从本质上看仍然是手工设计方法,其基本思想是过程迭代和逐步求精。

数据库工作者和数据库厂商一直在研究和开发数据库设计工具。经过十多年的努力,数据库设计工具已经实用化和产品化。如 Design 2000 和 PowerDesigner 分别是 ORACLE 公司和 SYBASE 公司推出的数据库设计工具软件。这些工具软件可以自动地或辅助设计人员完成数据库设计过程中的很多任务。人们已经越来越清楚地认识到自动数据库设计工具的重要性,特别是大型数据库的设计需要自动设计工具的支持。人们也日益认识到数据库设计和应用设计应该同时进行,目前许多计算机辅助软件工程(Computer Aided SofewareEngineering,简称 CA,5E)工具已经开始强调这两个方面。

(4)**数据库的设计步骤**

按照规范设计的方法,考虑数据库及其应用系统开发全过程,将数据库设计分为需求分析、概念结构设计、逻辑结构设计、物理结构设计、数据库实施以及数据库运行和维护 6 个阶段,如图 7.1 所示。

1)需求分析

进行数据库设计首先必须准确了解和分析用户需求(包括数据与处理)。需求分析是整个设计过程的基础,是最困难、最耗费时间的一步。作为地基的需求分析是否做得充分与准确,决定了在其上构建数据库大厦的速度与质量。需求分析做得不好,甚至会导致整个数据库设计返工重做。

2)概念结构设计

概念结构设计是整个数据库设计的关键,它通过对用户需求进行综合、归纳与抽象,形成一个独立于具体 DBMS 的概念模型。

3)逻辑结构设计

逻辑结构设计是将概念结构转换为某个 DBMS 所支持的数据模型(网状、层次、关系等),并对其进行优化。

4)物理结构设计

数据库物理设计是为逻辑数据模型选取一个最适合应用环境的物理结构(包括存储结构和存取方法)。

5)数据库实施

在数据库实施阶段,设计人员运用 DBMS 提供的数据语言及其宿主语言,根据逻辑设计和物理设计的结果建立数据库,重点是编制与调试应用程序、组织数据入库,并进行试运行。

6)数据库运行和维护

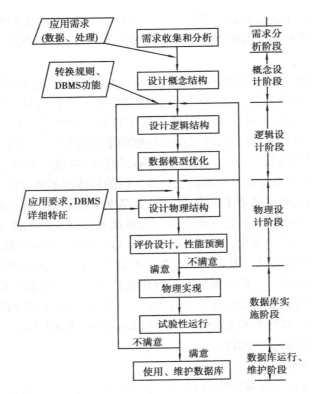

图 7.1　数据库设计步骤

数据库应用系统经过试运行后即可投入正式运行。在数据库系统运行过程中必须不断地对其进行评价、调整与修改。

需要指出的是,这个设计步骤既是数据库设计的过程,也包括了数据库应用系统的设计过程。在设计过程中把数据库的设计和对数据库中数据处理的设计紧密结合起来,将这两个方面的需求分析、抽象、设计、实现在各个阶段同时进行,相互参照,相互补充,以完善这两方面的设计。

7.1.2　材料数据库的发展

(1)国外材料科学数据库的发展

世界上每个工业发达国家都在积极建立各种材料科学数据库。美国是世界上在这方面最为发达的国家之一,其国家标准局建立了数十个数据库,其中材料数据库占了很大比例,如力学性能数据库、金属弹性性能数据中心、材料腐蚀数据库、材料摩擦及磨损数据库等。著名的M/Vision 软件的数据库部分就包括美国军用数据手册。欧洲各国数据库的开发主要受欧共体的推动。德国技术实验协会的金属数据库 SOLMA 收录了 300 种黑色和有色金属的数据 2 万多条;而 Karl-Wimacker 研究所进行了腐蚀防护咨询软件的开发研究,建立了腐蚀数据库、材料性能库和腐蚀文献摘要库。SWDB 数据库收录了标准或非标准的黑色、有色金属及其他目前正用于工程领域的金属合金的大量信息。意大利在 1996 年计算机辅助复合材料技术设计国际会议上介绍了一个基于知识的复合材料选材数据库系统。荷兰 PETTER 欧洲研究中心的高温材料数据库 HT-DB 收集了各种金属、非金属、复合材料的力学和热力学数据 CsC。目前,法国共建有材料数据库 40 多个,内容覆盖了大部分工业材料,其中法国物理冶金热力学实验室的锆合金热力学数据库 Zircobase 是为锆合金在核工业的应用而开发的。英国有色金属数据中心、石油化学公司、钢铁公司、金属研究所国家物理实验室、RollsRoyce 公司等 19 个单位都建有各自的材料性能数据库 Cs7。瑞典也十分重视材料数据库方面的研究开发工作,并且卓有成效地建立了可为设计、生产提供咨询服务的数据库系统 C=7。苏联大约有 70 个材料数据库分布在研究室、大学、科学院和工业部门,航空工业还有自己的结构材料数据库。日本的材料数据库多建于 20 世纪 80 年代。日本金属研究所、日本金属学会建有金属和复合材料力学性能数据库,收录了疲劳、断裂、腐蚀、高温长时蠕变等数据。2000 年,日本政府基金支持建立了碳/环氧材料性能及其对环境抗力设计评估数据库(CDDB),这是基于 1999 年建立的基本材料强度数据库(CMDB)建立的(CMDB 数据库已发行光盘版)。为推广应用,还研究了在线型数据库系统的原型。此外,日本科学技术公司开发了基于网络的支持扩散研究和材料设计的固体扩散数据库,包括了金属和核材料如铁基、镍基和锆基合金以及钨合金等。由于数据库涉及面广,单依靠某个单位或部门是难以成功的,通常是几个单位甚至几个国家联合建库。例如美国国家标准局的许多材料数据库就是分别与美国金属学会、陶瓷学会、腐蚀工程师协会和能源部合作建立的,而美国晶体数据中心则是与加拿大等国联合完成的。此外,美国金属学会与英国金属学会合作开发了金属数据文档库,库中收录了 2 万种金属和合金的性能数据,是一个大型材料数据库。美、英、法、德、意大利、加拿大等 7 大工业国开展了有关先进材料及其标准的“凡尔赛计划”(CVAMAS)。苏联与东欧国家也曾联合进行过 COMECOM 的开发计划。

(2)国内材料科学数据库的发展

20 世纪 70 年代,数据库技术开始传入中国。1979 年中国科学院化工冶金所与上海有机所共同建立了化学数据库,包括 10 多个子库,材料数据库是其重要组成部分。自 20 世纪 80 年代以来,我国的数据库有了很大的发展,已建和在建材料数据库有 25 个,分布在各行业的科研、高校和工厂等单位。建立较早、较完善的材料数据库有:航空航天工业部材料数据中心和北京航空材料研究所联合建立的航空材料数据库和国家 863 复合材料数据库;上海材料研究所等单位建立的机械工程材料数据库;郑州机械研究所的机械强度数据库;北京机电研究所的材料热处理数据库;武汉材料保护研究所的腐蚀数据库和摩擦数据库;机械电子工业部的机械结构强度数据库;中科院长春应用化学研究所的稀土数据库;冶金工业部北京钢铁研究总院的合金钢数据库;北京科技大学等单位建立的材料腐蚀数据库。其中机械工程材料数据库已在石油机械、起重运输机械等专业 CAD 中得到了应用。1990 年,清华大学材料研究所等单位根据中国高科技研究发展计划对新材料领域的要求,联合建成了新材料数据库,包括新型金属和合金、精细陶瓷、新型高分子材料、先进复合材料和非晶态材料 5 个子库。为了进行高温结构陶瓷材料的设计,清华大学还建成了一个陶瓷材料数据库和一个二氧化锆知识库。

迄今为止,我国已建立了少数材料数据库系统,但能投入实际使用的还不多,如果引进国外一些成熟的数据库系统,将可迅速提高我国的数据库服务水平。但是,由于各国的语言和材料标准有所不同,尤其是材料的研制、生产和使用单位的实际条件亦存在差异,因此材料数据库完全依靠引进是不现实的。

(3)材料数据库的发展趋势

目前,国际上的材料数据库正朝着网络化、智能化、现代化和商业化以及标准化的方向发展。

网络化是将分散的、彼此独立的数据库联成一个完整的系统,使其能为全球范围内的研究者提供高效服务。尽管离线使用的数值型数据库由于成本低且可在 PC 机上方便地使用,曾占领了广大的市场,但是随着计算机网络技术的发展,尤其是 Internet 的迅猛发展,以及网民数量的飞速膨胀,网络已经成为人们获取和发布信息的重要途径,越来越多的材料数据库正向网络化发展。当前,基于 Web 的数据服务多由专业信息机构提供,其信息丰富、权威性高、更新及时、使用方便,大大促进了科研效率的提高和国际学术交流的发展。

材料数据库的智能化则使材料数据库发展成为专家系统。早期的材料科学数据库只收录相关的数据,供数据检索、浏览等简单使用。随着信息技术的发展,数据库应用已经大大超出了以上的使用范围,在材料研制、产品设计和决策咨询等方面已取得突破性进展。计算机化的材料数据库可以与 CAD,CAM 配套使用,也可以形成知识库并与人工智能技术结合,构成材料性能预测或材料设计专家系统。

材料数据库现代化和商品化是推动材料数据库研究开发及其产业化的巨大动力,这在现代社会的经济发展进程中几乎是不言而喻的。此外,材料科学数据库的另一个发展趋势就是材料数据库的标准化。由于不同国家地区的材料数据库系统采用的数据标准和数据库结构不同,致使不同系统之间难于直接进行数据交换,信息共享受到一定限制。数据库的标准化发展是突破限制、提高效率的最好途径。

7.1.3 应用举例——基于 Web 的镁合金数据库的开发

(1)系统分析

系统分析包含许多方面,但数据结构分析是数据库系统构建过程中的一个关键环节。库中的数据信息来源于不同资料且数量众多,最重要的是没有一个统一的标准和规范。为了保证库中信息完整且不重复,开发者首先在数据源上严格把关,凡是入库的数据必须具有准确性、可靠性,有条件时必须对入库的数据进行验证,这里镁合金数据库的入库数据都取自国内外具有一定权威性的刊物和专著,可信度高,并进行了专业的分析、归纳和整理,以保证数据质量和规范化。

实体关系(E-R)模型是分析数据结构的重要方法,通常采用实体关系模型来分析数据结构。通过分析,镁合金数据项之间的所属关系有一对一的关系(1—1 型)、一对多的关系(1—m 型)、多对多的关系(m—n 型)等。该数据库中,主要涉及下列实体类型:

①镁合金。包含镁合金编号、名称、化学表达式、国家、镁合金标准、相结构、加工工艺、化学成分、性能等属性。镁合金编号构成该实体的标识码。

②相结构。包含镁合金相编号、名称、X 卡片编号、晶体结构、相类型、晶格参数、备注等属性,其中合金相编号由合金的 X 射线卡片号演变而来。名称和 X 卡片编号构成该实体的标识码。

③合金性能。包含合金牌号、所属国家、合金系、性能类型、备注等属性。其中,性能类型包括物理性能、化学性能、加工性能等,合金牌号构成该实体的标识码。

④镁合金标准。包含标准代号,所属国家、标准类型、标准名字和备注等属性,标准代号构成该实体的标识码。

⑤加工工艺。包含合金牌号、所属国家、工艺类型、备注等多种属性。其中工艺类型包括

锻造工艺、挤压工艺、固溶处理工艺、均匀化退火工艺、轧制工艺、去应力退火工艺等 10 多种工艺类型,合金牌号构成该实体的标识码。

⑥工程应用。包含合金牌号、所属国家、产品种类、主要特征、应用举例、应用领域和备注等多种属性,合金牌号构成该实体的标识码。

⑦化学成分。包含合金牌号、所属国家、DNS-编号、是否含锆、合金系、标准号、变形/铸造、化学成分、成分补充、备注等多种属性。其中,变形/铸造属性(0 表示变形、1 表示铸造、2 表示两者均可)、是否含锆属性(Y 表示含锆,N 表示不含锆)。合金牌号构成该实体的标识码。

(2)系统设计

1)系统体系结构

系统体系结构采用基于 B/S(浏览器／服务器)模式的三层体系结构,是一种基于 Internet 平台,可使用多种先进技术的新型系统体系结构。B/S(浏览器／服务器)模式是当前 Web 数据库服务应用的典型模式,是 C/S(客户/服务器)模式的一种扩展,B/S 模式将业务逻辑单独提取出来作为中间层,形成三层体系结构。基于 B/S(浏览器／服务器)模式的三层体系结构是把原来在客户端的应用程序模块与显示功能分开,把它放到中间层,客户端只需安装一个浏览器,不再需要安装其他的应用软件,实现了"瘦客户端"的同时也实现了用户界面和业务逻辑的隔离。这种结构也使得数据库系统的维护更新工作只需在服务器端就能完成,方便了系统的更新维护,增强了系统的开放性和灵活性。本系统的体系结构如图 7.2 所示。

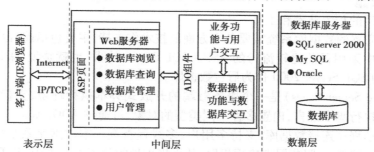

图 7.2　基于 B/S 模式的三层体系结构

从图 7.2 可知,整个体系结构分为三层:表示层、中间层和数据层。其中,数据层由 SQL Server 2000 数据库管理系统组成,是整个系统的基础,主要完成后台数据的查询、检索等处理功能。中间层由 Web 服务器和应用服务器组成,是整个系统的核心,主要完成用户管理和数据库的浏览、查询、管理等业务逻辑功能,业务逻辑功能的实现由应用服务器来完成。表示层由浏览器组成,主要用于显示客户端界面和接收客户端事件。这种三层结构在层与层之间相互独立,任何一层的改变不会影响其他层的功能。层与层之间的交互功能由 Apache web 服务器来实现。

2)数据库结构设计

数据库的设计过程主要包括需求分析、软件设计、编写代码、测试、运行和维护几个阶段。库中数据表的结构严格按照第三范式(3NF)标准建立,其目的是使结构更合理,消除存储异常,使数据冗余尽量小,便于日后数据库的维护和升级,同时,避免数据不一致,提高对关系的操作效率,达到应用的目的。

镁合金数据库中主要收录了镁合金的化学成分、相结构、加工工艺、加工性能、物理和化学性能、镁合金标准以及镁合金的工程应用等方面的数据信息。数据库的主要结构框架如图7.3所示。

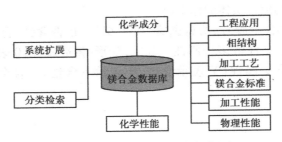

图 7.3　镁合金数据库结构框架图

由图 7.3 可知,该库主要包含以下几个功能模块:镁合金化学成分、镁合金相结构、镁合金性能、镁合金工程应用、镁合金标准、镁合金加工工艺、分类检索和系统扩展等。其中,化学成分模块收录了大量不同镁合金系的合金数据,收录的合金系主要包括 Mg-Mn,Mg-Al,Mg-Zn,Mg-RE,Mg-Th,Mg-Ag,Mg-Li,Mg-Y 等。性能模块是该库的一个重要组成部分,又可细分为力学性能、物理性能和化学性能 3 个模块。分类检索模块提供了多层次、多角度的检索方式,用户可以根据自身条件选择适当的查询方式。例如,用户可以采用合金牌号和所属国家相结合的方式进行查询,也可以直接输入合金元素进行查询。

(3)系统实施

1)系统使用的相关技术和工具

一个功能完善的数据库系统需要各个方面的技术作支持,主要包括前台技术和后台技术。本数据库系统中采用目前比较流行的 ASP + SQL Server 技术,也就是说,采用浏览器作为前台,采用微软的 SQL Server 2000 作为后台数据库。

ASP(Active Server Pages)是一个服务器端的开放式脚本执行环境,支持 VBScript、JavaScript 等多种可执行脚本语言,内置多种不同类型的对象,可通过 ADO(ActiveX Data Objects)组件和 ODBC 驱动程序连接数据库,支持多用户、多线程查询。本数据库系统采用 ASP 来开发动态、交互、高效的 Web 服务器端应用程序,从而极大地简化了 Web 的应用开发工作。

SQL Server 2000 是微软公司 SQL Server 数据库软件系列的最新版本,几乎可以运行于所有的操作系统平台上,具有较强的可伸缩性、可用性和可管理性,是目前世界上最流行的数据库系统软件之一。SQL Server 2000 支持多线程数据库操作,解决了网络数据库多线程查询的难题,是一个适合 B/S 模式的关系数据库管理系统。SQL Server 2000 数据库管理系统内置和汇集了各种信息以供查询、存储和检索,简化开发工作。本数据库系统采用 SQL Server 2000 作为后台数据库,实现了与 Internet 和 Windows NT 操作系统的良好集成,保证数据库信息的完整性和一致性。

2)数据库系统应用的实现

根据模块编程原理,为数据库系统主要的功能模块编制相应的 ASP 处理文件,对应输入表单编制 ASP 脚本,用以响应、处理并答复用户的请求。用户通过浏览器提交表单后,ASP 脚本开始运行,然后 Web 服务器调用 ASP,ASP 全面读取请求的文件,再通过 Web 服务器接口到达脚本引擎,执行所有脚本命令,从后台数据库中调取相关的数据,自动生成结果,最后将处理结果以网页的形式通过 Internet 返回给客户端用户。该过程如图 7.4 所示。

本系统提供了多层次、多角度的检索方式,用户可以根据自身条件选择适当的查询方式。

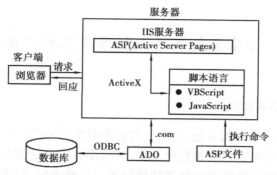

图 7.4　镁合金数据库查询示意图

图 7.5 为镁合金工程应用信息查询界面。由图可知,用户可输入合金牌号,结合所属国家进行组合查询,也可直接单击"合金牌号一览"链接进行查询。

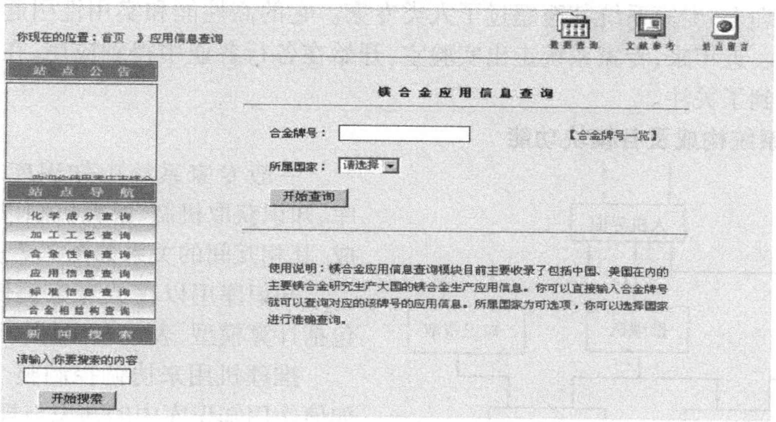

图 7.5　查询界面

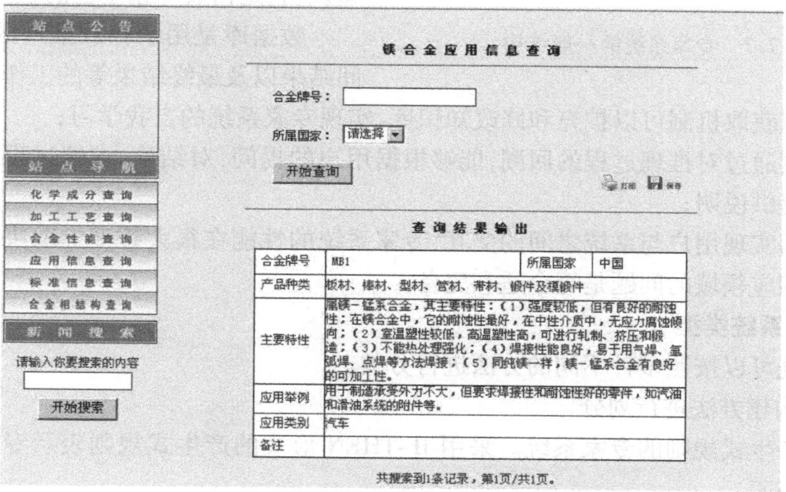

图 7.6　查询结果

当用户输入查询信息后,单击开始查询按钮,处理程序将调用数据库中符合查询条件的所有数据,并以网页的形式显示在客户端浏览器上。比如,用户查询合金牌号为 MB1,所属国家为中国,系统返回的查询结果如图 7.6 所示。

7.2 专家系统在材料科学与工程中的应用

7.2.1 专家系统基本知识

专家系统又称为基本知识的系统,是人工智能走向实用化研究中最引人注目的一个领域,其实质是一个以知识为基础的计算机程序系统,其内部含有大量的某个领域专家水平的知识与经验,能够模仿人类专家思维和求解该领域问题。实践表明,只要经验知识和数据表述合理、准确,并且达到一定的数量,通过严密的计算机程序,由专家系统代替人类专家进行推理,其结果的准确性和有效性并不逊于人类专家;在某些数据量巨大、复杂程度较高而模糊程度较低的问题的处理上,专家系统甚至超过了人类专家。它的高性能和实用性引起了全球科技领域的广泛重视。近年来,专家系统走出实验室,开始在各行各业中得到应用,在材料科学领域中的应用也受到了关注。

(1)专家系统构成及各模块功能

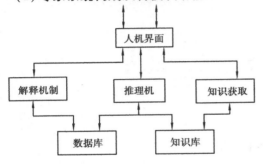

图 7.7 专家系统的一般结构

一般专家系统由知识库、推理机、数据库、知识获取机制、解释机制以及人机界面组成,其相互间的关系如图 7.7 所示。

知识库用以存放专家提供的专业知识,包括计算模型、表达式、判据、经验知识等;

推理机用来协调控制整个系统,以决定如何使用知识库中的知识与规则推导出新的知识,它是构成专家系统的核心部分;

数据库是用于存放推理的初始证据、中间结果以及最终结果等的工作存储器;

通过知识获取机制可以扩充和修改知识库,实现专家系统的自我学习;

解释机制通过对推理过程的回溯,能够根据用户的提问,对结论、求解过程以及系统当前的求解状态提供说明;

人机界面实现用户与系统之间的交互,专家系统的性能在很大程度上取决于知识库中的知识对解决相应领域的问题是否合适和完备。

(2)专家系统类型

专家系统可以按照多种不同的方法进行分类。

1)根据构建方法进行划分

①基于产生式规则的专家系统。采用 IF-THEN 形式的产生式规则表示专家知识和专家经验构建知识库。

②基于框架/数据库的专家系统。是一种面向对象的知识表示和推理过程。它把专家知识和专家经验按对象进行细化归类,形成框架知识体系(数据库),并以此为基础进行推理。面向对象的方法在各领域已经得到了广泛的应用,并取得了非常好的效果。

③基于模型的专家系统。基于神经网络的专家系统的构造主要是针对知识获取模块和推理

机的设计而言的。将 BP 网络以神经子网的形式嵌入在产生式规则中,形成神经网络子功能块 NNM（Neural Network Model）,保证了模块之间的独立和通讯,实现专家系统和人工神经网络的结合。实验证明此系统具有良好的知识获取能力和推理能力并具有良好的实用性和正确性。

④基于 Web 的专家系统。这一类专家系统主要是利用 Internet（Web 服务器）实现知识库的远程管理、动态交互,提高专家系统的使用效率。

2）根据待求解的问题类型划分

根据待求解的问题类型划分可分为以下 11 大类:

控制、设计、诊断、教学、解释、监视、规划、预测、调试、优选、仿真。

（3）专家系统建设一般步骤

①设计初始知识库;

②规则合法化;

③原型机（prototype）的开发与实验;

④知识的改进与归纳。

7.2.2　材料科学与工程中专家系统的发展及应用

（1）发展历史

材料科学领域的专家系统研究始于 20 世纪 80 年代早期,最早报道的是 1982 年由丹麦 F. L. Smith 公司研制的水泥窑模糊逻辑控制系统。1983 年,英国 A. Matthews 和 K. G. Swift 共同建造了基于智能知识的耐磨覆层材料选择专家系统。在早期材料专家系统的影响下,日本、德国及其他一些国家都相继开展了这一领域的研究。我国对材料科学领域专家系统的研究始于 20 世纪 80 年代晚期。1989 年中科院上海冶金研究所建立了 IMEC 专家系统,为无机材料设计和合金设计提供了有益经验。

从国内外的报道看,专家系统在材料领域的研究历史虽短,但发展很快。至 20 世纪 90 年代,专家系统在材料科学领域的研究成为热点。而近年来,专家系统已走出实验室,开始在材料科学各领域得到应用。材料科学亦呈现出由实验科学向计算科学发展的趋势。

（2）应用领域

材料按其本身的性质分,主要有金属材料、无机非金属材料、高分子材料、复合材料等。按材料的作用分,有结构材料和功能材料。图 7.8、图 7.9 分别为近 10 年材料科学领域里按作用和按性质分类的专家系统百分比。

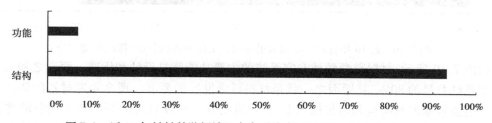

图 7.8　近 10 年材料科学领域里专家系统应用的百分比（按作用分）

由图可见,作为结构材料之用的金属材料主导了近 10 年材料领域专家系统的发展。两个理由可以解释这个现象:其一,人类使用金属的历史超过 3 000 年,由于其优良的机械性能和易加工性,以钢铁为代表的金属材料早已遍布各行各业,广袤的市场需求促使该领域专家系统

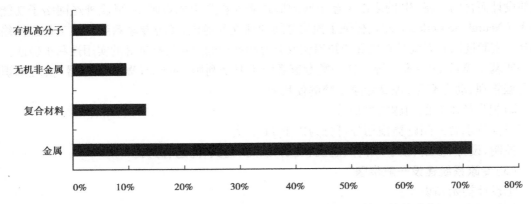

图 7.9　近 10 年材料科学领域里专家系统应用的百分比(按性质分)

的高速发展;其二,大多数组织在考虑新技术时喜欢需要最少资源且最可能成功的项目。由于金属材料使用和研究时间最长,积累了远远超过其他材料的理论和经验知识,因此相对更易开发专家系统。

具体说来,国内外金属材料领域专家系统都主要集中在制造成形方面,包括机加工、塑性变形、热处理等。而复合材料、无机非金属材料、高分子材料方面,由于这些材料的性质所致,专家系统基本应用于功能材料领域,包括防腐、耐磨等复合材料覆层制备,光感、压电等功能材料的设计,传统塑料和阻燃等特种聚合物材料的控制和生产。

(3)应用类型

从文献统计结果来看,近 10 年来材料科学领域的专家系统主要涉及其中 7 个大类。图7.10是按照各专家系统最主要的任务类型进行分类而得出的统计图。

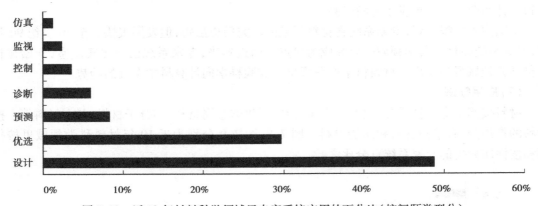

图 7.10　近 10 年材料科学领域里专家系统应用的百分比(按问题类型分)

如图 7.10 所示,材料科学领域专家系统的主要功能就是设计和优选。两者之和占到已建造专家系统总量的 80%,其原因之一就是材料科学发展的要求。现今先进材料的研制已不能停留于过去依靠海量实验和追加投入上,迫切需要基于研发目标的原材料和设备的选择以及制造工艺的设计,以此作为间接的指导甚至直接的实现途径。另一个原因就是设计和优选类专家系统更易开发。长期的材料研究及制备加工为其积累了大量的理论和经验知识。

(4)材料科学与工程中的专家系统发展趋势

专家系统在材料科学中的应用已经对材料科学的发展起到了积极的推动作用。目前,专家系统的开发和研究已进入稳步上升阶段,朝着实用化、商品化的方向发展。

功能强大是材料专家系统实用化和商品化的基础。伴随着专家系统理论和技术的进步,尤其是在有效解决知识表示和获取、提高系统推理能力的前提下,集成多智能技术的混合系统,将克服单一技术不足的缺点,成为材料类专家系统的发展趋势。

开发新型专家系统是实现材料专家系统实用化和商品化的途径。例如,实时专家系统将考虑时间因素,可以更准确地控制材料加工过程。分布式专家系统可以把一个专家系统的功能经分解后分布到多个处理器上并行工作,从而从总体上提高处理效率。协同式多专家系统更将集材料各领域交叉合作之大成,实现模块化设计,从而大大扩展专家系统的应用范围。

信息技术的集成是材料专家系统实用化和商品化的保障。多媒体技术、计算机网络、远程通讯、数据库、过程控制、并行计算等技术都会逐渐应用到材料各类专家系统中。例如,多媒体技术可以极大地提高人机交互性,并可帮助用户更快更好地掌握和利用专家系统;在基于网络的专家系统基础上,建立与 Web 连接的新型关系数据库和知识库,可以实现异地协同工作和维护、远程访问、资源共享等,这不但方便了专家系统的应用和服务,无疑更大大提高了专家系统的价值。

可以预料,随着时间的推移,材料领域中的专家系统会日趋成熟,此方面的研究和应用将会出现一个新的更大的高潮。

7.2.3　应用举例

（1）基于数据库的专家系统建设举例——热作模具钢选材用材专家系统的开发

北京机电研究所李平安等人以 33 种热作模具钢的 18 项性能检测数据为基础,建立了热作模具钢性能数据库。以 5 大类热作模具失效分析结果为依据,与热作模具钢的性能进行综合分析而归纳得出的各类模具的抗力指标体系为主要内容,建立了知识管理(专家意见)库和内含 200 余例热作模具选材用材实例模具库及模具润滑材料库。在 4 个数据库基础上建立的热作模具钢选材用材专家系统具有充分的数据支持、可靠的专家判据、合理的推理机制、灵活方便的管理功能及简单适用的操作界面。开发过程如下:

1)系统结构设计

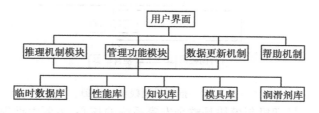

图 7.11　热作模具钢选材专家系统结构框图

①知识管理(专家意见)库。主要存储热作模具分类方法、热作模具失效分析信息、各类热作模具失效抗力指标、热作模具钢选材用材判据等专家意见的信息内容共 100 余款、十几万余字符。其功能是:为专家系统提供专家意见;为用户提供模具相关知识,查阅专家判据及了解专家意见判据的推理方法及过程;增删、修改专家意见信息等。例如,根据模具的使用条件、模具的失效形式统计及失效机理判断,将原来按 5 大类划分的热作模具类型划分为 11 大类:锤锻模、大截面机锻模、4 类中小机锻模(根据使用温度及失效机理划分)、铜压铸模、铝压铸模、铜挤压模、铝挤压模及热冲裁模。又如,根据各类模具大量失效分析结论得到不同类型模具的失效抗力指标,以及根据模具钢性能测试指标间所具有的内在关系,确定各类模具所使用

钢材应该具备的性能指标,用以指导选材用材。例如,铜挤压模具经上述工作分析归纳,可用3种材料性能指标确定其使用性能的优劣。3项性能指标不应低于下列标准:Rs\350 MPa(700e 时);700e@1h 保温后硬度\35HRC;AK\20J(300e 时)。知识管理库包括8个分库,其中4个知识库、4个判据库,它们分别是:模具分类方法库、模具失效分析库、模具抗力指标库、非标试验方法库、模具分类判据库、模具失效判据库、模具选材判据库、模具寿命判据库。

②模具实例库。本库存储内容为热作模具使用范例。目前此库仅收集到200余种热作模具钢使用典型范例,此库可不断扩充其容量。

③润滑材料库。经筛选分类选择110多个模具润滑材料品种进行试验分析,对润滑材料的主要性能如摩擦系数、PB值、闪点、黏度、密度等指标进行测试及标定试验。建立的润滑材料库包括6大类润滑剂,分别为:热锻模具润滑剂,热挤压模具润滑剂,压铸模具润滑剂,冷锻、冷挤模具润滑剂,精冲、冷冲压、拉深模具润滑剂;金属轧制和拉拔模具润滑剂。

2)开发工具及开发技术

选择微软公司的 Visual Foxpro 开发工具。

①系统的建立。根据专家系统理论,设计了如图7.12所示的热作模具钢选材用材专家系统。通过用户界面提出选材要求,如根据模具类型选材、根据模具失效形式选材、根据性能要求选材、根据加工工艺选材、根据模具寿命要求选材等,进入推理机制模块,调取有关数据库中的数据及知识判据进行比较判断,完成选材过程。管理机制模块则按用户需要提供必要的服务,主要实现系统的查询、编辑、比较及打印等功能。数据更新机制主要完成各数据库数据的增删功能,帮助机制通过说明使用户了解推理机制模块。

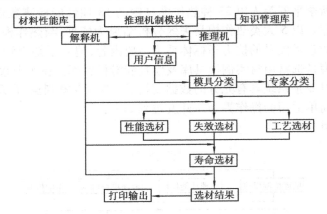

图7.12 推理机制模块结构图

②推理机制模块。推理机制模块是整个专家系统的核心,主要由推理机和解释机构成,其结构如图7.12。推理机制模块分为3级15个界面,推理过程为:根据界面提示将用户信息归类;根据用户要求调取相关数据库信息,完成材料的优选;当需要进一步精选使用材料时,可再根据界面提示分别按模具失效情况、钢材性能、加工工艺对材料优选;选材结果不仅提供最佳选材,还为用户提供其他材料及排序;用户提出不同寿命要求,此推理机将提供高、中、一般寿命的选材结果;输出打印及浏览详细资料。

③管理功能模块。管理功能模块是整个专家系统中最为复杂的模块,由4级、70多个界面、68个报表和10个查询程序组成,其结构如图7.13所示。其作用是完成对用户的全套服务,实现资料浏览、查询、数据修正、性能比较和信息打印输出等。

④用户界面。本专家系统设计了2级系统菜单,包括了整个系统主要界面的操作指令,实

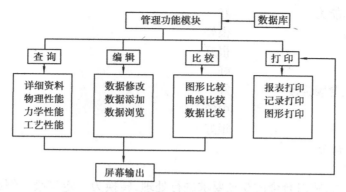

图 7.13　管理功能模块图

现了不同模块间和界面间的快速切换,因此极大地方便了用户。同时采用彩色界面设计,不同级的界面色彩也有差别,各种功能靠命令按钮实现。

(2)基于模型专家系统的建设举例——基于神经网络压铸镁合金选材专家系统的开发

上海交通大学王家弟等人采用神经网络(BP 网络)方法建立了快捷的压铸镁合金材料选择系统,充分利用符号系统和神经网络的各自优点,根据对合金性能的具体要求,便捷而准确地选出适宜的压铸镁合金。

1)系统结构设计

系统结构设计采用神经网络与专家系统相结合的方式,见图 7.14,其中神经网络模块是系统的核心。

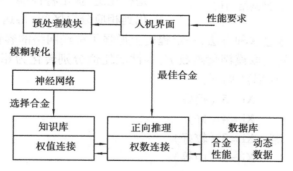

图 7.14　压铸镁合金选材神经网络专家系统的系统结构图

知识的存储与问题求解过程中的推理均在神经网络模块中进行,通过对规范化处理后的选材样本进行学习训练、联想记忆及模式匹配等功能,获得连接权值,形成知识库。专家系统包括预处理模块、数据库、推理机,并可解释选材过程。专家系统主要承担知识表达的规范化及表达方式的转换,是神经网络与外界联接的"接口"。数据库分为存储有各种压铸镁合金性能的静态数据库和存储神经网络中间运算结果的动态数据。用户通过预处理模块输入对材料的性能要求,经过正向推理和判断,推荐适宜的压铸镁合金,并由用户最后作出选择。

2)开发工具

运用 C 语言编程。

3)规则表示

在专家系统部分知识采用产生式规则表示,如对 AZ91D 合金的选择规则可定义为:

IF 气密性　　　　　　　　　　　好

AND 表面处理能力　　　　　　好
AND 充型能力　　　　　　　　很好
AND 耐蚀性　　　　　　　　　很好
AND 抛光性　　　　　　　　　好
AND 化学氧化薄膜强度　　　　好
AND 高温强度　　　　　　　　中等
AND 经济性　　　　　　　　　很好
THEN AZ91D 合金

4）预处理模块

通过预处理模块，将对合金的模糊要求进行处理，转换为一定等级。例如，如果要求合金具有很好的充型能力，则根据等级评定标准，可转化为等级 5。

5）神经网络的建立

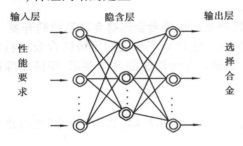

图 7.15　BP 神经网络结构

系统中采用 3 层动量化修正 BP 神经网络（见图 7.15）进行压铸镁合金材料的选择。选取压铸合金的物理化学性能、机械性能及铸造性能等共 8 个性能项目作为选材要求，即网络含有 8 个输入节点。

以表 7.1 和以往的一些合金选择实例作为学习样本进行训练。考虑到训练样本数目并不是很充足，提出将性能要求通过分段函数模糊量化到相应分段区间，再送入神经网络输入层的方法来增加训练样本。通过这种方法，一定程度上增强了神经网络的容错性和稳定性，完善了训练样本集。具体是首先选取模糊化函数 F，将性能比值分别转化为相应区间的随机值。其中模糊化分段函数"Yi = F(Xi)"如下：

$$Yi \begin{cases} 0.85 \sim 1.00 & \quad Xi = 5（很好） \\ 0.70 \sim 0.84 & \quad Xi = 4（好） \\ 0.60 \sim 0.69 \quad 若 & \quad Xi = 3（较好） \\ 0.40 \sim 0.59 & \quad Xi = 2（中等） \\ 0.00 \sim 0.39 & \quad Xi = 1（一般） \end{cases}$$

表 7.1　几种牌号镁合金性能对比

性　能	常用压铸镁合金				
	AZ91D	AM60	AM20	AE42	AS41B
气密性	4	5	5	5	5
表面处理能力	4	5	5	5	5
充型能力	5	4	2	4	4
耐蚀性	5	5	4	5	4
抛光性	4	4	2	3	3
化学氧化薄膜强度	4	5	5	5	5
高温强度	2	3	1	5	4
经济性	5	4	3	2	3

在输出层,5 种最为常用的压铸镁合金构成选材集,网络的输出层节点数为 5,输出模式用取值为 0.1 或 0.9 的 5 维向量来表达,这样可以避免因 Sigmoid 函数的输出趋向饱和而使学习无法收敛。当训练学习结束,输入合金的具体要求后,由网络内部的前向计算进行匹配,初步选择镁合金牌号。隐层节点数根据实验取为 15。

6)推理机制

专家系统采用正向推理,实质就是神经网络的计算过程。首先调入神经网络学习阶段由各权值形成的知识库,然后将合金的具体要求规范到相应区间,形成输入值。在此基础上系统自动计算隐层和输出层神经元输出,并依据预先设定的阈值判断合金类型。最后由用户对推荐的合金加以选择,再根据实际情况最后决定所采用的压铸镁合金牌号。

7)应用

按表 7.2 的性能要求为某企业压铸生产的 MP3 壁薄外壳选择一种镁合金牌号。

表 7.2　性能要求

序号	性能项目	要求	序号	性能项目	要求
1	气密性	一般	5	表面处理能力	好
2	充型能力	极好	6	耐蚀性	好
3	抛光性	好	7	化学氧化薄膜强度	较好
4	高温强度	较好	8	经济性	极好

根据神经网络训练和计算,输出结果为{0.92,0.09,0.11,0.14,0.07},而相应的期望输出为{0.9,0.1,0.1,0.1,0.1}。通过专家系统经正向推理判断,确定合金类型为:AZ91D,经压铸生产获得了令用户满意的合格产品。

思考题与上机操作实验题

7.1　简述专家系统基本构成。

7.2　简述专家系统的基本类型和主要应用领域。

7.3　上机在互联网上查询一个材料领域专家系统的应用实例,了解其开发过程,写出其开发的方法、基本结构和功能。

第8章
材料成形过程的计算机模拟

8.1 概　述

众所周知,材料是用以制造有用物件的物质,而从材料变成最终使用的产品,则还需要通过一定的加工成形工艺或方法才能得以实现,如采用铸造、锻压等方法可将金属原材料加工成所需的形状、尺寸,并达到一定的组织性能要求的金属零件。可以说,在现代制造业中,材料成形已成为生产各种零件或零件毛坯的主要方法。过去,由于缺乏科学的预测方法,材料成形工艺设计等主要依据设计人员在长期工作中积累的经验,以及由对简单模型的实验研究总结出的多种图表。而对于复杂的零件,按照设计结果制造出工装模具以后,往往还需要通过反复的试验、修改,才能最终生产出合格的制品。这样,不但造成人力、物力、时间的巨大浪费,也难以保证产品质量。近十几年来,随着计算机技术的飞速发展和对材料成形过程物理规律研究的深入,材料成形过程计算机模拟技术取得了很大的进展。计算机模拟即是通过数值计算得到用微分方程边值问题来描述的具体材料成形问题中工件和模具的速度场(位移场)、应变场、应力场、温度场等,据此预测工件中组织性能的变化以及可能出现的缺陷;利用计算机图形技术将这些分析结果直观地、动态地呈现在研究设计人员面前,使他们能通过这个虚拟的材料加工过程检验工件的最终形状、尺寸、性能等是否符合设计要求,正确选用机器设备和模具材料。

目前,已经发展的数值模拟方法可以分为两大类:一类以有限元法为代表,另一类以有限差分法为代表。有限差分法以差分代替微分,将求解对象在时间与空间上进行离散,对每个离散单元进行各种物理场分析(如温度场、流动场及应力场等),然后将所有单元的求解结果汇总,得到整个求解对象在不同时刻的行为变化,并对分析对象的可能变化(发展)趋势作出预测。目前,在工业发达国家,材料成形计算机模拟技术越来越广泛地在各工业部门中得到应用,产生了明显的经济效益,正在深刻地改变着传统的产品设计、制造方式。在工业需求的推动下,国外已涌现出一批用于材料成形计算机模拟的商业软件,如用于金属板料成形分析的DYNAFORM,PAM-STAMP,AutoForm 等,用于金属体积成形及热处理分析的 DEFORM 等。我国也研究开发了一些模拟软件,但在软件商品化,尤其是模拟技术的实际应用方面与工业发达国家相比还有差距。材料成形计算机模拟技术有着巨大的发展前景。一方面,人们对于模拟的精度、速度和能力的期望是没有止境的；另一方面，随着各种新材料的发明和应用，必然会出现各种物理的、化学的甚至生物的材料成形新工艺，这将扩展材料成形计算机模拟的研究领域。随着计算机技术的发展和人们对材料成形基本规律，其中尤其是材料本构关系和边界条件研究的深入，模拟中将采用越来越精确的计算模型，更深刻地揭示材料的各种物理、力学性能和细观、微观组织性能与成形工艺的关系，以更短的计算时间得到更精确、更全面的模拟结果。

本章介绍了塑料注塑成形过程模拟软件 MoldFlow、体积成形模拟软件 Deform、铸造过程模拟软件 ProCast，分别从软件的特点、功能、组成模块、操作步骤进行了详细介绍，并给出详细的实例操作步骤。

8.2　塑料注塑成形过程模拟软件 MoldFlow

MPI(Moldflow Plastics Insight)是决定产品几何造型及成形条件最佳化的进阶模流分析软件。从材料的选择、模具的设计及成形条件参数设定，以确保在射出成形过程中塑料在模具内的充填行为模式，以获得高质量产品。

MPI 能分析模拟塑料流动形态、产品体积收缩、冷却时间、纤维配向性、产品翘曲等，并且加强了塑料材料的使用。此外 MPI 还能分析模拟气体辅助射出及热固性成形。MOLDFLOW 可以发现并控制的常见塑件成形缺陷主要有下列几种：短射、滞流、喷射、流痕、烧伤、熔接线、气泡、剪切力过大、收缩不均、缩水凹痕、翘曲变形等。

MPI 模拟分析减少生产周期时间。通过电脑模拟分析能确定和修改潜在问题，并帮助模具设计人员预测常碰到的问题并加以修正设计，以达到降低成本的目的。

8.2.1　MoldFlow 软件介绍

(1)基本分析模块及其功能

MPI/Flow 是基本分析模块，能模拟射出成形过程中熔胶流动行为模式，以确保产品设计、质量及制造的可行性。使用流动分析能够迅速找到最佳射出成形条件、预知产品可能发生问题点及自动修正流道系统以达模穴平衡。由流动分析结果来考虑生产方式和修正产品几何造型以及决定最佳的浇口位置、阀浇口数目或使用冷热流道系统。

预测和查看模具的填充；决定所需的注射压力和锁模力；优化制品壁厚，从而获得均匀的充模，缩短循环时间，降低成本；预测熔接纹的位置，移动，减少或者消除它们；预测气穴的位置，从而确定排气孔的位置；优化工艺条件，例如注射时间、注射速率、熔解温度、保压压力、保压时间和循环时间；预测体积收缩的区域，这些区域会出现翘曲问题；预测浇流道的凝固时间；模拟热流道的流动充模。

所支持的模型/网格类型：有限元中性层模型、基于实体的 Fusion 模型（可选的）、真正的 3D 实体模型（可选的）；可以相互组合的分析类型：MPI/Fiber，MPI/Optim，MPI/Co-injection，MPI/Injection Compression，MPI/Gas，MPI/MuCell。

(2)常用分析模块及其功能

1)MPI/Cool 可以建立冷却水路，并分析冷却系统的效率通过冷却模拟,可以优化模具及冷却系统设计,从而获得均匀的制品冷却,缩短冷却时间,消除由于冷却原因造成的翘曲,进而降低整个制造成本。

优化制品及模具设计,从而用最少的冷却时间获得均匀的冷却;查看模穴内部及核心的温度差异;减少不平衡的冷却和残余应力,以降低或消除制品翘曲;预测模具内部各表面的温度,如制品、浇流道及冷却系统的温度;预测制品和冷流道的冷却时间,从而确定整个循环时间。

2)MPI/WARP 翘曲分析模块能预测塑料产品在开模后的收缩和翘曲结果

在材料库中有 8 000 余种热塑性材料。可应用线性或非线性分析,以预测塑料产品的缺陷、确定翘曲变形原因所在及变形量,并且能改善产品及模具中的残留应力分布。

在模具制造之前,评价制品形状;评价单模穴和多模穴模具;比例放大收缩和翘曲结果,以便更好地查看变形;查看任意两点位置以便确定这两点间的尺寸变化;将制品放在同一平面内,以便更好地测量变形;将整个变形分解成 X,Y,Z 三个方向上的变形;用位移图、云图和阴影图来显示收缩和翘曲;以 STL 格式输出翘曲几何尺寸,作为模具设计时的参考;输出变形网格模型,用作迭代的翘曲分析。

3)MPI/Gas

能仿真压力控制或体积控制两种模式在气体辅助射出成形运用。分析可以模拟塑料充填与气体在模穴渗透模式,结果包括预测气体会不会吹穿产品、产品厚度分布、气体穿透能力、气体保压压力曲线、包风、熔合线位置和温度分布等。

该模块可以评价气体辅助成形对充填模式的影响,包括制品设计,浇口位置和工艺条件设定。与 MPI/Cool 结合,来评价气体辅助成形对优化模具冷却设计和缩短循环时间的影响;与 MPI/Warp 结合,来预测气体辅助成形对制品收缩和翘曲的影响,从而决定最终的产品质量;结合 MPI/Stress,通过气道对制品加上载荷,来查看制品的性能;优化气道尺寸,以便更好地填充;确定最佳的气道布局来控制气体渗透;在制品或浇流道系统上的某个位置或多个位置上注入气体;在成形过程中,通过气针同时或不同时地注入气体;探测出气体难以渗入的区域或其他的问题;确定合适的注射尺寸,避免气体穿透;在塑料注射阶段,优化注射速度曲线;确定注射压力和所需的锁模力,从而选定注射机;按照薄壁处固化来确定延长气体注射的时间;自动地确定所需的气体压力,避免短射、迟滞或燃烧;确定最终的制品重量;预测最终的壁厚;准确地预测出熔接纹的位置;准确地预测气穴位置,从而确定排气孔位置。

4)目前,许多分析软件可以分析制品在载荷和约束作用下的应力变形

MPI/Stress 同样能够完成这些分析,即对制品进行小变形分析、大变形分析、屈曲分析、模态分析和蠕变分析。由于 MPI/Stress 可以方便地与 MPI/Cool、MPI/Flow、MPI/Fiber、MPI/Warp 等模块集成,因此,能够考虑制品在成形过程中所形成的残余应力和残余应变,对于纤维增强复合材料制品,直接采用 MPI/Fiber 分析得到的力学性能数据,从而使其分析结果更为可靠。

MPI/Stress 通过对制品应力应变的分析,为用户提供丰富的分析结果。

①小变形分析 制品总的变形及其在 3 个坐标方向变形分量的分布云图,第一主应力、第二主应力、最大切应力及 Mises-Hencky 应力的分布云图。

②大变形分析 制品总的变形及其在 3 个坐标方向变形分量的分布云图及这些变形随载荷变化的关系,第一主应力、第二主应力、最大切应力及 Mises-Hencky 应力的分布云图及其随载荷变化的关系。

③屈曲分析　制品发生屈曲的临界载荷及其模态。

④模态分析　制品发生振动的固有频率及制品在相应频率下总的变形及其在3个坐标方向变形分量的分布云图。

⑤蠕变分析　制品总的变形及其在3个坐标方向变形分量随时间变化的分布云图,第一主应力、第二主应力、最大切应力及 Mises-Hencky 应力随时间变化的分布云图。

5)MPI/Shrink

收缩分析提供精确的收缩量评价和透过模具外型的收缩变化以确保预测产品收缩的尺寸。它允许调整射出成形条件、浇口的数目位置及材料以确保产品达到规定的收缩尺寸。收缩分析计算水平和垂直方向的流动,如使用特殊的收缩材料,亦可使用 Moldflow 材料数据库搜寻。收缩分析也能预测 X、Y、Z 各轴中的产品收缩方向,以提供查询说明。

MPI/Shrink 在充分考虑塑料性能、制品尺寸以及成形工艺参数的情况下,能够给出合适的成形收缩率,它的功能包括:①计算合理的收缩率;②图示给定的收缩率对制品是否合适;③如果用户对某个尺寸规定了公差范围,MPI/Shrink 能够计算给定的收缩率是否满足公差要求。

6)MPI/Optim(射出成形条件最优化)

注射机的注射速度主要影响熔体在模腔内的流动行为。通常随着注射速度的增大,熔体流速增加、剪切作用加强、黏度降低、熔体温度因剪切发热而升高,所以有利于充模,并且制品各部分的熔合纹强度也得以增加。但是,由于注射速度增大,可能使熔体从层流状态变为湍流,严重时会引起熔体在模内喷射而造成模内空气无法排出,这部分空气在高压下被压缩迅速升温,会引起制品局部烧焦或分解。所以,现在的注射机基本都实现了多级注射,即在一个注射过程中,当注射机螺杆推动熔体注入模具时可以根据不同的需要实现在不同位置上有不同注射速度和不同的注射压力等工艺参数的控制。在以往的生产中,这需要通过多次试模来确定,而 MPI/Optim 模块可以根据给定的注射机参数来优化注射速度曲线。

优化分析有两种:OPTIM(Fill)和 OPTIM(Flow),区别在于 Fill 没有考虑保压过程。分析的结果主要有两个:

①流动前沿面积随时间变化曲线:流动前沿的面积越大,注射速度也应越大,反之亦然。

②熔体随时间固化曲线:通过这个结果可以初步确定冷却时间。

它还有一些分析结果,如螺杆位置随时间变化曲线、螺杆速率随螺杆位置变化曲线、螺杆速率随时间变化曲线等,可以用来确定合适的注射压力。

7)MPI/Fiber

纤维增强复合材料制件的许多性能与纤维趋向有关。MPI/Fiber 实际上是在常规流动分析即 MPI/Flow 的基础上,进一步预测制件中的纤维趋向。

由于工业中常用的复合材料所含填充材料的体积分数在10%~50%之间,因此,在分析时必须同时考虑熔体动力学、熔体对纤维的作用和纤维间的相互作用对纤维趋向的影响。在 MPI/Fiber 中,熔体动力学利用常规的流动分析即 MPI/Flow 进行计算,熔体对纤维的作用采用 Jeffery 模型进行计算,纤维间的相互作用采用 Tucker-Folger 模型进行计算。在计算过程中,将纤维趋向与流动分析完全耦合,从而确保了纤维趋向计算的可靠性。

目前,MPI 的填充材料数据库包含了大部分常用的填充材料如玻璃纤维、碳纤维、石棉纤维、硼纤维、钢纤维、合成材料纤维等,可用于绝大多数复合材料制件的分析。

纤维趋向是决定制件力学性能的主要因素,MPI/Fiber 在纤维趋向预测的基础上可以进一步预测制件的力学性能。MPI/Fiber 提供了 5 种力学性能模型供用户选择,包括 Tandon-Weng 模型、Halpin-Tsai 模型、Krenchel 模型、Cox 模型、Ogorkiewicz-Weidmann-Counto 模型。此外,MPI/Fiber 还提供了 3 种热膨胀系数计算模型供用户选择,包括 Schepery 模型、Chamberlain 模型和 Rosen-Hasin 模型。

由于制件的力学性能和物理性能与基体和纤维的性能有关,因此,在进行分析之前,除了要定义 MPI/Flow 分析所需的基本数据外,还需要定义材料的力学和物理性能,包括基体和纤维的弹性模量、剪切模量、泊松比、热膨胀系数及纤维的长度、形状系数、重量或体积分数。

MPI/Fiber 通过对纤维增强树脂基复合材料填充和保压过程的分析,不仅为用户提供常规流动分析的结果如填充时间、压力、温度、熔接痕、气穴等,还可以提供与纤维增强有关的模拟结果,帮助用户进行工艺优化。本文主要介绍与纤维增强有关的模拟结果。

①纤维平均趋向　纤维趋向是决定制件力学性能的主要因素,但是,影响纤维趋向的因素较多。MPI/Fiber 可以预测纤维在整个成形过程中纤维的运动及纤维在制件厚度方向的平均趋向。通过优化填充形式和纤维趋向以减小收缩变形和制件的翘曲,并尽可能使纤维沿制件受力方向排列以提高制件的强度。

②纤维趋向张量　注射成形结束时制件厚度方向不同位置的张量分布,是计算制件在成形过程中热—机械性能和制件残余压力的重要依据。

③制件的力学性能　注射成形结束时制件厚度方向不同位置的力学性能如弹性模量、剪切模量、泊松比。由于考虑了制件的实际成形条件对力学性能的影响,大大提高了制件翘曲分析及应力分析的精度。

④制件的热膨胀系数　注射成形结束时制件厚度方向不同位置的纵向(流动方向)和横向(垂直于流动方向)的热膨胀系数。

8)MPI/Reactive Molding

MPI 提供热固性射出成形模块,模拟热固性产品成形,包括传统射出成形、集成电路芯片封装、BMC 和反应射出成形。结果包括流动波前位置、熔胶温度、射出压力分布、固化时间、融合线和气孔位置等结果显示,也能够使用流道平衡分析,减少材料及生产的时间。

9)MPI/Synergy

MPI/Synergy 是一个前置和后置处理器,支持 MPI 系列产品的所有分析模式。MPI 分析组件提供了塑料行业范围最广的成形模拟工具,MPI/Synergy 环境支持传统的中性层模型,基于 Moldflow 专利—Dual Domain 技术的 Fusion 模型和 3D 实体模型。

MPI/Synergy 提供了所有必需的功能,包括建立模型、划分网格、网格修补、分析项目设置和控制、结果显示和以网页形式生成的报告。

8.2.2　MoldFlow 软件操作步骤及分析实例

(1)操作步骤

1)塑件三维实体模型的建立

启动 UG 软件(或其他三维造型软件),新建一公制文件;根据塑件具体几何数据进行三维建模;保存塑件三维实体模型;输出塑件三维模型的 *.stl 文件。

2)建立模具的三维几何模型(以 UG 为例)

进入 UG 模具设计模块(moldwizard);装载塑件三维模型;放收缩率;构建模芯实体;构建

分型面,建立动、定模三维实体模型;加入模架;加入标准件,如顶杆、定位环、浇口套等;抽取小型芯,镶件;设计浇注系统;布置冷却系统;输出模具装配明细表。

3)运用 moldflow 软件进行注塑成形分析

启动 moldflow 软件;新建一分析项目;输入分析模型 *.stl 文件;网格划分,网格修改;流道设计;冷却水道布置;成形工艺参数设置;各参数单参数变动,其流程图如图 8.1 所示;运行分析求解器;制作分析报告;用试验用模具在注塑机上进行工艺实验,记录相关参数变动情况及产生的现象;分析模拟分析报告,并与实验结果相比较;得出结论。

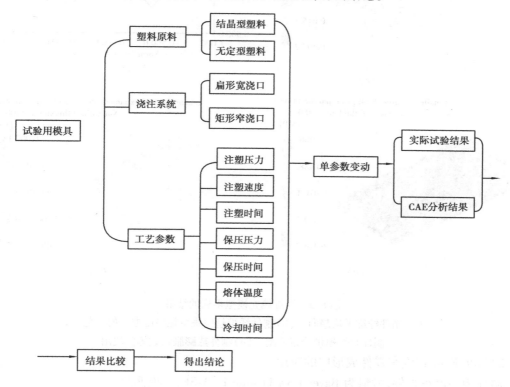

图 8.1　注射成形充填分析参数变动流程图

(2)应用实例

1)MoldFlow 软件在纤维填充中的应用

①建模　在 Pro/ENGINEER 中建立制件实体模型,通过 STL 文件格式读入 MPI 并提取中性面模型,浇注系统在 MPI 中创建。制件模型和浇注系统如图 8.2 所示。

②工艺条件　制件材料选用 Honeywell Plastics Capron 8233G HS,玻璃纤维的重量比为 33%。工艺参数为:熔体温度 280 ℃,型腔温度 80 ℃,注

图 8.2　制件中性面模型和浇注系统

射时间为 0.75 s,保压时间为 10 s,保压压力为注射压力的 80%,冷却时间为 20 s。

③模拟结果　按照上述工艺条件,对制件的填充和保压过程进行了分析,得到与纤维增强有关的部分模拟结果如图 8.3 所示。

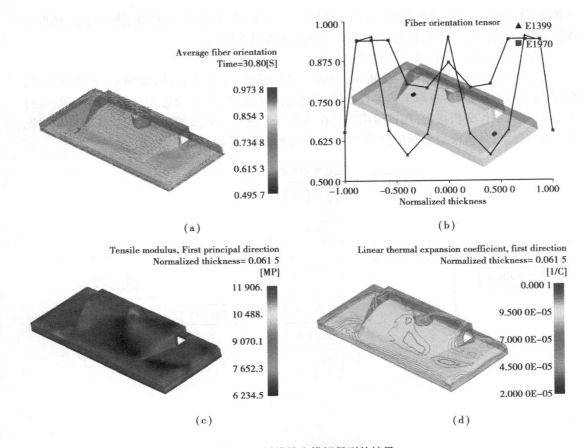

(a)

(b)

(c)

(d)

图 8.3　纤维填充模拟得到的结果

（a）制件纤维平均趋向　　（b）制件纤维趋向张量在厚度方向的变化

（c）制件弹性模量分布云图　　（d）制件热膨胀系数等值线图

2）MPI/Flow 在汽车零件成形中的应用

制件为一汽车零件，材料为 Bayer USA Lustran LGA-SF，一模两腔。

图 8.4　模型及其浇注系统

①建模　在 Pro/ENGINEER 中建模，通过 STL 文件格式读入 MPI。制件模型及浇注系统如图 8.4 所示。考虑到对称性，只取其 1/2 进行填充和保压过程的模拟。

②工艺条件　根据所选材料 Lustran LGA-SF 的工艺要求，工艺参数为：熔体温度 260 ℃，型腔温度 60 ℃，注射时间为 1.25 s。

③模拟结果　填充过程的模拟可得到填充时间、填充压力、熔体前沿的温度、熔体温度在制件厚度方向的分布、熔体的流动速度、分子趋向、剪切速率及剪切应力、气穴及熔接痕位置等，并直观地显示在计算机屏幕上，从而帮助工艺人员找到产生缺陷的原因。图 8.5 是填充过程模拟得到的部分结果。

在填充过程模拟的基础上，进一步进行保压过程的模拟，可以得到所需的保压时间，并通

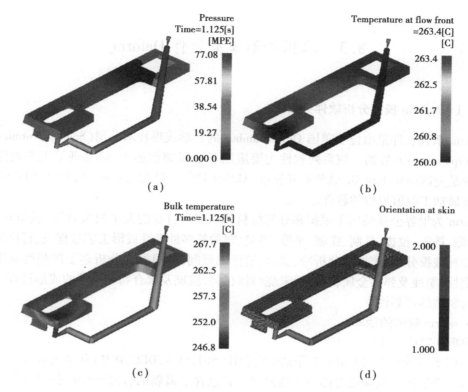

图 8.5　填充过程模拟得到的结果

（a）填充过程中的压力分布　（b）填充过程中熔体前沿温度分布

（c）填充过程中熔体温度分布　（d）制件表面的分子趋向

过优化得到合理的保压压力。图 8.6 所示为采用二级保压压力(70 MPa 3.5 s,50 MPa 3.5 s)得到的制件中体积收缩率和缩凹的分布情况。

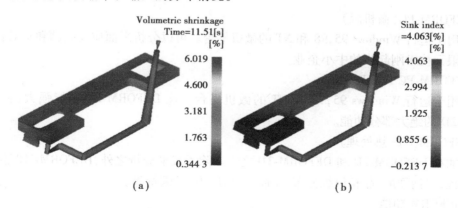

图 8.6　保压结束后制件的收缩结果

（a）保压结束后制件中的体积收缩率　（b）保压结束后制件表面的缩凹

8.3 体积成形模拟软件 Deform

8.3.1 Deform 模拟分析软件介绍

Deform 系列软件是由位于美国 Ohio Clumbus 的科学成形技术公司(Science Forming Technology Corporation)开发的。该系列软件主要应用于金属塑性加工、热处理等工艺数值模拟。它的前身是美国空军 Battelle 试验室开发的 ALP10 软件。目前,Deform 软件已经成为国际上流行的金属加工数值模拟的软件之一。

Deform 为世界公认的用于模拟和分析材料体积成形过程的大型权威软件,模拟和分析自由锻、模锻、挤压、拉拔、轧制、摆辗、平锻、饼接、辗锻等多种塑性成形工艺过程;进行模具应力、弹性变形和破损分析:模拟和分析冷、温、热塑性成形问题;模拟和分析多工序塑性成形问题:适用于刚性、塑性及弹性金属材料,粉末烧结体材料,玻璃及聚合物材料等的成形过程,确保模具设计与制造的可靠性。

(1)Deform 软件的版本

1)FORM-2D(二维)

它适用于各种常见的 UNIX 工作站平台(HP,SGI,SUN,DEC,IBM)和 Windows-NT 微机平台。可以分析平面应变和轴对称等二维模型。它包含了最新的有限元分析技术,既适用于生产设计,又方便科学研究。

2)DEFORM-3D(三维)

它适用于各种常见的 UNIX 工作站平台(HP,SGI,SUN,DEC,IBM)和 Windows-NT 微机平台。可以分析复杂的三维材料流动模型。用它来分析那些不能简化为二维模型的问题尤为理想。

3)DEFORM-PC(微机版)

它适用于运行 Windows 95,98 和 NT 的微机平台。可以分析平面应变问题和轴对称问题。适用于有限元技术刚起步的中小企业。

4)DEFORM-PC Pro(Pro 版)

它适用于运行 Windows 95,98 和 NT 的微机平台。比 DEFORM-PC 功能强大,它包含了 DEFORM-2D 的绝大部分功能。

5)DEFORM-HT(热处理)

它附加在 DEFORM-2D 和 DEFORM-3D 之上。除了成形分析之外,DEFORM-HT 还能分析热处理过程,包括硬度、晶相组织分布、扭曲、残余应力、含碳量等。

(2)DEFORM 功能

1)成形分析

冷、温、热锻的成形和热传导耦合分析(DEFORM 所有产品);丰富的材料数据库,包括各种钢、铝合金,钛合金和超合金(DEFORM 所有产品);用户自定义材料数据库允许用户自行输入材料数据库中没有的材料(DEFORM 所有产品)。提供材料流动、模具充填、成形载荷、模具应力、纤维流向、缺陷形成和韧性破裂等信息(DEFORM 所有产品)。

刚性、弹性和热粘塑性材料模型,特别适用于大变形成形分析(DEFORM 所有产品);弹塑性材料模型适用于分析残余应力和回弹问题(DEFORM-Pro, 2D, 3D);烧结体材料模型适用于分析粉末冶金成形(DEFORM-Pro, 2D, 3D);完整的成形设备模型可以分析液压成形、锤上成形、螺旋压力成形和机械压力成形(DEFORM 所有产品);用户自定义子函数允许用户定义自己的材料模型、压力模型、破裂准则和其他函数(DEFORM-2D,3D);网格划线(DEFORM-2D,PC,Pro)和质点跟踪(DEFORM 所有产品)可以分析材料内部的流动信息及各种场量分布温度、应变、应力、损伤及其他场变量等值线的绘制,使后处理简单明了(DEFORM 所有产品);自我接触条件及完美的网格再划分使得在成形过程中即便形成了缺陷,模拟也可以进行到底,(DEFORM-2D,Pro)变形体模型允许分析多个成形工件或耦合分析模具应力(DEFORM-2D, Pro,3D);基于损伤因子的裂纹萌生及扩展模型可以分析剪切、冲裁和机加工过程(DEFORM-2D)。

2)热处理

模拟范围:预成形粗加工、二次成形、热处理、焊接和通用机加工等工艺。能够模拟的热处理工艺类型包括正火、退火、淬火、回火、时效处理、渗碳、蠕变、高温处理、相变、金属晶粒重构、硬化和时效沉积等。

模拟内容:能够精确预测硬度、金相组织体积比值(如马氏体、残余奥氏体含量百分比等)、热处理工艺引起的挠曲和扭转变形、残余应力、碳势或含碳量等热处理工艺评价参数。

材料模型有弹性、塑性、弹塑性、刚性和粉末材料。能够基于 Johnson-Mehl 方程和 T-T-T 数据准确预测与扩散相关的相变,用 Magee 方程所描述的剪切过程相关的非弥散性相变,可以作为温度、应力和含碳量的函数来进行计算模拟。根据相硬度或 Jominy 数据能够精确预测热处理工艺处理后的最终硬度分布。每个相变具有各自独立的弹性、塑性、温度和硬化等物理参数。相应综合材料性能则由某一时刻各金相组织类型及其所占比例等因素决定。集成有成形设备模型,如液压压力机、锤锻机、螺旋压力机、机械压力机、轧机、摆辗机和用户自定义类型。不需要人工干预,AMG 全自动网格优化再剖分。DEFORM-HT 支持 CAD 系统,如 PRO/ENGINEER, IDEAS 和 PATRAN,以及(STL/SLA)格式。局部加热和淬火窗口可用于选择部位的热处理工艺。DEFORM-HT 用于模拟零件制造的全过程,从成形、热处理到精加工。零件的典型制造过程一般为零件成形→热处理(奥氏体化、渗碳、淬火、回火等)→精加工。DEFORM-HT 的主旨在于帮助设计人员在制造周期的早期检查、了解和修正潜在的问题或缺陷。DEFORM-HT 图形用户界面(GUI)非常便于输入工艺参数、几何数据、材料性能、热性能、扩散和材料金相组织数据。DEFORM-HT 能够模拟复杂的材料流动特性,自动进行网格重划和插值处理。除了变形过程模拟外,还能够考虑材料相变、含碳量、体积变化和相变引起的潜热。马氏体体积分数,残留奥氏体百分比,残余应力,热处理变形和硬度等一系列相变引发的参数变量。能够模拟的热处理工艺类型有正火、退火、淬火、回火、时效处理、渗碳、希望的金相组织临界点和最终产品的机械性能。

图 8.7(a)为某一齿轮在锻造并切去飞边后进行淬火时的马氏体分数(红色),图 8.7(b)为轴承内架渗碳后的碳浓度分布,深色代表含碳量较高区域,图 8.7(c)为马氏体体积分数。

(a)　　　　　　　　　　(b)　　　　　　　　　　(c)

图 8.7　热处理模拟

8.3.2　Deform 软件操作步骤及应用实例

(1)操作步骤

1)三维造型与模具设计

①对指定的二维产品图,使用 UG NX2.0 造型软件进行造型;

②建立坯料的三维模型面;

③从三维模型中分离出产品的中性面以及坯料的中性面;

④根据产品模型进行模具设计,确定模具结构,并且根据模具结构将模具的工作部分进行三维造型;

⑤将造型好的凸模、凹模分离出与工件接触的工作表面;

⑥将所有得到的模型转换成 stl 标准格式文件,导出存在同一文件目录下,并且取好相应的文件名(Block_Billet.stl,Block_BottomDie.stl,Block_TopDie.stl)。

2)网格划分与前处理

①打开 Deform,新建一个 problem 文件,文件名取为"DEFORM_1.key";

②打开前处理界面在 new simulation 菜单下 Insert Object,插入"workpiece,BottomDiel,Top-Die",分别导入 Block_Billet.stl,Block_BottomDie.stl,Block_TopDie.stl;

③选择 Object Type workpiece,工件为 plastic(塑性),Die 模具为 Rigid(刚性);

④检查几何体及其边界情况;

⑤对工件和模具进行网格划分,并对网格进行检查;

⑥选择工件和模具的材料;

⑦选择工件和模具的运动速度、运动方向;

⑧进入"Simulation control"设置单位和类型,选择要模拟的加工种类;

⑨设置模拟的步长、加工的条件,设置主目标和次目标;

⑩生成并检查数据库"Database Generation",存为"DEFORM_1.DB"。

3)进入"Running Simulations"进行模拟操作,注意模拟过程中出现的缺陷

4)进入 Post-Processor 数据后处理,对前两步的数据分析结果进行归纳整理及图形输出

5)工艺方案的优化与改进

(2)操作步骤的详细描述

正方环的锻压模拟(见图 8.8)。对于对称问题,在建模的时候应充分利用对称性的特点,截取能充分表达模型特点的最小部分,本例截取 1/16 模型(见图 8.9),其对称面不落在坐标面上,而仅仅是任意平面,本例中通过引入一个刚体平面作为辅助面来实现对称边界条件的

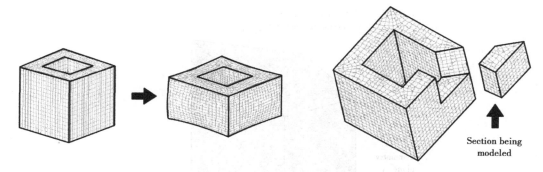

图8.8　正方环的锻压　　　　　图8.9　正方环模型几何模型及
　　　　　　　　　　　　　　　选取的模拟1/16模型

施加。

1)引入毛坯和模具几何模型并划分网格

建立目录(FangPi),进入前处理(PreProcessor),如图8.10所示。

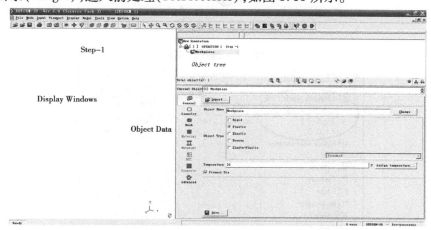

图8.10　前处理界面

①通过 Geometry 、Import... 引入 Workpiece(该文件所在位置为:安装目录 deform/3d/v50/labs/SquareRing_Billet. STL);

②通过 Mesh,将单元数改为5 000,单击 Generate Mesh 为 Workpiece 划分网格;

③单击 增加上模,并通过 Geometry 、Import... 引入 Top Die 和(文件所在位置为...deform/3d/v50/labs/SquareRing_Topdie. STL);

2)定义毛坯对称模型的边界条件(见图8.11、图8.12)

①为了看清楚,可以将物体显示改为单独显示模拟(单击一个小绿球按钮);

②选择 Workpiece,然后选择按钮 BCC;

③在 Symmetry 的方式下,选择斜约束面,单击按钮;

④选择与 X 轴垂直的面,单击按钮;

⑤选择与 Z 轴垂直的面,单击按钮。

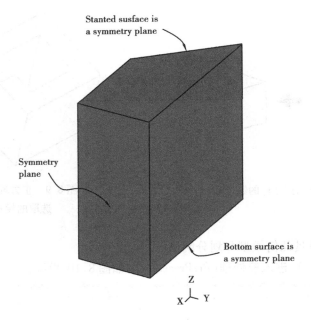

图 8.11　选择约束面

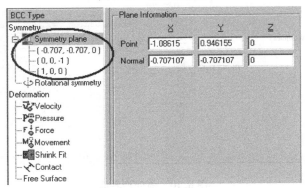

图 8.12　约束面添加结果

3）定义毛坯与模具的摩擦关系

单击 Inter Object... 按钮，进入物体之间关系的定义窗口，单击按钮　Edit...，定义摩擦系数的 Cold Forming，摩擦系数为 0.12，如图 8.13 所示；

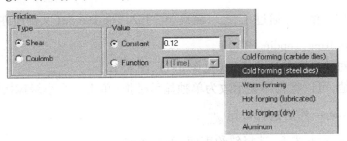

图 8.13　定义毛坯与模具的摩擦关系

返回 Inter Object 窗口,单击 <u>Apply to other relations</u>,单击按钮 🖋 ,确定合适的公差;单击按钮 <u>Generate all</u> 生成接触关系。

4)定义毛坯材料和模具运动

选定 Workpiece,单击 Material 按钮 ■,选择 Steel AISI 1045 Cold 材料(见图 8.14),单击 <u>⬆Assign material</u>;选定 Top Die,单击按钮 <u>Movement</u>(见图 8.15),设定速度大小为 1,方向为 −Z。

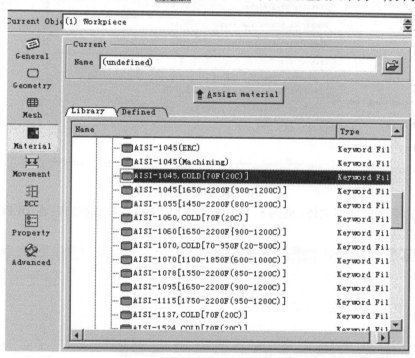

图 8.14　定义毛坯材料

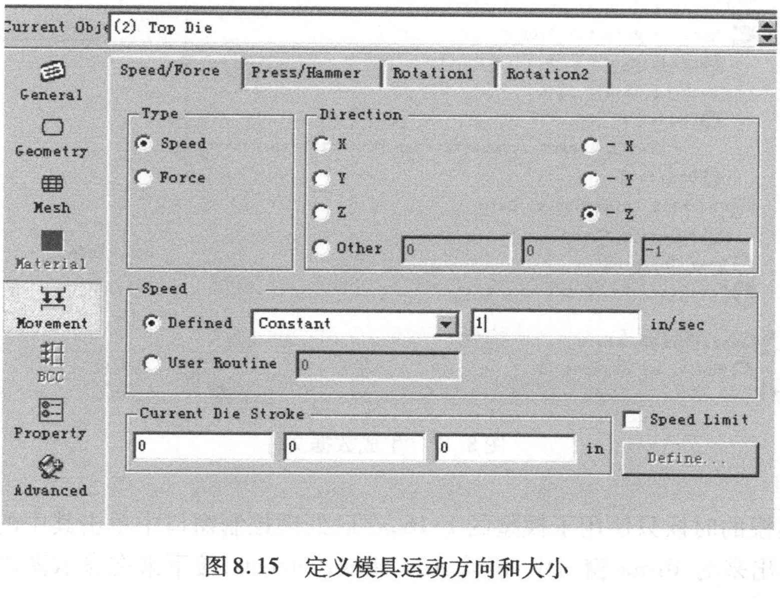

图 8.15　定义模具运动方向和大小

5)设置模拟控制参数,生成数据文件,运行

单击按钮🌑进入前处理的模拟控制参数设置窗口(见图8.16),将 Simulation Title 改为 Square ring。单击按钮 Step,进行如图8.16窗口所示参数的设置:

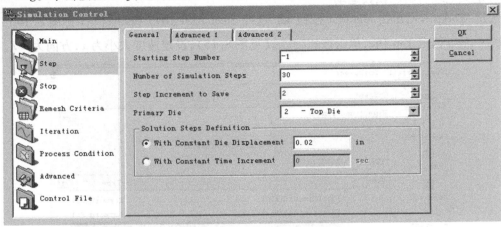

图8.16　设置模拟控制参数

单击按钮🌑生成数据文件(见图8.17),保存 KEY 文件,退出前处理;在 DEFORM3D 主窗口开始运行 Run。

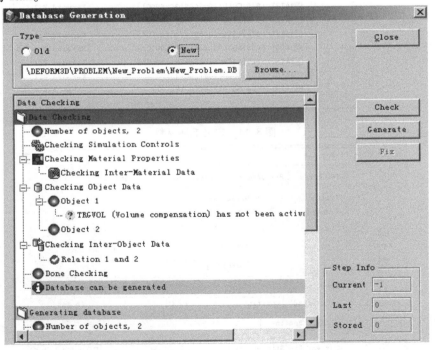

图8.17　生成数据文件

6)后处理

在本例建模的时候只使用了模型的1/16,在后处理控制窗口中单击其中的 Mirror Objects 按钮 ▥,在弹出来的 Mirror 窗口中,确认 Add Mirror Objects,接下来在显示窗口中单击对称面

上的任意一点(见图 8.18),系统在 Deform 中的这项镜像操作可以选取任意平面作为映射面,而不仅仅是对称面,因而如果选错了对称面,在 Mirror 窗口中单击 Delete Mirror 按钮,删除错误的映射体。经过一系列镜像操作后得到的模型如图 8.18 所示。模拟结果见图 8.19。

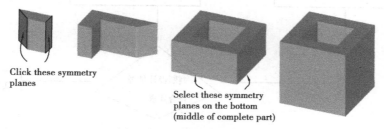

图 8.18　得到完整几何模型

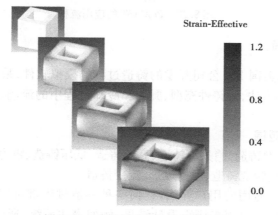

图 8.19　查看每个阶段的等效应变

8.4　铸造成形过程模拟软件 ProCAST

铸造 CAE 模拟技术是利用计算机技术来改造和提升传统铸造技术,对降低产品的成本、提高铸造企业的竞争力有着不可替代的作用,它的应用和推广为铸造行业带来很大的经济效益和社会效益。传统铸件的生产主要依靠工程技术人员的实际工作经验,缺乏科学的理论依据。特别是对于复杂件和重要件,生产中往往要反复地修改铸件结构或铸造工艺方案来达到最终的技术要求,这种“经验 + 实验”的工艺方法,导致铸件的研制周期长、成本高、质量不可靠等弊端,已不能适应工业发展的要求。

ProCAST 是目前应用比较成功的铸造 CAE 模拟软件。借助 ProCAST 软件,在铸造工艺设计时对铸件进行仿真分析并预测铸件的质量、优化铸造工艺参数和工艺方案。利用三维建模软件 UG 建立铸件及其浇冒口系统的三维模型,将其保存为 STL 文件格式,将该文件导入 ProCAST 前处理模块进行网格划分,在中央处理模块加载边界条件,在后处理模块对模拟的结果进行显示,针对分析的结果,预测铸件可能出现的缺陷,针对模拟出现的缺陷,在 UG 软件中改造浇冒口系统的三维模型,然后继续在 ProCAST 软件中进行模拟,直到模拟的结果符合工艺要求。应用 ProCAST 软件优化铸造工艺的流程如图 8.20 所示。

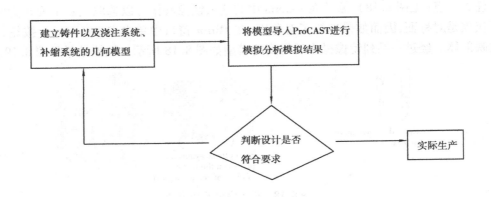

图 8.20　ProCAST 的应用流程

8.4.1　ProCAST 简介

ProCAST 软件是由美国 ESI 公司开发的铸造过程的模拟软件,采用基于有限元(FEM)的数值计算和综合求解的方法,对铸件充型、凝固和冷却过程中的流场、温度场、应力场、电磁场进行模拟分析。

（1）ProCAST 适用范围

ProCAST 适用于砂型铸造、消失模铸造、高压铸造、低压铸造、重力铸造、倾斜浇铸、熔模铸造、壳型铸造、挤压铸造、触变铸造、触变成形、流变铸造。

由于采用了标准化、通用的用户界面,任何一种铸造过程都可以用同一软件包 ProCAST TM 进行分析和优化。它可以用来研究设计结果,例如浇注系统、通气孔和溢流孔的位置,冒口的位置和大小等。实践证明,ProCAST TM 可以准确地模拟型腔的浇注过程,精确地描述凝固过程。可以精确地计算冷却或加热通道的位置以及加热冒口的使用。

（2）ProCAST 材料数据库

ProCAST 可以用来模拟任何合金,从钢和铁到铝基、钴基、铜基、镁基、镍基、钛基和锌基合金,以及非传统合金和聚合体。

ESI 旗下的热物理仿真研究开发队伍汇集了全球顶尖的五十多位冶金、铸造、物理、数学、计算力学、流体力学和计算机等多学科的专家,专业从事 ProCAST 和相关热物理模拟产品的开发。得益于长期的联合研究和工业验证,使得通过工业验证的材料数据库不断地扩充和更新,同时,用户本身也可以自行更新和扩展材料数据。

除了基本的材料数据库外,ProCAST 还拥有基本合金系统的热力学数据库。这个独特的数据库使得用户可以直接输入化学成分,从而自动产生诸如液相线温度、固相线温度、潜热、比热和固相率的变化等热力学参数。

（3）ProCAST 模拟分析能力

ProCAST 可以分析缩孔、裂纹、裹气、冲砂、冷隔、浇不足、应力、变形、模具寿命、工艺开发及可重复性。ProCAST 几乎可以模拟分析任何铸造生产过程中可能出现的问题,为铸造工程师提供新的途径来研究铸造过程,使他们有机会看到型腔内所发生的一切,从而产生新的设计方案。其结果也可以在网络浏览器中显示,这样对比较复杂的铸造过程能够通过国际网络进行讨论和研究。

缩孔是由于凝固收缩过程中液体不能有效地从浇注系统和冒口得到补缩造成的。由于冒口补缩不足而导致了很大的内部收缩缺陷。ProCAST 可以确认封闭液体的位置。使用特殊的判据,例如宏观缩孔或 Niyama 判据来确定缩孔缩松是否会在这些敏感区域内发生。同时 ProCAST 可以计算与缩孔缩松有关的补缩长度。在砂型铸造中,可以优化冒口的位置、大小和绝热保温套的使用。在压铸中,ProCAST 可以详细准确地计算模型中的热节、冷却加热通道的位置和大小,以及溢铸造在凝固过程中容易产生的热裂以至在随后的冷却过程中产生的裂纹。利用热应力分析,ProCAST TM 可以模拟凝固和随后冷却过程中产生的裂纹。在真正的生产之前,这些模拟结果可以用来确定和检验为防止缺陷产生而尝试进行的各种设计。

由于液体充填受阻而产生的气泡和氧化夹杂物会影响铸件的机械性能。充型过程中的紊流可能导致氧化夹杂物的产生,ProCAST 能够清楚地指示紊流的存在。这些缺陷的位置可以在计算机上显示和跟踪出来。由于能够直接监视裹气的运行轨迹,从而使设计浇注系统、合理安排气孔和溢流孔变得轻而易举。

在铸造中,有时冲砂是不可避免的。如果冲砂发生在铸造零件的关键部位,将影响铸件的质量。ProCAST 可以通过对速度场和压力场的分析确认冲砂的产生。通过虚拟的粒子跟踪则能很容易地确认最终夹砂的区域。

在浇注成形过程中,一些不当的工艺参数如型腔过冷、浇速过慢、金属液温度过低等都会导致一些缺陷的产生。通过传热和流动的耦合计算,设计者可以准确计算充型过程中液体温度的变化。在充型过程中,凝固了的金属将会改变液体在充型中的流动形式。ProCAST 可以预测这些铸造充型过程中发生的问题,并且随后可以快速地制订和验证相应的改进方案。热循环疲劳会降低压铸模的使用寿命。ProCAST 能够预测压铸模中的应力周期和最大抗压应力,结合与之相应的温度场便可准确预测模具的关键部位,进而优化设计以延长压铸模的使用寿命。

在新产品市场定位之后,就应开始进行生产线的开发和优化。ProCAST 可以虚拟测试各种革新设计而取之最优,因而大大减少工艺开发时间,同时把成本降到最低。即使一个工艺过程已经平稳运行几个月,意外情况也有可能发生。由于铸造工艺参数繁多而又相互影响,因而无法在实际操作中长时间地连续监控所有的参数。然而任何看起来微不足道的某个参数的变化都有可能影响到整个系统,这使得实际车间的工作左右为难。ProCAST 可以让铸造工程师快速定量地检查每个参数的影响,从而确定得到可重复的、连续平稳生产的参数范围。

(4) ProCAST **分析模块**

ProCAST 是针对铸造过程进行流动—传热—应力耦合作出分析的系统。它主要由 8 个模块组成:有限元网格划分 MeshCAST 基本模块、传热分析及前后处理(Base License)、流动分析(Fluid flow)、应力分析(Stress)、热辐射分析(Rediation)、显微组织分析(Micromodel)、电磁感应分析(Electromagnetics)、反向求解(Inverse),这些模块既可以一起使用,也可以根据用户需要有选择地使用。对于普通用户,ProCAST 应有基本模块、流动分析模块、应力分析模块和网格划分模块。

1) 基本模块(传热分析模块)

本模块进行传热计算,并包括 ProCAST 的所有前后处理功能。传热包括传导、对流和辐射。使用热焓方程计算液固相变过程中的潜热。

ProCAST 的前处理用于设定各种初始和边界条件,可以准确设定所有已知的铸造工艺的边界和初始条件。铸造的物理过程就是通过这些初始条件和边界条件为计算机系统所认知的。边界条件可以是常数,也可以是时间或温度的函数。ProCAST 配备了功能强大而灵活的后处理,与其他模拟软件一样,它可以显示温度、压力和速度场,又可以将这些信息与应力和变形同时显示。不仅如此,ProCAST 还可以使用 X 射线确定缩孔的存在和位置,采用缩孔判据或 Niyama 判据也可以进行缩孔和缩松的评估。ProCAST 还能显示紊流、热辐射通量、固相分数、补缩长度、凝固速度、冷却速度,温度梯度等。

2)流体分析模块

流体分析模块可以模拟包括充型在内的所有液体和固体流动的效应。ProCAST 通过完全的 Navier-Stocks 流动方程对流体流动和传热进行耦合计算。本模块中还包括非牛顿流体的分析计算。此外,流动分析可以模拟紊流、触变行为及多孔介质流动(如过滤网),也可以模拟注塑过程。流动分析模块包括以下求解模型:Navier-Stokes 流动方程,自由表面的非稳态充型,气体模型(用以分析充型中的囊气、压铸和金属型主宰的排气塞、砂型透气性对充型过程的影响以及模拟低压铸造过程的充型),滤模型(分析过滤网的热物性和透过率对充型的影响,以及金属在过滤网中的压头损失和能量损失,粒子轨迹模型跟踪夹杂物的运动轨迹及最终位置),牛顿流体模型(以 Carreau-Yasuda 幂律模型来模拟塑料、蜡料、粉末等的充型过程),紊流模型(用以模拟高压压力铸造条件下的高速流动),消失模模型(分析泡沫材料的性质和燃烧时产生的气体、金属液前沿的热量损失、背压和铸型的透气性对消失模铸造充型过程的影响规律),倾斜浇注模型(用以模拟离心铸造和倾斜浇注时金属的充型过程)。从以上列出的流动分析模型可知,在模拟金属充型方面 ProCAST 提供了强大的功能。

3)应力分析模块

本模块可以进行完整的热、流场和应力的耦合计算。应力分析模块用以模拟计算领域中的热应力分布,包括铸件铸型型芯和冷铁等。采用应力分析模块可以分析出残余应力、塑性变形、热裂和铸件最终形状等。应力分析模块包括的求解模型有 6 种:线性应力,塑性、粘塑性模型,铸件、铸型界面的机械接触模型,铸件疲劳预测,残余应力分析,最终铸件形状预测。

4)辐射分析模块

本模块大大加强了基本模块中关于辐射计算的功能。专门用于精确处理单晶铸造、熔模铸造过程热辐射的计算。特别适用于高温合金如铁基或镍基合金。此模块被广泛用于涡轮叶片的生产模拟。该模块采用最新的"灰体净辐射法"计算热辐射自动计算视角因子、考虑阴影效应等,并提供了能够考虑单晶铸造移动边界问题的功能。此模块还可以用来处理连续性铸造的热辐射,工件在热处理炉中的加热以及焊接等方面的问题。

5)显微组织分析模块

显微组织分析模块将铸件中任何位置的热经历与晶体的形核和长大相联系,从而模拟出铸件各部位的显微组织。ProCAST 中所包括的显微组织模型有通用型模型,包括等轴晶模型、包晶和共晶转变模型,将这几种模型相结合就可以处理任何合金系统的显微组织模拟问题。ProCAST 使用最新的晶粒结构分析预测模型进行柱状晶和轴状晶的形核与成长模拟。一旦液体中的过冷度达到一定程度,随机模型就会确定新的晶粒的位置和晶粒的取向。该模块可以用来确定工艺参数对晶粒形貌和柱状晶到轴状晶的转变的影响。

Fe-C 合金专用模型:包括共晶/共析球墨铸铁、共晶/共析灰口/白口铸铁、Fe-C 合金固态相变模型等。运用这些模型能够定性和定量地计算固相转变、各相如奥氏体、铁素体、渗碳体和珠光体的成分、多少以及相应的潜热释放。

6）电磁感应分析模块

电磁感应分析模块主要用来分析铸造过程中涉及的感应加热和电磁搅拌等问题，如半固态成形过程中的用电磁搅拌法制备半固态浆料及半固态触变成形过程中用感应加热重熔半固态坯料。这些过程都可以用 ProCAST 对热流动电磁场进行综合计算和分析。

7）网格生成模块 MeshCAST

MeshCAST 自动产生有限元网格。这个模块与商业化 CAD 软件的连接是天衣无缝的。它可以读入标准的 CAD 文件格式如 IGES，Step，STL 或者 Parsolids。同时还可以读诸如 I-DEAS，Patran，Ansys，ARIES 或 ANVIL 格式的表面或三维体网格，也可以直接和 ESI 的 PAM SYSTEM 和 GEOMESH 无缝连接。Meshcast TM 同时拥有独一无二的其他性能，如初级 CAD 工具、高级修复工具、不一致网格的生成和壳型网格的生成等。

8）反向求解模块

本模块适用于科研或高级模拟计算之用。通过反算求解可以确定边界条件和材料的热物理性能，虽然 ProCAST 提供了一系列可靠的边界条件和材料的热物理性能，但有时模拟计算对这些数据有更高的精度要求，这时反算求解可以利用实际的测试温度数据来确定边界条件和材料的热物理性能，以最大限度地提高模拟结果的可靠性。在实际应用技术中首先对铸件或铸型的一些关键部位进行测温，然后将测温结果作为输入量通过 ProCAST 反向求解模块对材料的热物理性能和边界条件进行逐步迭代，使技术的温度/时间曲线和实测曲线吻合，从而获得精确计算所需要的边界条件和材料热物理性能数据。

（5）ProCAST 特点

ProCAST 采用基于有限元法（FEM）的数值计算方法与有限差分（FDM）相比，有限元法具有较大的灵活性，特别适用于模拟复杂铸件成形过程中的各种物理现象。有限元法的优点可以归纳如下：

①好的几何描述能力。FEM 可以精确描述曲面，而 FDM 只能以阶梯形简化描述曲面。

②建模过程中如需局部网格细化，有限元网格无须像有限差分法那样把细化影响到整修模型，这样使 FEM 的单元和节点数明显少于 FDM。

③以弹性、弹塑性、弹粘塑性模型进行应力和热的耦合分析时，只能采用有限元法。有限差分法由于网格不能变形而不能进行应力分析。

④在处理和充型方向相平行的曲面时，由于有限元法能够精确描述曲面边界，因而能准确模拟铸件充型的流场；而有限差分法在描述铸件曲面边界时，由于断面成锯齿状而造成较大的偏差。

⑤在精确处理辐射传热问题时，视角系数和阴影效果的计算，要求准确地描述外表面及相应方位。因此，FDM 无法处理复杂的辐射问题。

ProCAST 作为针对铸造过程进行流动—传热—应力耦合求解的软件包，能够模拟铸造过程中绝大多数问题和许多物理现象。在铸造过程分析方面，ProCAST 提供了能够考虑气体、过滤、高压、旋转等对铸件充型的影响；能够模拟出气化模铸造、低压铸造、压力铸造、离心铸造等几乎所有铸造工艺的充型过程，并能对注塑、压制蜡模、压制粉末等的充型过程进行模拟。

在传热分析方面,ProCAST 能够对热传导、对流和辐射等 3 种传热方式进行求解,尤其是引入最新"灰体净辐射法"模型,使 ProCAST 擅长于解决精铸及单晶铸造问题。

在应力分析方面,通过采用弹塑性和粘塑性及独有的处理铸件/铸型热和机械接触界面的方法,使其具有分析铸件应力、变形的能力。

在电磁分析方面,ProCAST 可以分析铸造过程所涉及的感应加热和电磁搅拌等。

以上的分析可以获得铸造过程中的各种现象、铸造缺陷形成及分布铸件最终质量的模拟和预测。

ProCAST 以模拟铸造过程的基本功能划分模块,而不以铸造方法进行模块划分。各模块根据可靠数据不仅能模拟铸造过程,还能够模拟出热处理和焊接等方面的问题。这极大地方便了用户,使用户可以灵活地应用软件解决多种工艺问题。

ProCAST 的前后处理完全基于 OSF/Motif 的 ProCAST 的用户界面。通过提供交互菜单数据库和多种对话框完成用户信息的输入。ProCAST 具有全面的在线帮助,具有良好的用户界面。ProCAST 通过提供与通用机械 CAD 系统的接口,直接获取铸件实体模型的 IGES 文件或通用 CAE 系统的有限元网格文件。ProCAST 还可以将模拟结果直接输出到 CAD 系统接口,尤其可以通过 I-DEAS 直接读取 ProCAST 结果文件。这使得 ProCAST 极易与具有设计加工功能的 CAD/CAM/CAE 系统相集成,实现数据共享,大幅度提高铸造生产率。

ProCAST 可运行于 Windows NT, Windows 2000, Windows XP, Linux 和 UNIX 平台,对硬件没有特殊要求。同时,ProCAST 也可运行于矢量计算机上和进行并行处理。ProCAST 采用 TK/TCL 跨平台语言,所有平台的升级均同时进行,无须任何第三方软件支持。

8.4.2　ProCAST 的模拟过程

①创建模型　可以分别用 IDEAS,UG,PATRAN,ANSYS 作为前处理软件创建模型,输出 ProCAST 可接受的模型或网格格式的文件。

②MeshCAST　对输入的模型或网格文件进行剖分,最终产生四面体网格,生成 xx. mesh 文件,文件中包含节点数量、单元数量、材料数量等信息。

③PreCAST　分配材料、设定界面条件、边界条件、初始条件、模拟参数,生成 xxd. dat 文件和 xxp. dat 文件。

④DataCAST　检查模型及 PreCAST 中对模型的定义是否有错误,若有错误则输出错误信息,若无错误则将所有模型的信息转化为二进制,生成 xx. unf 文件。

⑤ProCAST　对铸造过程模拟分析计算,生成 xx. unf 文件。

⑥ViewCAST　显示铸造过程模拟分析结果。

⑦PostCAST　对铸造过程模拟分析结果进行后处理。

8.4.3　PreCAST 软件应用实例

图 8.21 是用 UG 软件绘制的铸件、冒口、浇注系统的 3D 模型;用 MeshCAST 模块对模型进行网格划分,由于几何模型是中心对称的,可以对模型进行简化,只选取对称面一侧进行分析;在前处理模块里面对模型的表面条件、边界条件、初始条件进行了设定(见表 8.1),这样就形成了一个虚拟的模具及浇注环境(见图 8.22)。

图 8.21　铸件的 3D 模型

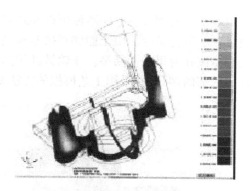

图 8.22　初始模型的宏观孔隙预测

表 8.1　初始条件

模具温度/℃	金属液温度/℃	填充速度/($m \cdot s^{-1}$)
25	1 634	0.08

在 ProCAST 的基本模块中,通过定量分析发现,宏观孔隙占铸件体积的 0.08%,这不能满足该铸件的要求,因此必须修改模型。对浇注系统进行了修改(见图 8.23),同样进行网格划分和边界条件设置,然后进行模拟,评估铸件的质量,直到符合铸件的要求为止。通过实验验证,改进后的工艺提高铸件产量 9%,模具的体积显著减小(大约 22%),同时降低了成本。

用有限元软件 ProCAST 预测铸件中存在的宏观缩孔,直观地显示出充型凝固的温度场分布、温度梯度、金属液流

图 8.23　修改后的 3D 模型

动行为、热节部位、缩松缩孔等。针对模拟的结果,修改铸件工艺设计的 3D 模型,修改了原始的浇冒口设计。实验表明应用修改后的铸造工艺进行铸造,提高了铸件的质量,提高了工艺出品率,降低了成本。

缩孔是由于凝固收缩过程中液体不能有效地从浇注系统和冒口得到补缩造成的。利用

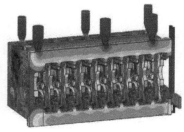

图 8.24　大型船用发动机球墨铸铁缸体的冷却过程模拟

ProCAST 可以确认封闭液体的位置。使用特殊的判据,如宏观缩孔或 Niyama 判据来确认缩孔缩松是否会在这些敏感区域内发生。同时 ProCAST 可以计算与缩孔缩松有关的补缩长度。在砂铸中,可以优化冒口的位置、大小和绝热保温冒口的使用。在压铸中,ProCAST 可以详细准确计算模型中的热节、冷却加热通道的位置、大小以及溢流口的位置。利用宏观缩孔判据,可进行可靠的缩孔预测。这个判据有助于识别封闭的金属液穴,定量地计算出由于凝固收缩而导致的缩孔量。图 8.24 所示为大型船用发动机

球墨铸铁缸体的冷却过程模拟,下面深色表示可能发生缩孔的位置。

由于液体充填受阻而产生的气泡和氧化夹杂物会影响铸件的机械性能。ProCAST 能够非

常清楚地证明充型过程中的紊流可以导致氧化夹杂物的产生。这些缺陷的位置可以在计算机上通过显示进行跟踪。由于能够直接监视裹气的运行轨迹,使优化设计浇注系统、合理安排出气孔和溢流孔变得轻而易举。车轮铸件的模拟,预测铸件中的缺陷,图8.25中显示了在铸件中冒口低部的多孔,并采用工艺模拟的方法来消除气孔。

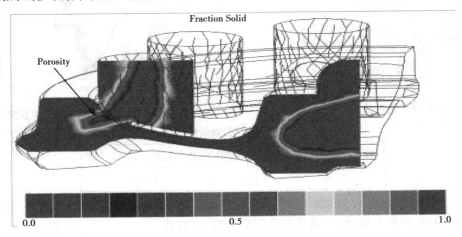

图8.25 车轮铸件的模拟

思考题与上机操作实验题

8.1 简要说明计算机模拟在材料成形过程中的作用及意义。

8.2 举例说明国内外材料成形模拟软件的应用情况。

8.3 简述 Deform 软件的应用、组成和操作过程。

8.4 简述 Moldflow 软件的应用、组成和操作过程。

8.5 简述 ProCast 软件的应用、组成和操作过程。

参考文献

[1] 顾家琳,等. 材料科学与概论[M]. 北京:清华大学出版社,2005.

[2] 周镰. 材料科学与工程发展现状与趋势[J]. 科技信息,2000,5.

[3] 奚廷斐. 生物医用材料的现状和发展趋势[J]. 中国医疗器械信息,2006,12(5).

[4] 秦培煜,周世权. 能源材料的研究及发展前景[J]. 节能,2002(5)(总第238期).

[5] 曾令可. 计算机在材料科学与工程中的应用[M]. 武汉:武汉理工大学出版社,2004.

[6] 许鑫华. 计算机在材料科学中的应用[M]. 北京:机械工业出版社,2003.

[7] 李会民. Origin 7.0 简明用法. 中国科大固体微结构研究室(网络). http//micro. ustc. edu. cn/Origin/.

[8] 伍洪标. Excel 在材料实验中的应用[M]. 北京:化学工业出版社,2005.

[9] 樊新民. 材料科学与工程中的计算机技术[M]. 江苏:中国矿业大学出版社,2002.

[10] 王勖成,邵敏. 有限单元法基本原理和数值方法[M]. 北京:清华大学出版社,1997.

[11] 张朝晖. ANSYS8.0 热分析教程与实例解析[M]. 北京:中国铁道出版社,2005.

[12] 张朝晖. ANSYS 工程应用范例入门与提高[M]. 北京:清华大学出版社,2004.

[13] 许光明. ANSYS 基础及其在工程上的应用[M]. 沈阳:东北大学出版社,2002.

[14] 清华大学机械工程系. 清华大学有限元分软件 ANSYS 上机指南.

[15] 王富耻. ANSYS10.0 有限元分析理论与工程应用[M]. 北京:电子工业出版社,2006.

[16] http://www.thermo-calc.com.

[17] http://www.factsage.com.

[18] http://www.computherm.com.

[19] http://www.china-machine.com/adv_technology/virtual_tec/virtual_ite15.htm.

[20] 美国 ACCELRYS 公司. Materials Studio 软件指南. 2004.

[21] 飞思科技产品研发中心. 神经网络理论与 MATLAB7 实现[M]. 北京:电子工业出版社,2006.

[22] 樊新民,孔见,金波. 人工神经网络在材料科学研究中的应用[J]. 材料导报,2002(4):28-30.

[23] 刘国华,包宏,李文超. 人工神经网络在材料设计中的应用及其若干共性问题的研究

[J].计算机与应用化学,2001(4):388-392.

[24] 葛建华,王迎军,郑裕东.人工神经网络在材料科学与加工中的应用[J].现代化工,2003(1):59-62.

[25] 李竟先,鄢程,吴基球.材料科学与工程中应用 ANN 的前景[J].中国陶瓷工业,2003(4):36-38.

[26] 刘海定,汤爱涛,潘复生,等.基于 BP 神经网络的镁合金晶粒尺寸及流变应力模型[J].轻合金加工技术,2006(3):48-51.

[27] 萨师煊,王珊.数据库系统概论[M].3 版.北京:高等教育出版社,2002.

[28] TANG AITAO,YUAN ZHIQIANG,et al. A Data Prototype of Magnesium Alloy Based on Internet[J]. Materials Science Forum,2007,5:546-549.

[29] KIRCHHEINER R,KOWALSKI P, HARTUNG T. Werkstoff-daten-bank (Material database)[J]. Werkstoffe and Korrosion, 1993,44(10):410.

[30] BANDOH SHUNICHI, NAKAYAMA YOSHIHIRO,ASAGUMO RYOJI, et al. Establishment of database of carbon/epoxy material properties and design values on durability and environmental resistance[J]. Adv Cornp Mater,2003,11(4):365.

[31] 蔡自兴,徐光祐.人工智能及其应用[M].3 版.北京:清华大学出版社,2004.

[32] 刘海定.基于数据变形镁合金性能预测模型的研究[D].重庆大学硕士论文,2005.

[33] 白润,郭启雯.专家系统在材料领域中的研究现状与展望[J].宇航材料工艺,2004(4):17.

[34] 陈威,王桂棠,潘振鹏,等.塑料件模具材料优化专家系统的研制[J].广东工业大学学报,2005,22(1).

[35] 王家弟,卢晨,丁文江.基于神经网络的压铸镁合金选材专家系统[J].铸造技术,2002,23(5).

[36] ESI 集团.ProCast 软件设计指南.2004.

[37] 美国通力(UFC)有限公司.PROCAST 培训简要教程.2003.

[38] 夏华,等.材料加工实验教程[M].北京:化学工业出版社,2007.

[39] 董湘怀.材料成形计算机模拟[M].北京:机械工业出版社,2001.

[40] 文劲松,麻向军.MoldFlow 软件优化模具型腔尺寸[J].模具工程,2002(9).

[41] 麻向军,文劲松.MoldFlow 软件应力分析及应用[J].模具工程,2002(9).

[42] 麻向军,文劲松.MoldFlow 软件在纤维填充中的应用[J].模具工程,2002(9).

[43] 麻向军,文劲松.MoldFlow 软件流动分析及应用.华南理工大学聚合物新型成形技术国家工程中心.

[44] 胡红军,杨明波,罗静,等.ProCAST 软件在铸造凝固模拟中的应用[J].材料科学与工艺,2006(2).

[45] 胡红军,杨明波."计算机在材料科学中的应用"课程教学设计[J].铸造技术,2007(7).

[46] 美国 Science Forming Technology Corporation. Deform 帮助文档,2004.

[47] 樊新民,孔见,孙斐.材料科学与工程中的计算机技术[M].徐州:中国矿业大学出版社,2002.